●土木工学選書●

社会インフラ
新建設技術

奥村忠彦 ・・・ 編

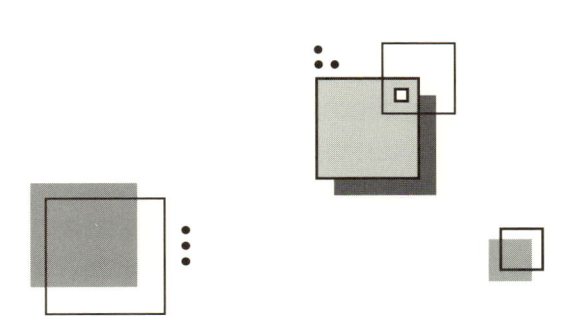

朝倉書店

本選書に寄せて

　戦後わが国は，欧米諸国に較べて圧倒的に不足していた社会基盤の整備に邁進し，近年ではその整備水準は十分とはいえないまでも，一定の規模・水準に達している．これらによって，国を豊かにし，安全・安心を国民に提供するという当初の社会基盤整備の目標はかなり実現されたように思われる．しかし，国土の変貌の中で失われてきた自然環境の回復や，これまで積み上げられてきた膨大な社会基盤を人口減少という社会現象の変化の中でどのように維持するかという大きな課題が課されつつある．また，近年地球温暖化に伴って集中豪雨の増加や渇水の深刻化という社会の根幹である安全・安心を脅かす事態が招来しつつある．さらに，わが国を取り巻く国際環境もグローバル化の時代を迎え，枯渇しつつある各種資源を巡る争奪，技術開発競争，あるいは教育の競争など，厳しい競争的環境下に置かれている．このように，かつてわが国が経験したことのないような自然や社会環境の変化に対して，土木工学がどのような貢献ができるかが問われている．

　本選書は，これらの新しい時代の土木技術として，これまで土木工学を構成してきたいわゆる伝統的領域工学に加えて，バイオ，IT，地球物理などの他分野の知見も融合して新しい技術体系を切り開こうとしている．これは，まさに2003年に発刊された『新領域土木工学ハンドブック』（朝倉書店刊）の精神を受け継ぐものであり，将来を担う技術者にとってまことに有益な専門書であると信じる．

編集委員を代表して　池　田　駿　介

〔土木工学選書編集委員〕

　　池田駿介（東京工業大学）　　嘉門雅史（京都大学）
　　川島一彦（東京工業大学）　　草柳俊二（高知工科大学）
　　楠田哲也（九州大学）　　　　小林康昭（足利工業大学）
　　佐藤愼司（東京大学）　　　　二羽淳一郎（東京工業大学）
　　林　良嗣（名古屋大学）

まえがき

　近年，公共投資は減少し，建設会社の談合問題も多く発生し，土木を取り巻く環境は著しく悪化している．海外に目を転じると，橋梁の落橋事故が発生し，建設工事の品質に疑問が呈されている．また，わが国では今後，人口が減少していくので，必要な社会インフラの見直しを余儀なくされている．

　このような現状の中でも，わが国が持続的に発展し，国民を災害から守り，かつ国民生活を豊かにするために，社会インフラの維持管理，必要とされる新たな社会インフラの新設は，今後も永続的に必要なことである．

　本書では，このような社会の変革を的確につかんだ上で，今後必要とされる社会インフラと，それを実現するために必要とされる新しい建設技術について論じた．今後必要とされる社会インフラは，昭和30（1955）年代の高度経済成長期に必要とされたものではなく，安定経済成長期で人口が増加しないことが前提の社会インフラで，言い換えれば国民の生活に密着した社会インフラである．これは国民が生活する上で必要不可欠なものである．これらの社会インフラは，従来は土木技術のみで対応してきたが，今後必要とされる社会インフラを建設するためには，土木工学以外のバイオ，IT，地球物理などの異分野の技術を融合する必要がある．本書では，今後必要とされる異分野を融合した技術についても論じた．

　本書の企画がスタートしたのは編集者（奥村）が清水建設（株）を定年退職する前であったため，著者はすべて清水建設（株）の社員（一部の方は定年退職されている）である．しかし，著書の内容については，わが国の建設技術を幅広く扱い，わが国を代表する技術を記述するように心がけたつもりである．

　本書が，これから社会インフラの建設，維持管理に関わる若手土木技術者の一助となることを願っている．

2008年3月

執筆者を代表して　奥村忠彦

目　　次

1. **建設技術の新潮流**　〔奥村忠彦〕… 1
   - 1.1　社会の変革 … 1
     - 1.1.1　安定成長時代の継続 … 1
     - 1.1.2　少子・高齢化社会の到来 … 2
     - 1.1.3　環境問題の高まり … 2
     - 1.1.4　災害への対策 … 3
   - 1.2　社会インフラの新しい整備方法 … 4
     - 1.2.1　入札方式の変革 … 4
     - 1.2.2　建設資金の調達方法の変化 … 4
     - 1.2.3　今後必要とされる社会インフラ … 5
   - 1.3　建設技術の新しい方向 … 6

2. **都市再生技術** … 10
   - 2.1　都市再生の現状と今後必要とされる建設技術の方向性 〔奥村忠彦〕… 10
     - 2.1.1　都市再生の現状 … 10
     - 2.1.2　都市再生に必要とされる建設技術 … 11
   - 2.2　都市内地下建設技術 … 11
     - 2.2.1　都市内地下施設の課題と建設技術の方向性 〔奥村忠彦〕… 11
     - 2.2.2　地下道路の分岐・合流工法 〔後藤　茂〕… 13
     - 2.2.3　地下道路の耐火システム … 18
     - 2.2.4　大深度地下空間の活用 〔奥村忠彦〕… 24
   - 2.3　都市内高架建設技術 … 27
     - 2.3.1　都市内高架施設の課題と建設技術の方向性 〔奥村忠彦〕… 27
     - 2.3.2　鉄道高架下の防音・防振建物「吊り免震工法」の概要 〔栗田守朗〕… 29
     - 2.3.3　鉄道・道路橋の耐震補強技術 … 32

2.4	立体交差建設技術	42
	2.4.1 立体交差の課題と建設技術の方向性 〔奥村忠彦〕	42
	2.4.2 道路を高架化する建設技術 〔栗田守朗〕	43
	2.4.3 道路を地下化する建設技術	46
2.5	地下水流動保全技術 〔高坂信章〕	48
	2.5.1 地下水流動の課題と建設技術の方向性	48
	2.5.2 地下水流動阻害による環境影響	49
	2.5.3 地下水流動阻害の対策	50
	2.5.4 地下水流動阻害による環境影響評価	51
	2.5.5 地下水流動保全工法	55
	2.5.6 地下水流動保全の今後の課題と展望	61

3. 生活環境技術 …… 63

- 3.1 生活環境施設の現状と今後必要とされる建設技術 〔奥村忠彦〕… 63
  - 3.1.1 生活環境施設の現状 … 63
  - 3.1.2 生活環境施設に必要とされる建設技術 … 64
- 3.2 上下水道のリニューアル技術 〔白瀬昇快〕… 64
  - 3.2.1 上下水道のリニューアルの課題と建設技術の方向性 … 64
  - 3.2.2 上下水道のリニューアル技術 … 67
  - 3.2.3 下水処理場コンクリート内壁のリニューアル技術 … 71
- 3.3 有機性廃棄物のリサイクル技術 〔渋谷勝利〕… 74
  - 3.3.1 有機性廃棄物の現状と建設技術の方向性 … 74
  - 3.3.2 家畜ふん尿および生ごみのリサイクル技術 … 76
  - 3.3.3 木質系廃棄物のリサイクル技術 … 85
- 3.4 ヒートアイランド対応技術 〔橘 大介〕… 88
  - 3.4.1 ヒートアイランド現象の課題と建設技術の方向性 … 88
  - 3.4.2 屋上緑化技術 … 89
  - 3.4.3 壁面緑化技術 … 97
  - 3.4.4 ドライミスト噴霧技術 … 101
  - 3.4.5 保水性舗装技術および高反射性舗装技術 … 103

4. 交通インフラ技術 …… 105

- 4.1 交通インフラの現状と今後必要とされる建設技術 〔奥村忠彦〕… 105

	4.1.1	交通インフラの現状………………………………………………	105
	4.1.2	交通インフラに必要とされる建設技術……………………………	106
4.2	高速道路のコストダウン技術…………………………………………………		106
	4.2.1	高速道路の課題と建設技術の方向性…………………〔奥村忠彦〕…	106
	4.2.2	山岳トンネルの大断面化と急速施工技術………………〔熊坂博夫〕…	107
	4.2.3	高橋脚橋梁の急速施工技術 ………………………………〔滝本和志〕…	111
	4.2.4	軟弱地盤中に建設される高速道路トンネルの液状化対策技術 ………………………………………………………〔後藤 茂〕…	114
	4.2.5	古タイヤを活用した低コスト土構造物構築技術……〔福武毅芳〕…	118
4.3	超伝導磁気浮上式鉄道に関する建設技術………………………〔鈴木 誠〕…		127
	4.3.1	世界で唯一の超電導リニア技術 ………………………………………	127
	4.3.2	山梨リニア実験線の建設技術………………………………………	128
	4.3.3	ガイドウェイの設計・施工技術……………………………………	128
	4.3.4	トンネル内の圧力変動対応技術……………………………………	131
	4.3.5	中央新幹線の計画……………………………………………………	133

5. 災害対策技術……………………………………………………………………… 136

5.1	災害対策の現状と今後必要とされる建設技術…………〔奥村忠彦〕…		136
	5.1.1	災害対策の現状………………………………………………………	136
	5.1.2	災害対策に必要とされる建設技術…………………………………	137
5.2	洪水対策技術……………………………………………………………………		137
	5.2.1	洪水対策の課題と建設技術の方向性…………………〔奥村忠彦〕…	137
	5.2.2	ダム建設に伴う環境保全技術 ………………………………………	139
	5.2.3	環境に配慮したダム用コンクリート運搬技術…〔安河内 孝〕…	145
	5.2.4	コンクリートダムの新しい打込み方法……………………………	151
5.3	火山の噴火対策技術…………………………………………〔西 琢郎〕…		154
	5.3.1	火山の噴火の課題と対策技術の方向性……………………………	154
	5.3.2	火山の噴火予測技術…………………………………………………	158
	5.3.3	噴火対策技術…………………………………………………………	161
	5.3.4	噴火処理技術…………………………………………………………	163
	5.3.5	火山灰の有効活用技術………………………………………………	165
5.4	地震対策技術……………………………………………………………………		167
	5.4.1	地震対策の課題と対策技術の方向性…………………〔田蔵 隆〕…	167

5.4.2　リアルタイム地震防災技術 …………………………〔石川　裕〕… 172
　　5.4.3　津波予測技術 ……………………………………………〔大山　巧〕… 174
　　5.4.4　阪神・淡路大震災後の耐震設計技術 …………………〔大槻　明〕… 179
　　5.4.5　地震被害調査技術 ………………………………………〔柴　慶治〕… 182
　　5.4.6　液状化対策技術 …………………………………………〔大槻　明〕… 185

6.　エネルギー関連技術 ……………………………………………………… 192
　6.1　エネルギーの現状と今後必要とされる建設技術 ……〔石塚与志雄〕… 192
　　6.1.1　わが国のエネルギーの現状 …………………………………………… 192
　　6.1.2　今後必要とされる建設技術 …………………………………………… 193
　6.2　エネルギー貯蔵技術 ……………………………………………………… 196
　　6.2.1　エネルギー貯蔵の現状と建設技術の方向性 ………〔石塚与志雄〕… 196
　　6.2.2　石油の地下岩盤備蓄技術 …………………………………〔百田博宣〕… 199
　　6.2.3　LPGの地下貯蔵技術 ……………………………………〔宮下国一郎〕… 206
　　6.2.4　LNG地下タンク建設技術 ………………………………〔若林雅樹〕… 212
　　6.2.5　都市ガス岩盤貯蔵技術 ……………………………………〔奥野哲夫〕… 219
　6.3　放射性廃棄物の処分技術 ………………………………………〔石井　卓〕… 224
　　6.3.1　放射性廃棄物の課題と処分方法 ……………………………………… 224
　　6.3.2　高レベル放射性廃棄物の天然バリア技術 …………………………… 228
　　6.3.3　高レベル放射性廃棄物処分施設の設計技術 ………………………… 236
　　6.3.4　高レベル放射性廃棄物処分施設の人工バリアの設計技術 ………… 239
　　6.3.5　施設の閉鎖技術 ………………………………………………………… 242
　6.4　新エネルギー開発技術 …………………………………………………… 246
　　6.4.1　新エネルギー開発の課題と建設技術の方向性 …〔野澤剛二郎〕… 246
　　6.4.2　風力発電に関する建設技術 …………………………………………… 247
　　6.4.3　DMEに必要な建設技術 …………………………………〔米山一幸〕… 255
　　6.4.4　メタンハイドレート開発に必要な建設技術 ………〔西尾伸也〕… 261

7.　将来の建設技術の展望 …………………………………………〔奥村忠彦〕… 267
　7.1　未来を築く新建設技術の必要性 ………………………………………… 267
　7.2　新建設技術の展開 ………………………………………………………… 268

索　　引 ………………………………………………………………………………… 271

1
建設技術の新潮流

1.1 社会の変革

21世紀に入り，社会が目まぐるしく変化するとともに，自然災害も多く発生し，これらの変化が社会インフラ整備にも大きな影響を及ぼしている．本書では，まず，社会の変化が社会インフラの整備方法に及ぼす影響について概説して，建設技術の新しい方向性について論じたい．

1.1.1 安定成長時代の継続

異常な成長を遂げたバブル期も1988（昭和63）年にGDP成長率（実質）がピークに達し，その後，成長率は緩やかに下降して，1997（平成9）年にGDP

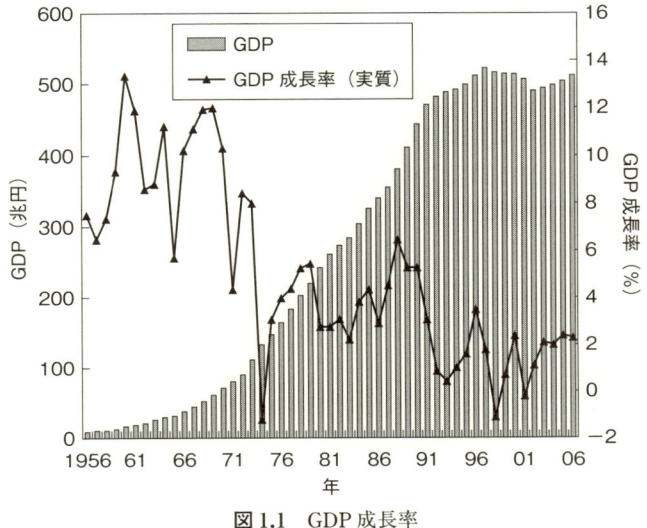

図1.1 GDP成長率

が約500兆円で頭打ちになった（図1.1）．

これ以後も，景気は徐々に後退し，製造業のみならず，非製造業の設備投資も落ち込んでいたが，最近，GDPの成長率も下げ止まり，徐々に上向き傾向にあって，2006（平成18）年には約510兆円になった．

行財政改革によって官庁の名前は変わっても，実体としての改革は進んでいないのが現実である．わが国の官公庁による公共事業の増加は，今後も期待できない．しかし，民間では国際化の荒波にさらされて，金融関連会社の再編は急激に進んだ．その結果，製造業も自動車，鉄鋼，半導体・液晶などの分野では国際競争力をつけて，設備投資も回復してきた．

民間企業は勝ち組，負け組に分かれるものの，安定成長時代でも，景気の下支えをし，今後も，わが国の経済が飛躍的に発展するとは考えにくいが，1～2％の安定的成長を維持するものと考えられる．

1.1.2　少子・高齢化社会の到来

出生数は第二次ベビーブームの1973（昭和48）年に209万人となり，それ以後は減少が続いている．21世紀に入り，最近ではわが国の出生率は下げ止まり傾向にあり，総人口もほぼ横ばい状態であるが，日本の総人口は2007（平成19）年以降には減少に転じると予想されており，わが国はますます高齢化に拍車がかかるものと予測される．

最近，結婚年齢が高くなり，たとえ結婚しても子供を作らない夫婦が増えてきた．これは，子供を養育する社会環境が悪くなり，教育費が高いこともあり，子供の養育に責任が持てないと考える夫婦が増えてきたことが原因と考えられる．

わが国として，このままの状態を是としていくのか，あるいは子供を増やす政策をとるのか，選択が急がれている．

このような少子・高齢化は避けられないので，わが国の人口は減少傾向にあると予測される．今後，このような時代に合った社会インフラのあり方を検討する必要がある．

1.1.3　環境問題の高まり

わが国では1967（昭和42）年に公害対策基本法が制定され，世界の中でも早くから環境問題に取り組んできた．その後，1992（平成4）年にリオデジャネイロで地球サミットが開催されて，世界的に地球環境保全に取り組むことになった．

1997（平成9）年には京都で京都議定書（COP3）が採択され，地球温暖化に対して世界規模で取り組むことが決められ，各国でCO_2の排出を削減する目標が採択された．2004（平成16）年にはロシアがこの採択を批准したので，2005（平成17）年2月16日にCOP3のCO_2削減目標が発効された．

都市部においては，地球温暖化に伴って，ヒートアイランド現象が問題となり，各ビル，工場などで省エネルギーに取り組んでCO_2の排出を削減したり，屋上を緑化することによってヒートアイランド現象を緩和する方策もとられている．

CO_2の排出量の多い産業も排出削減に努力しているが，さらなる削減が求められた場合の対策として，地中にCO_2を貯留する技術開発が国家プロジェクトとして推進されている．

建設分野においても，CO_2の排出を最小限にする建設技術を採用したり，建設廃棄物を出さない「ゼロエミッション」の建設に取り組んでいる．

今後，COP3で設定されたCO_2削減目標を達成するために，建設業としてはCO_2排出を最小限にする構造物および施工方法などに取り組んでいくことが重要な課題である．

1.1.4 災害への対策

最近，自然災害が世界的に問題となっている．2004（平成16）年は，わが国に台風が多く襲来し，多大な被害を受けたし，その年末にインドネシア，タイ，スリランカを襲ったインド洋大津波は25万人余の人命を失った大災害となった．わが国でも，毎年，台風などの水害，地震，火事などが多く発生し，予想を上回る被害を受けている．有史以来，土木技術者は自然災害から人命，国土，財産を守る仕事をしてきたが，未だに不十分な状態である．このような中でさえ，国民の中には「公共事業は無駄な物ばかり造って，もう公共事業は必要ない」という意見が多く，自然災害の被害を受けた後の復旧工事を行うのみで，前向きの予防としての公共事業は毎年減少している．

また，アメリカの世界貿易センタービルの破壊（2001（平成13）年）に始まる世界的なテロに対する対策も重要な課題となってきた．第二次世界大戦以来，わが国では防衛に対する意識が低く，公の場での議論は少なかった．最近では，わが国にも世界的なテロの恐怖が感じられるようになり，防衛に対して真剣に議論されるようになってきた．

わが国の持続的な発展のためには，自然災害，人的なテロ災害に対して防衛す

る対策が，今後も必要と考えられる．例えば，エネルギー貯蔵が地上式タンクで行われているが，テロなどの対策として地下タンクにするなどの方策が，今後検討されるものと考えられる．

1.2 社会インフラの新しい整備方法

1.2.1 入札方式の変革

1980（昭和55）年代後半からの日米建設摩擦，建設会社幹部の贈収賄スキャンダルなどを契機として，従来の指名競争入札方式の不透明さが見直され，国際的に行われている一般競争入札方式がわが国にも採用されるようになってきた．もちろん，大規模な，特殊な技術を必要とするプロジェクトに対しては，単に価格のみの競争はふさわしくないので，技術提案まで含めた総合評価方式などのわが国に適した入札方式が考案されて，従来の入札方式が著しく改善された．

一方，民間工事においては，商法の改正で株主代表訴訟が取り入れられ，株主に対する説明責任が発生してきたので，従来の特命方式から，競争原理の入った数社の相見積り（入札と同意語）方式に変わってきた．民間の場合，発注者の事業をいかに伸ばすかが重要であるので，建設工事において，発注者の事業に貢献できる技術提案が重視され，公共事業と同様に，技術提案プラス価格競争が一般的である．つまり，海外工事で実施されている「Two Envelopes System」（技術提案と見積り書を別々の2つの封筒に入れる方式）がわが国でも採用されるようになったのである．

このように，国際化，情報公開を高めての透明性の確保などの進展によって，わが国の入札制度は上記のように変革してきた．この変化の中で重要なことは，あるプロジェクトに対して事業に役に立つ技術を低価格で建設する技術を提案できる能力が評価されるようになってきたことである．

1.2.2 建設資金の調達方法の変化

わが国の建設投資額の推移は図1.2に示すように，1992（平成4）年をピークに約84兆円から減少し，2006（平成18）年は約52兆円と2/3程度まで低下した．公共投資は多少年度のズレがあるものの，1995（平成7）年の約35兆円から2006（平成18）年は約18兆円と1/2程度に減少した．これは，バブル崩壊後の景気低迷および政府の財政改革によるもので，財政改革は継続し，政府の方針は今後も大きく変わらないものと思われるので，公共投資は増えないものと予

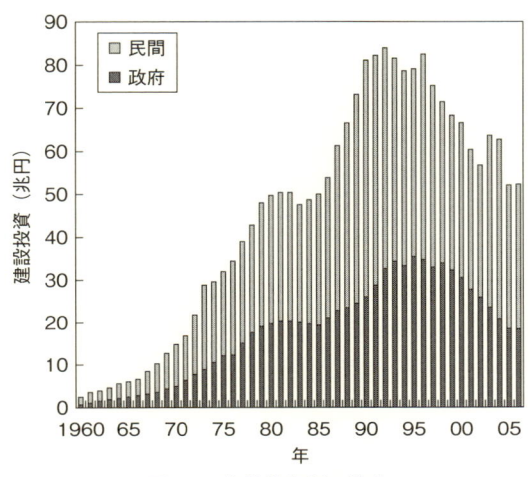

図1.2 建設投資額の推移

測される.

　従って，今後の日本経済は民間の景気に左右されるところが大きく，民間の活力を公共事業にも活用する方向に進むものと予測される．これは，アメリカの経済と類似で，資本主義の世の中では，民間の経済を重視するのは当然と言える．

　このように考えると，公共工事は後で述べるように必要最低限の工事に限られ，民間資金が活用できる公共施設はPFI（Private Finance Initiatives）方式で建設されることが増えると予測される．PFI方式は従来の公共事業と異なり，施設または事業のライフサイクルでの採算を考えるため，民間工事の事業と同じ考えに立脚して事業をとらえる必要性がある．そのため，従来は建設技術のみを考えれば良かったが，PFI方式の場合，事業の運営方法にも精通する必要があり，ライフサイクルコストを考え，金融，事業の運営に精通した企業などとコンソーシアムを組む必要性がある．

　このため，建設技術もハードな技術のみならず，施設のライフサイクルでのリスクを評価するようなソフトな技術も必要となってきた．

1.2.3　今後必要とされる社会インフラ

　以上のような社会の変化および社会インフラの整備方法の変化に伴って，今後必要とされる社会インフラも変化してきた．従来は，日本経済の発展のために，エネルギー施設，高速道路，高速鉄道，列島を結ぶ橋梁・トンネルなどの大型プ

ロジェクトを建設してきたが，わが国は一応先進国並みに成熟した国に成長した．そのため，以下に示すような成熟した社会に求められる社会インフラが今後必要となる．

a. 生活環境改善インフラ

未整備の上下水道の新設および既設の上下水道のリニューアル，都市のヒートアイランド対策，廃棄物処理施設のような環境関連施設などが必要である．

b. 都市再開発関連インフラ

日本経済の持続的な発展のために東京，大阪，名古屋，福岡，札幌などの大都市の再開発が進むので，既存施設の建替え，交通インフラ，通信インフラなどの再整備が必要である．

c. 新エネルギー関連インフラ

COP3 の発効に伴って CO_2 排出の少ないエネルギーへの変換が重要な課題となるので，LNG の貯蔵施設，メタンハイドレートなどの新エネルギーの開発，自然エネルギーとして風力発電施設などが必要である．

d. 地方の活性化関連インフラ

地方は独自の特色を活かして活性化し，都市との共存を図る努力をしている．そのため，地方と都市を結ぶ交通・物流インフラ，地方と地方を結ぶ交通・物流インフラが必要である．

e. 災害対策インフラ

自然災害，テロなどの人的災害に対応するための国土保全インフラが必要である．

1.3 建設技術の新しい方向

前節でも述べたように，社会の変化に伴って社会インフラの整備方法も変革してきたので，必要とされる建設技術も変わってきた．

つまり，① 最低限の社会インフラを整備するための低コストな建設技術，② ライフサイクルで低コストとなる施設建設技術，③ バイオを活用した環境施設を建設したり，IT を活用した設計施工法を開発するために，土木建築以外の異分野の技術を統合した建設技術，④ PFI 事業のように事業運営のリスクをマネジメントする工学以外のソフト技術，などが必要とされる．

そのためには，従来のような箱物建設に必要なハードな建設技術に加えて，工学の異分野，またはファイナンスのような工学以外のソフトな技術を統合して，

社会インフラ整備に当たる必要がある．

　本書では，以上のような社会の変革に則って，今後必要とされる社会インフラを整備するための建設技術を，図1.3に示すような以下の5項目に分けて論じる．
　① 都市再生技術
　② 生活環境技術
　③ 交通インフラ技術
　④ 国土保全技術
　⑤ エネルギー関連技術

　本書では新しい建設技術について論じることが目的であるため，すでに一般的となっている建設技術は他の著作に委ねることとし，最近採用された新建設技術，まだ研究開発中ではあるが，近い将来採用される見通しのある建設技術，将来の社会インフラ整備に必要となる建設技術などについて述べ，将来の建設技術のあるべき姿について模索したい．　　　　　　　　　　　　〔**奥 村 忠 彦**〕

図 1.3 未来

1.3 建設技術の新しい方向　　　　　　　　　　9

都市再生技術

生活環境技術

交通インフラ技術

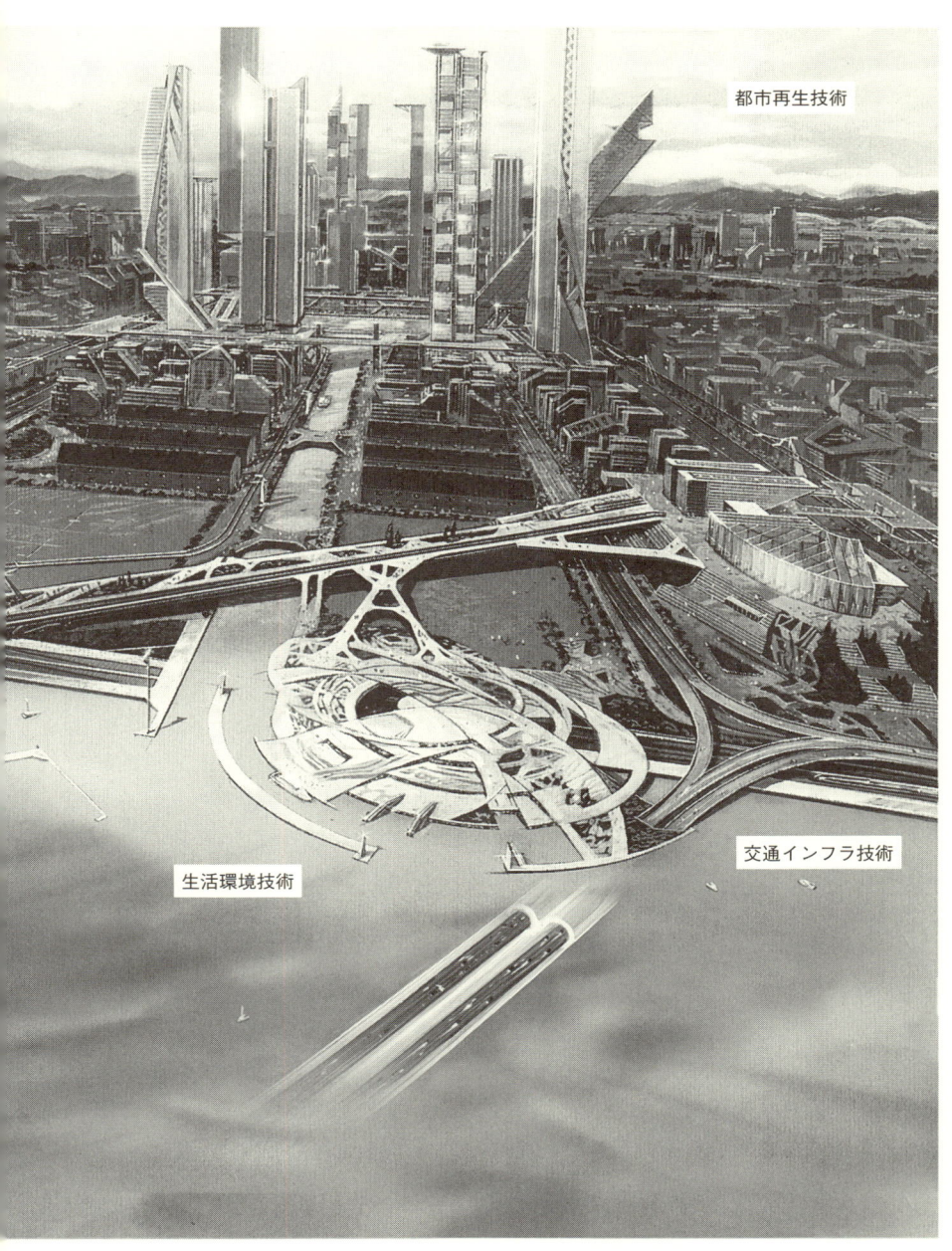

の建設技術

2
都市再生技術

2.1 都市再生の現状と今後必要とされる建設技術の方向性

2.1.1 都市再生の現状

バブル期に東京臨海副都心，幕張，横浜みなとみらい21（MM21）などの臨海都市再開発プロジェクトが進行し，その後，旧国鉄の跡地および民間の土地の再開発が進んで，日本経済の向上に寄与していた．東京では青島都知事時代には，東京臨海副都心の開発がスローダウンしたが，石原都知事になると，再度，多くの再開発プロジェクトが始動しだした．

その後，第1次小泉内閣が発足すると，目玉政策の一つとして「都市再生」が挙げられ，2001（平成13）年5月，内閣に小泉総理大臣を本部長とする「都市再生本部」が設立され，東京などの大都市の再開発に拍車がかかった．都市再生本部は，環境，防災，国際化などの観点から都市の再生を目指す21世紀型都市再生プロジェクトの推進や土地の有効利用など都市再生に関する施策を総合的かつ強力に推進することを目的として設置された．2002（平成14）年6月に，都市再生特別措置法が施行され，都市の再生に関する施策を迅速かつ重点的に推進するための機関として，法律的に位置付けられた．

このように，民間が中心となって行われる都市再生プロジェクトに，公共の支援体制が整ったので，特に東京の再開発プロジェクトが加速した．例えば，森ビル（株）などが進めた六本木地区，新橋駅前の汐留地区，品川の港南地区，丸の内などが挙げられる．

東京はゲノム科学の国際拠点，大阪はライフサイエンスの国際拠点として整備される．また，これら大都市の密集市街地の再開発，ヒートアイランド対策なども実施される．

さらに，中央官庁施設をPFI方式で整備することも決められ，霞が関，大学などの再開発も始まった．地方の自治体でもPFI方式を活用することが広まり，

公共事業費が削減された代わりに PFI 方式による地方の公共施設の整備も活発になってきた．

都市再生本部では，大都市のみでなく，北は稚内から南は石垣までの地方都市の個性ある都市づくりを推進している．例えば，伊達市は高齢者が安心して生活できる町，福島市は都市と農村の連携を目指す町，飯田市は環境と共生する町，石垣は海と観光を目指す町，を目標としてそれぞれ町づくりを行っている．

また，都市周辺の環状道路，港湾などの整備にも取り組んでいる．

従って，都市再生プロジェクトは超高層ビルの建設とともに，交通・物流インフラ，供給処理インフラ，電気通信インフラなどの土木構造物の建設も必要とされる．

わが国が国際競争力をつけて世界に発展するためには，まだ都市再生プロジェクトが継続するものと考えられる．

2.1.2　都市再生に必要とされる建設技術

前項で述べたように，都市再生プロジェクトには，交通・物流，供給処理，電気通信などのインフラ整備が必要である．さらに，都市のヒートアイランド現象を緩和する環境インフラも必要であるが，これは第3章で述べることにする．

都市には，人，物が集まることが必要不可欠であるため，都市再生に関する建設技術として，交通・物流に関する建設技術と交通インフラを建設する場合に避けて通れない地下水の流動保全に関する環境技術に焦点を当てて，本章では論じる．従って，以下の4つの建設技術について述べる．

① 都市内地下建設技術
② 都市内高架建設技術
③ 立体交差建設技術
④ 地下水流動保全技術

2.2　都市内地下建設技術

2.2.1　都市内地下施設の課題と建設技術の方向性

都市内地下施設として，① 都市再開発に伴う地下施設，② 地下道路および地下鉄道が代表的なものである．

a.　都市再開発に伴う地下施設

大都市内で実施されている数 ha 規模の再開発は超高層ビル群が建ち並ぶの

で，建築の方が注目を集めるが，その地下には，交通インフラのターミナル，供給処理・電気通信インフラの共同溝，地下街，地下駐車場などの地下施設が建設されて，人の移動，物流などが効率的にできるように整備されている．

この意味で，再開発に必要な地下施設を建設することが，再開発事業の成功の鍵を握っていると言える．

上述した再開発に必要な地下施設は，ほとんどが開削工法で地上から施工されるため，従来の都市土木の技術の延長で対応できている．

この中で，最も困難な技術は，すでに地下に構築されている構造物（主に線状の埋設物）を事前に精度良く探索して，既設構造物を避けて地下施設を建設する技術である．地下鉄は大型構造物であるので，比較的精度の良い地図があるが，電気，ガス，通信ケーブル，上下水道などの管路の位置を精度良く検知するのは至難の業である．

地下の埋設物の検知方法についても数多くの研究開発が実施されているが，検知技術については別の著作に譲るとして，本節では地下の建設に関わる技術に焦点を当てたい．

b. 地下道路・地下鉄道

わが国の大都市の交通インフラとして地下鉄は著しく発達し，都市内の主要交通手段となっている．東京の地下鉄銀座線は1927（昭和2）年に開業し，開削工法で施工されたが，その後の地下鉄は，徐々に施工する地下深度が深くなり，非開削のシールド工法による施工が一般的になってきた．

都市内の高速道路は高架道路が一般的であったが，最近は都市内の公共施設の上部を活用することに限界があり，地下に高速道路を建設するようになってきた．

道路の場合，地上と結ぶために途中にインターチェンジ，もしくは，他の道路と接続するために道路を分岐・合流する必要がある．そのために，シールドトンネル工法で建設している地下道路をY字形に分岐するシールド建設技術が必要となった．

本節では，最近の地下建設技術としてシールドの分岐・合流工法について述べたい．

2つ目のテーマとして，地下道路の火災対策について述べる．

2003（平成15）年に韓国で地下鉄の火災事故が発生して以来，わが国の地下鉄，地下道路の火災対策について見直しが始まった．特に，地下道路の覆工コンクリートの耐火性能，大深度地下道路の火災対策などについて事業者を中心に検

討が行われている．

コンクリートの耐火性能については建築の方が進んでおり，超高層マンションなどに採用されている高強度コンクリートが火災を受けても爆裂しないコンクリートが開発され，実用に供されている．地下道路の覆工コンクリートにも，このコンクリートを応用する研究が行われているので，本節で述べたい．

また，大深度地下道路で火災が発生した場合の防火対策として水幕を活用する研究も進んでいるので述べたい．

3つ目のテーマとして大深度地下利用が挙げられる．20年ほど前から大深度地下利用が叫ばれているが，ようやく「大深度地下使用法」が制定されるに至った．この法律に基づいて，今後，大深度地下を利用する場合の課題と方向性について述べたい．
〔奥 村 忠 彦〕

2.2.2　地下道路の分岐・合流工法
a.　分岐・合流工法の概要

道路トンネルに独特な構造に分岐・合流がある．これは，地表面の道路と地下の道路をつなぐインターチェンジのために必要なものであり，ランプ部からの道路が本線と合流するために道路幅も広く，さらに車線数が変化していく．従って，単一円の断面形式で構築すると巨大な直径のトンネルを構築することになって，非現実的なものになる．そのために，分岐・合流部の構築には，一般部よりはるかに高度な建設技術が必要になる．

最も基本的な方法は分岐・合流部分を開削工法で構築するものである．開削面積を減らすために，複数のシールドトンネルを構築し，その間を開削工法などによってつなぐ方法[1]もあり，この工法は首都高速新宿線でも用いられている．しかし，開削工法では地表面の交通に大きな影響を与えるため，地表の交通に影響を与えない分岐・合流部の構築工法が望まれている．そこで，本項では，開削工法を用いない分岐・合流部の構築工法について述べる．

b.　ES-J 工法[2]
1)　工法の概要　　ES-J 工法とは，Expandable and Shrinkable tube method for Junction の略称であり，本線2車線程度の大断面道路トンネルの分岐・合流部を非開削で築造する技術である．本工法は大断面道路トンネルの本線用シールドの拡幅技術と，本線用シールドとランプ用シールドとの接合技術から構成されている．

本線用シールドの拡幅は，サイドカッターにより任意の位置で横に張り出せる

機構を持ったシールド機を使用することにより可能になっている．また，トンネルの接合は拡幅された本線シールドに向けてランプシールドを掘り進めることにより行われる．一方，地上から降りてくる分岐・合流線のトンネルには通常のシールド機が使用でき，また，本線シールド機が任意に拡大縮小が可能なため，本線を掘り進む間に，何度でも非開削で分岐・合流部を築造できることも特徴の一つである．

2） **施工手順**　ES–J 工法の施工手順は次のようなもので，図 2.1[2]に施工概

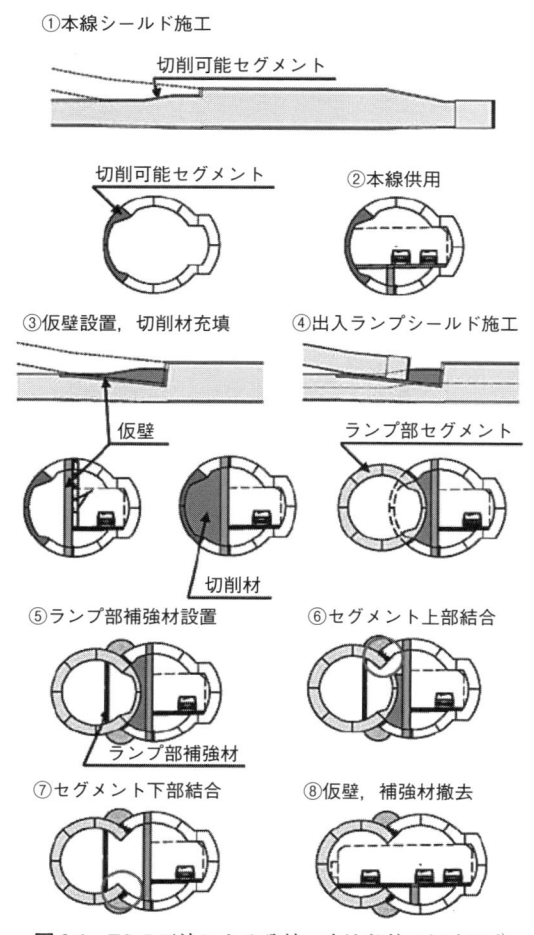

①本線シールド施工
切削可能セグメント

切削可能セグメント　　②本線供用

③仮壁設置，切削材充填　　④出入ランプシールド施工
仮壁　　ランプ部セグメント
切削材

⑤ランプ部補強材設置　　⑥セグメント上部結合
ランプ部補強材

⑦セグメント下部結合　　⑧仮壁，補強材撤去

図 2.1　ES–J 工法による分岐・合流部施工概念図[2]

念を示す．
　① 拡幅して本線用トンネルを掘進する．
　② 接合予定箇所にカッターで切削可能な接合用セグメントを設置する．
　③ 仮壁を設置して切削材で充填する．
　④ 地上から発進してきたランプ用シールド機で本線セグメントを切削してトンネルを結合する．
　⑤ 両トンネルのセグメントを結合し，仮壁を撤去する．
3) 工法の特徴
- 分岐・合流部を開削しないで築造できるため，地上の道路交通や環境に与える影響が少なく，さらに地上の工事用地を必要としない．
- 従来の開削工法に比べて，分岐・合流部の建設費が10％以上コストダウンでき，また工期も短縮できる．
- 1台の本線用シールド機で任意の位置に何回でも分岐・合流部を築造できる．また，本線トンネルと出入ランプ用シールドの接合がいつでもできる．

c. クレセント工法[3]

1) 工法の概要　クレセント工法は本線2車線程度の大断面道路トンネルを対象とした分岐・合流のためのトンネル拡幅技術であり，シールドマシン側部の球体機構に内蔵したカッター装置を持ち，併せて，本線セグメント外側に三日月形のセグメント（クレセントセグメント）を別個に組み立て，後から本線部と拡幅部を結合するという方式の工法である．この方法によりシールドテール部が非円形になることを防ぎ，テール部構造の課題が解決された．拡幅部の掘削は，球体に内蔵したカッター装置で行い，回転・押出し・格納を繰り返すことで，拡幅部を所定の位置に繰り返し築造することが可能になっている．また，球体機構に子シールドを装備することにより分岐シールドとしてランプ部を施工することも可能である．

2) 工法の特徴
- 本線トンネル用シールド掘削機のテール部を拡幅しないため，止水性能を低下させず，さらにシールド掘削機の費用の増加も少ない．
- テール部の拡幅がないためテールプレートを厚くせず，テールボイドの発生が少ないため，地山を乱さないほかに，充填費用などの増加も抑えられる．
- 球体を利用しているため，拡幅用カッターを掘進中に徐々に拡げることも，掘進を停止した状態で拡げることも可能である．
- 拡幅部の掘削は，本線トンネル掘削と同時に所定の位置で繰り返し行うこと

ができる．
- 本線セグメントと拡幅部分のクレセントセグメントの結合は，本線トンネルの掘削と並行作業が可能なため，工程への影響も少ない．

d. 小口径シールドの包含による大断面拡幅工法（SR-J 工法）[4]

1) 工法の概要　SR-J 工法とは Shield Roof pre-supporting system for Junction を略したものであり，掘削断面積が 500 m^2 程度の超大断面トンネルとなる複数車線同士の分岐・合流部を，複数の小断面シールド機（ルーフシールド）を使って構築する工法である．図 2.2 に示すように，分岐・合流部に先着したランプシールドから，ルーフシールドを先行掘進して拡幅断面を包括することにより，軸方向の高剛性先受工を構築する．本線通過に合わせ，ルーフ間を凍結し遮水してから内部を掘削・構築する．

2) 施工手順
① ランプシールドから複数のルーフシールド機を発進し，拡幅外周部をトンネル軸方向に掘進する．
② 本線シールド通過後の切拡げ掘削に向けて，ルーフシールド間を凍結する．
③ 分岐・合流部を切拡げ（NATM 掘削），覆工コンクリートを打設する．
④ 道路床版など付帯工事を行い，分岐・合流部を完成する．

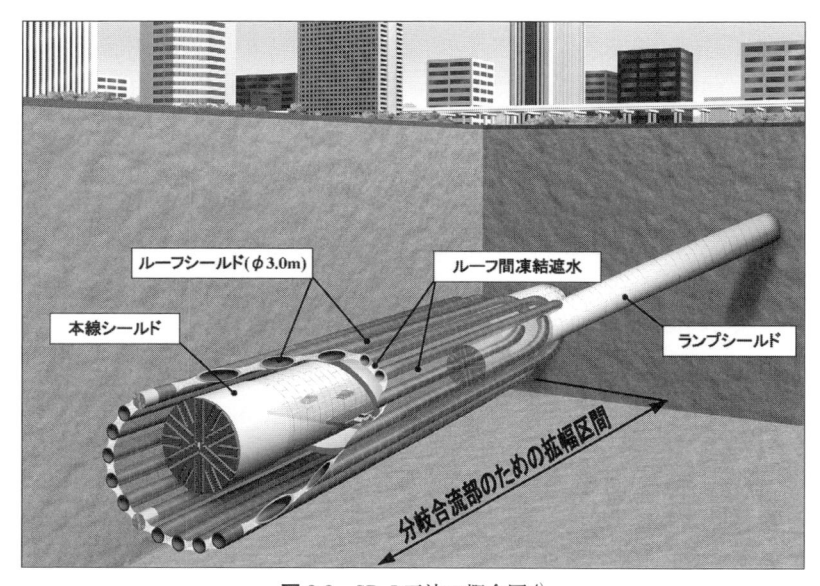

図 2.2　SR-J 工法の概念図[4]

3) 工法の特徴
- 本線シールドを待たずに小径シールドによる先受工を構築するため，工期を短縮できる．
- ルーフシールドと凍結工の組み合わせで，アーチ効果による地表面沈下の抑制が図れる．
- 切羽の安定が確実なシールドルーフと限定的な凍結工との組み合わせで，地盤改良などの従来工法に比べて全体工費が削減できる．
- 地下水保全を確実に行える．

e. 太径曲線パイプルーフによる大断面地下空間非開削構築工法[5]

1) 工法の概要 この工法は，図2.3に示すように，トンネル内部から特殊な太径曲線掘進機を発進させて構築した太径曲線パイプを用いたパイプルーフ工法により，新設や既設のトンネルを利用して超大断面の地下空間を構築するものである．

パイプルーフ工法とは，名前の通りパイプで屋根（ルーフ）を造り，その屋根の下を掘削して地下空間を構築する工法であり，本工法は，主軸となる太径曲線パイプルーフ工法で大断面の地下空間用アーチ土留めを確実に構築し，さらに凍結工法で止水膜を形成し，大断面の地下空間を非開削で構築する．

2) 施工手順
① 本線シールドおよびランプシールドを掘進する．
② 上方および下方パイプルーフを施工する．
③ パイプルーフ間の地盤を凍結する．

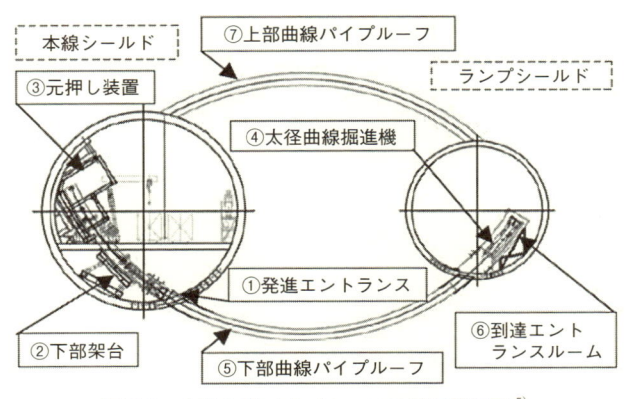

図2.3 太径曲線パイプルーフの施工状況図[5]

④ 両シールド間の地盤を掘削し，該当するセグメントを撤去する．
⑤ 内部構造物を構築し，二次覆工を施工する．

3) 工法の特徴

- 太径曲線パイプルーフで土圧・水圧を支保し，凍土で完全止水することで，大断面地下空間を非開削で構築可能である．
- 太径曲線パイプルーフは，施工済みのシールドトンネル，山岳トンネルから円形あるいは矩形のリターン回収型の掘進機で覆工を貫通する一方向からの施工も可能である．
- 太径曲線パイプルーフ管としては，円形あるいは矩形の鋼管を用い，任意の半径・断面寸法に対応でき，かつ曲率半径も自由に選択可能である．
- 太径曲線パイプルーフ管の間の地盤凍結は，鋼管内に任意の位置に配置した凍結管により止水に必要な最小限の厚さの凍土を確実に造成することが可能である．

参 考 文 献

1) 大場新哉, 小島直之：シールドトンネル開削切開き工法の概要について．土木学会第58回年次学術講演会，第VI部門，273-274, 2003.
2) 阿曽利光, 四方弘章：分岐・合流シールド工法（ES-J工法）の開発．土木学会第59回年次学術講演会，第VI部門，157-158, 2004.
3) 廣富 聡, 高見澤計夫, 服部佳文, 松井秀夫, 中根 隆：「クレセント工法」の開発（その1）——「クレセント工法」の概要．土木学会第59回年次学術講演会，第VI部門，153-154, 2004.
4) 鎌倉友之, 阿曽利光, 浜口幸一, 井上哲明：小口径シールドの包含による大断面拡幅工法（SR-J工法）の開発．土木学会第60回年次学術講演会，第VI部門，165-166, 2005.
5) 吉川 正, 加藤 誠, 永岡 高ほか：太径曲線パイプルーフ工法による非開削大断面地下空間構築工法（その1）．土木学会第59回年次学術講演会，第VI部門，255-256, 2004.

2.2.3 地下道路の耐火システム

a. トンネル用耐火コンクリート

1) トンネルの耐火基準 道路・鉄道トンネルは人間の通行に供されるためにいろいろな安全のための処置が施されているが，火災対策もその一つである．表2.1[1]にわが国で発生した道路トンネル火災の例を示すが，特に道路トンネルはタンクローリーなどの通行車両からの火災発生を想定する必要があり，覆工構造に対しては厳しい耐火検討が行われる．わが国の現状では，耐火性能は基準化されておらず，各プロジェクトごとに検討が行われている．

しかしながら，旧首都高速道路公団などでは耐火基準の制定が進められてお

2.2 都市内地下建設技術

表 2.1 わが国の道路トンネルの火災例[1]

No.	トンネル			火災				被害		
	場所	トンネル名	延長	発生年	火災車種、燃焼材料	原因	消火までの所要時間	死傷者	被害車両	構造体・設備への被害
1	三重県鈴鹿市	鈴鹿トンネル	244.6 m	1967	スチロール製樹脂、アイスクリーム容器	エンジン	約11時間	負傷者2名	7トントラック含む13台	モルタルの剥離
2	静岡県静岡市	日本坂トンネル	2,045 m	1979	合成樹脂、松根油	追突	7日間	死者7名 負傷者2名	189台	天井板の落下、覆工コンクリートの剥落、1,122 m区間
3	広島県加計町	境トンネル	459 m	1988	—	追突	—	死者5名 負傷者5名	11台	—
4	奈良県御所市	水越トンネル	2,370 m	2000	塩化ビニル製ハンガー、おもちゃのバケツ	内壁に衝突	1時間40分	死者5名 負傷者19名	2トントラック1台	灰白色化4 m、亀甲状ひび割れアーチ部42 m
5	福井県敦賀市	北陸トンネル	13.8 km	1972	列車	食堂車	—	死者30名 負傷者714名	—	—
6	大阪府東大阪市	生駒トンネル	4,737 m	1987	ケーブル	高圧送電線	9時間	死者1名 負傷者48名	ケーブル他	—

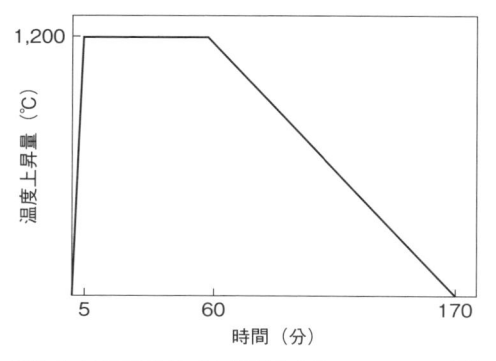

図 2.4 RABT 曲線(火災想定曲線 RABT 60 分)[2]

り,耐火構造物の要求性能としてドイツ交通省が規定している図 2.4 に示すような「RABT (Richtlinien fuer die Ausstattung und den Betrieb von Strassentunneln) 曲線」[2] に準拠した加熱方法に耐えることが盛り込まれる見込みである.

2) 火災時のコンクリートの現象　耐火に対する厳しい要求性能に応えるために開発されたのが,耐火コンクリートと呼ばれる特殊なコンクリートである.

火災時のような高温下では,爆裂と呼ばれるコンクリート部材の表層が剥離・飛散する現象が顕著になるため,その防止対策が重要になる.爆裂が進むと断面が欠損するだけでなく,鉄筋が高温に晒されるようになり,部材としての性能が阻害される.表層が剥離・飛散するメカニズムは完全には解明されていないが,現時点では,火災時の高温による表層の急激な熱膨張や,コンクリート内部に含まれる水分の急激な気化・膨張などが原因として考えられている.

コンクリートは,高強度になるほど密実になり,火災時の高温下では熱膨張力が大きくなるとともに,内部で膨張した気体の逃げ道がなくなって,内部圧力が一層高まるため,建築では 80 N/mm^2 以上の超高強度コンクリート部材には,耐火被覆などを施工している.

3) AFR (Advanced Fire Resistant) コンクリート[3]　耐火被覆すると覆工の厚さが増すためにトンネルの掘削面積が増加し,トンネル構築コストの上昇を招く.耐火性能の優れたコンクリートを開発すれば,耐火被覆が必要なくなる.そこで,最近,建築用として開発された耐火性能の優れた「AFR コンクリート」をトンネルの覆工に応用する研究が行われている.

AFR コンクリートは,ポリプロピレンなどの微細な合成繊維を混入した超高強度コンクリートであり,合成繊維は火災時の熱で溶融・消失してコンクリート

| 通常の超高強度コンクリート（表層剥離あり） | AFR コンクリート（表層剥離なし） |

図 2.5 耐火試験後のコンクリート供試体[3]

に微細な空隙を作り，この空隙が表層の熱膨張力や内部で膨張した気体の圧力を緩和する役割を果たして，表層の剥離・飛散を防止すると考えられている．

合成繊維の直径は 0.012～0.2 mm，長さは 5～20 mm で，圧縮強度 80～120 N/mm^2 のコンクリートに対する混入率は 0.10～0.35 vol％程度である．実証実験を通じて，図 2.5 に示すように，AFR コンクリートの優れた耐火性はもちろんのこと，通常の超高強度コンクリートと同じ強度特性，施工性および耐久性を備えていることを確認している．

トンネル覆工コンクリートに対してこの AFR コンクリートの技術を適用することによって，トンネル火災のような急速・高温加熱下においても，表層の剥離が軽微になることが実証されており，今後実際のトンネルへの適用が期待される．

b. 地下道路の火災防災システム

1) トンネルの非常用設備　道路トンネルの覆工の耐火性能とともに重要なものに，道路交通者の安全を守るための火災防災システムがある．東京湾アクアライントンネルの火災防災用施設[4] は，現代の最高レベルの施設になっている．例えば，通行用道路の下の空間に非常時の避難空間が設けられており，緊急時には，避難用扉を通って避難用すべり台を用いて道路下の空間へ逃げ込む仕組みになっている．

その他，一般のトンネルには通報・警報設備，消火設備，避難誘導設備などの

非常用設備が装備されている．

最近，トンネル火災時の安全性を確保するためのシステムとして「水幕式火災防災システム」[5]が開発されている．

2) 水幕式火災防災システム

i) システムの原理：火災ゾーンの区画化において必要不可欠な技術となる「水幕による区画化技術＝ウォータースクリーン」は，建築分野では性能評価に基づいて国土交通大臣認定を取得した技術であり，「水幕式火災防災システム」は，避難安全性の確保に有効なウォータースクリーンによる区画化技術を地下空間に適用したものである．区画化とは，火災に伴って発生する熱・煙を一定範囲内に封じ込め，空間全体への拡散を防止する考え方で，従来は鋼製の防火シャッターや防火シートが使用されており，ほかにもエアカーテンなどが使われている．

しかし，地下空間においては，防火シャッターや防火シートでは避難安全性が阻害されるなどの問題点が，また，エアカーテンについても給気・排気設備の大型化や制御の難しさなどの問題点があった．

ii) システムの特徴

- **熱と煙を遮断**：発生した火災を水の幕（ウォータースクリーン）を使って区画化することによって熱や煙の拡散を抑制し，被災者の避難経路を確実に確保する．区画化するライン上に水幕ヘッド（ウォータースクリーン専用ノズル）を配置し，そこから霧状の水を放水することで，水の幕を作り，熱と煙を遮断する．

- **有害物質を捕捉・洗浄**：水幕ヘッドから放水される霧状の水が，火災によって発生する有害浮遊粒子を捕捉するために，従来の水噴霧設備（スプリンクラー）にはない「有害浮遊粒子の捕捉・洗浄効果」がある．

- **避難安全性の向上**：ウォータースクリーンによる火災ゾーンの区画化により，被災者が危険区画から外に出れば熱・煙の危険から退避することができる．

- **消防・救援活動の安全性向上**：鋼製の防火シャッターなどと異なり，ウォータースクリーンによって形成された区画を通して火災の状況を把握できるために，消防拠点の設置を含めた有効な消防・救援活動が行える．

- **構造物の被害を極小化**：従来の水噴霧設備（スプリンクラー）と同様，構造物の冷却効果や，延焼防止効果が期待できる．

- **水量はスプリンクラーの3分の1**：ウォータースクリーンに使用される水量は水噴霧設備で使用される水量に比べて約3分の1となる．一定規模以上のトンネルにはスプリンクラーの設置が義務付けられるため，スプリンクラーの給排水

設備が利用できる．

・合理的な火災防災システムの設計が可能：被災者が安全に避難することが可能な時間をウォータースクリーンの効果持続時間として定量化できるため，被災者の避難行動のシミュレーションと3次元の熱挙動解析とを組み合わせることにより，換気設備の仕様，避難空間の配置など防災設備・施設を含む火災防災システムを合理的に設計することが可能となる．

iii) **道路トンネルへの適用例**：本システムを道路トンネルに適用したシミュレーション事例を示す．

検討されたトンネルは，大深度地下トンネルを対象として，断面 100 m² 以上，スプリンクラーは 5 m ピッチ，ウォータースクリーンは 50 m ピッチを想定している．

大深度地下トンネルの代表的な構造としては，東京湾アクアラインと同様に，床版下に避難空間を設けるケースが想定される．避難空間は車道からの熱・煙の流入を阻止するために加圧されており，この空間に避難することができれば，一時的に被災者の安全を確保することができる．従って，避難安全性の観点からは，被災者を安全に避難空間に誘導することが重要となる．

また，トンネル内部では，換気や自動車の走行などの影響で，一定方向に空気が流れているため，熱・煙が風下方向に拡散しやすい状況になっている．特に，内部に多数の自動車が滞留する都市部のトンネルでは，滞留した自動車の延焼防止や風下方向への熱・煙による被害の拡大を防止することが重要となる．

検討されたケースでは，以下に示す手順でウォータースクリーンを用いて火災ゾーンを区画化することにより，被災者の避難安全性を確保している（図 2.6）．

・火災発生・検知
・火災発生箇所を取り囲むウォータースクリーンを作動
・熱・煙が一定範囲（＝危険区画）から上下流へ拡散することを防止

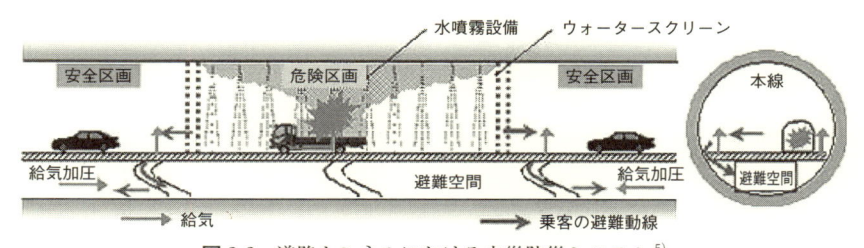

図 2.6 道路トンネルにおける火災防災システム[5]

- 被災者は熱・煙の影響が少ない範囲（＝安全区画）から床版下の避難空間に避難し，さらに避難空間を経由してトンネル外部へ避難
- 床版下の避難空間から消防隊が進入し，消防・救援活動を実施

〔後藤　茂〕

参 考 文 献
1) 日本コンクリート工学協会：コンクリート構造物の火災安全性研究委員会報告書．2002.
2) BUNDESMINISTERIUM FUER VERKEHR Abteilung Strassenbau : *ZTV-TUNNEL Zusaetzliche Technische Vertragsbedingungen und Richtlinien fuer den Bau von Strassentunneln Teil 1 Geschlossene Bauweise*. Bundesministerium fuer Verkehr, 1995.
3) 森田　武，山崎庸行，橋田　浩，西田　朗，米澤敏男，古平章夫，三井健郎：合成繊維を利用した高耐火・高強度コンクリート．セメント・コンクリート，**648**, 24-31, 2001.
4) 日経コンストラクション（編）：東京湾横断道路のすべて．日経 BP 社，1997.
5) 橋本和記，天野玲子，出石陽一，栗岡　均，佐藤博臣：地下空間における新しい火災防災システム．土木学会年次学術講演梗概集，721-722, 2003.

2.2.4　大深度地下空間の活用
a.　地下利用の動向

　バブル期において，ニューフロンティア空間として，建築の基礎などで利用しない大深度地下に公共性の高い都市交通などを建設する機運が高まり，法整備の準備までされたが，バブルが崩壊すると，その活動は止まってしまった．

　しかし，わが国の経済は民間が主導して徐々に回復し，政府も都市再生事業を重要な政策として推進してきたので，大都市部における地下利用が再度，注目を浴びるようになってきた．

　大都市部における道路などの地下には多数の管路が埋設されている．例えば，東京都内の国道下 1 km あたり約 33 km もの管路が埋設されている．そのために，新たに建設される地下鉄，地下道路は年々深くならざるを得ない状況下にある．

　地下 40 m より深い所を使用している施設は 100 ヵ所以上もある．例えば，最も深いのが都営地下鉄大江戸線で地下 49 m に建設され，環状 7 号線の地下河川は地下 45 m，東京電力の送電線の日比谷築地洞道は地下 42 m に建設されている．

　通常の地下を利用して社会インフラを建設する場合，土地を所有している地権者との権利調整が必要で，一般的に長期間かかるのが普通である．そのために，権利調整がしやすい道路などの公共用地の地下を利用するのが現実的な解決策で

あった．
　これらを背景として，権利調整の必要のない大深度地下を利用する機運が盛り上がってきた．

b. 大深度地下利用の法整備

　前に述べたような大深度地下利用のニーズが高まってきたので，旧国土庁を中心とした関係省庁の連絡会議で大深度地下利用に関する法案を準備し，国会審議を経て，2001（平成13）年4月1日に「大深度地下使用法」が施行された．
　大深度地下は図2.7に示すように，下記のいずれか深い方として定義されている．

① 地下40 m以深（地下室の建設のための利用が通常行われない深さ）
② 支持地盤上面から10 m以深（建築物の基礎の設置のための利用が通常行われない深さ）

　基本的な考え方は，この定義された深さより深い地下は，一般の建築の基礎には利用しない場所で，この地下を公共事業者が利用しても土地所有者の利害を損なわない，と判断される．
　この法律の対象地域は，首都圏，近畿圏，中部圏の3大都市圏に限定されてい

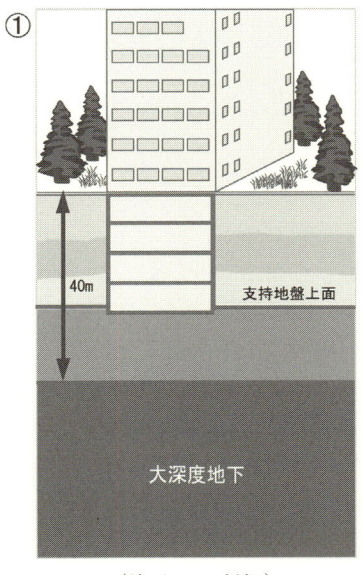

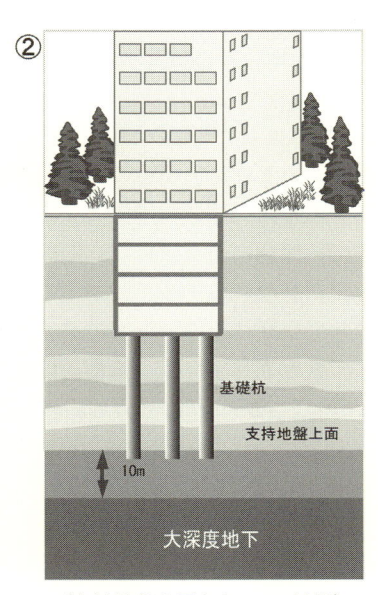

　　　（地下40 m以深）　　　　　　（支持地盤上面から10 m以深）

図2.7　大深度地下の定義

る．対象事業は，道路，河川，鉄道，通信，上下水道などの公共の利益となる事業とされている．

大深度地下を適正に合理的に利用するために，次の3点を実施することが求められている．

① 大深度地下使用基本方針の策定
② 大深度地下使用協議会の設置
③ 事前の事業間調整

大深度地下の使用認可者は，複数の都府県にまたがる場合は国土交通大臣，それ以外は都府県知事である．

大深度地下を利用する場合の補償は，事前補償なしで使用権を設定できるのが特徴である．これは，大深度地下は，通常，補償すべき損失が発生しない空間と考えられるからである．

この「大深度地下使用法」ができたことによる効果は次のように考えられる．

① 公共の利益となる事業を円滑に実施
② 理想的なルート設定が可能
③ 大深度地下の無秩序な開発の防止
④ 防災，騒音・振動の減少，景観保護

c. 大深度地下利用に関する技術指針

国土交通省が中心となって，大深度地下利用を促進するために，下記のような技術指針を作成している．

① 大深度地下利用に関する技術開発ビジョン
② 安全の確保に係る指針
③ 環境の保全に係る指針
④ 地盤調査マニュアル
⑤ バリアフリー化の推進・アメニティーの向上に係る指針
⑥ 大深度地下利用に関する情報の収集・提供

大深度地下に関する情報システムも確立されており，国土交通省のウェブサイトにアクセスすると必要な時に検索できる．

d. 海外の大深度地下利用事例[1]

1) 鉄道の大深度地下利用事例 　アメリカのシアトル都心とSea Tac空港を結ぶ地下LRT（新交通）のBeacon Hill駅が大深度地下利用であり，注目を集めている．主立坑は49 mの深さで，駅舎はNATMトンネル工法で掘削し，鉄道のトンネルは土圧シールド工法で掘削されている．2009（平成21）年の完成を

目指して工事が進められている．
　2）下水貯留施設　アメリカのシカゴでは，洪水時の合流式下水を地下トンネルに一時貯留し，洪水が過ぎ去った後に下水処理場で処理して河川に放流する貯留トンネル工事が進んでいる．全長は 175 km になり，基幹トンネルは直径 10.5 m，深さ 70～100 m の大深度に，TBM（Tunnel Boring Machine）による機械掘削で施工されている．

　同様な貯留トンネルが，アメリカのミルウォーキーでは最大深度 99 m に，アトランタでは平均深度 90 m に建設されている．

e．大深度地下利用の今後の展望

「大深度地下使用法」が制定された後，わが国でも具体的なプロジェクトが動いている．

　神戸市大容量送水管整備事業が法適用の第一号で，阪神・淡路大震災で被害を受けた上水道を約 13 km 建設する工事である．大深度地下を活用することによって，地震に強い上水道とするとともに，ルートを短縮できて，結果として，建設費を約 25 億円縮減できた．

　また，東京外郭環状道路のうち，関越道と東名高速道路を結ぶ区間を大深度地下に建設する案も進んでいる．

　リニア中央新幹線を建設することが決まれば，約 500 km のうち，約 100 km は大深度地下とする計画もある．

　大深度地下に上下水道，通信，河川などの無人の施設を建設する場合は，人の安全に関わる問題はないが，鉄道，道路などの人が利用する施設を建設する場合は，火災などの防災に関する対策がきわめて重要である．また，大深度地下から地上に上がる昇降設備も重要な課題である．

　これらの課題を解決する技術開発を，今後も継続していく必要がある．

参 考 文 献

1) 花村哲也：期待される大深度地下利用技術《現状と展望》．セメント・コンクリート，**697**, 1-7, 2005．

2.3　都市内高架建設技術

2.3.1　都市内高架施設の課題と建設技術の方向性

a．鉄道・道路の高架化

都市内の高架施設としては，① 鉄道，② 新交通システム，③ 道路，④ 人工地

盤がある．立体交差も高架施設であるが，それについては次節で述べ，本節では一般的な線形の高架施設について述べる．

都市内の高速道路の高架化はほぼ終わり，最近は鉄道，新交通に関する高架化のプロジェクトが多い．鉄道でも JR はすでに多くの踏切をなくし，高架化，複々線化の工事を終えている．中央線の武蔵小金井駅近辺の踏切対策が話題となっているが，これも立体交差の事業が進行中である．

私鉄はまだ高架化を進めており，踏切をなくし，複々線化を図っている所もある．鉄道の高架化工事の場合は，電車を運行しながら高架化工事を進める，いわゆる活線施工を行うため，電車が運行中の場合は，電車の運行を妨げないような工夫が必要であり，電車が止まっている夜間の作業となることが多い．そのため，電車の運行を妨げないように，振動が少ない施工方法を採用したり，線路の下を通す地中梁をなくす構造として工期短縮を図る工法を採用したり，建設技術を工夫している．

最大の難関は，最後の線路の切換えである．通常，電車が止まっている夜間の短時間の間に切換えを行うため，人海戦術とともに，短時間で施工する工法の工夫と事前準備が重要である．

新交通システムの工事も，「ゆりかもめ」「舎人線」などが道路上に建設されている．通常の鉄道より軽い車体であるため，鉄道の橋脚よりややスリムな橋脚を道路上に建設するので，従来工法の延長で施工されている．

b. 高架下の有効活用

鉄道・道路の高架下は，最近では有効に活用され，新規事業として取り組んでいる所もある．道路の高架下は道路である場合が多いので，一般に駐車場として利用される場合が多い．

駅に近い鉄道の高架下には商業および飲食施設が入ることが多く，有楽町あたりでは，結構な人で賑わっている．鉄道の騒音は多少気になるが，振動はほとんど感じないくらいである．これは，都市内の軌道には，振動を生じにくくする工夫がなされているためである．

最近，鉄道の高架下に上部構造から吊る構造で防音・防振構造の建築が考案され，実際に活用されたので，後で紹介する．

c. 鉄道・道路の耐震補強

最近では，2004（平成 16）年 10 月に発生した新潟県中越地震によって新幹線が脱線したり，新幹線の橋脚，トンネル覆工に被害が発生したため，従来の耐震補強が見直されている．1995（平成 7）年の阪神・淡路大震災以後，土木・建築

構造物の耐震基準が改定されたため，従来の基準で施工された橋脚の耐震補強が行われてきたが，この新潟県中越地震によって，より拍車がかかった．

橋脚の構造形式，施工場所は様々であるので，耐震補強技術も1種類では対応できない．そのため，橋脚の耐震補強に関する最新の技術について，後で述べる．

d. 高架道路の景観

東京都内の首都高速道路は1964（昭和39）年に開催された東京オリンピック以来，急速に整備され，その多くは幹線道路の上に高架道路として建設されてきた．

六本木，渋谷などの繁華街にも高架高速道路が走っているために，景観が話題になって，景観設計に基づいて補修された．

すでに建設された道路は撤去することはできないので，その都市に合った景観に補修するのが，最も合理的と考えられる．今後も，世界都市東京，大阪，名古屋などにふさわしい高架道路とするために，景観補修は増えるものと予想される．

2004（平成16）年に，国土交通省は景観法を制定して，都市の景観を向上させる施策をとり始めた．この景観法に準じた施策によって，高架道路の景観補修に拍車がかかるものと推測される．

e. 人工地盤

都市の再開発，駅前再開発などの一環として，人と車を分離して，人が行動しやすくするために，人工地盤が建設されている．

一般に，駅前再開発の場合，人，車が動いている中で工事を進める必要があるので，私鉄の高架化工事と同様に，様々な制約の中で工事しなければならない．そのため，短工期とするために，使用する部材を軽量化する技術も重要である．最近では，新素材として炭素繊維を用いたCFRPを活用した人工地盤も研究され始めている．

以上，都市内高架施設の課題と建設技術について述べたが，以下では新しい建設技術が開発されている ① 高架下の防音，防振建物，② 鉄道，道路の橋脚の耐震補強技術，の2つの技術について述べる．　　　　　　　　　　　〔奥 村 忠 彦〕

2.3.2　鉄道高架下の防音・防振建物「吊り免振工法」の概要 [1,2]

a. 鉄道高架下空間利用のニーズ

高架下の空間は，都市部における貴重な未利用空間であるが，劣悪な振動・騒

音環境のため，商業および飲食施設，倉庫，駐車場などに利用が限定されてきた．この高架下の振動・騒音環境を解決し，ホテル並みの高品質な居住空間を実現する技術として吊り免振工法が開発された．その技術の概要について述べる．

高架下の建物では，列車通過時に空気中を伝わる騒音と躯体を伝わる振動や，その振動が壁や天井材を震わせることにより生じる二次的な騒音（固体音）が発生する．これらの騒音・振動を防ぐ方法としては，防振ゴムや積層ゴムによって建物を支持する技術や，室内に浮き床，二重壁，二重天井を施工する技術がある．しかし，防振ゴムでは地震力に耐えられず，積層ゴムでは鉛直方向の剛性が大きいために上下方向の振動を防止することができないという課題を有している．さらに，後者の方法では，空間が狭隘となり，また騒音レベルが 50 dB 程度と，ホテル並みの居住空間を満足することはできないという課題がある．

ホテル並みの高品質な居住空間を確保するためには，これら 2 つの課題に加えて，地震対策および防振対策を同時に解決する必要が生じた．

b. 新工法の概要と防振対策

これらの要求を解決する方法として東日本旅客鉄道（株）と（株）竹中工務店との共同で開発された吊り免振工法の概要を図 2.8 に示す．この工法は，高架橋

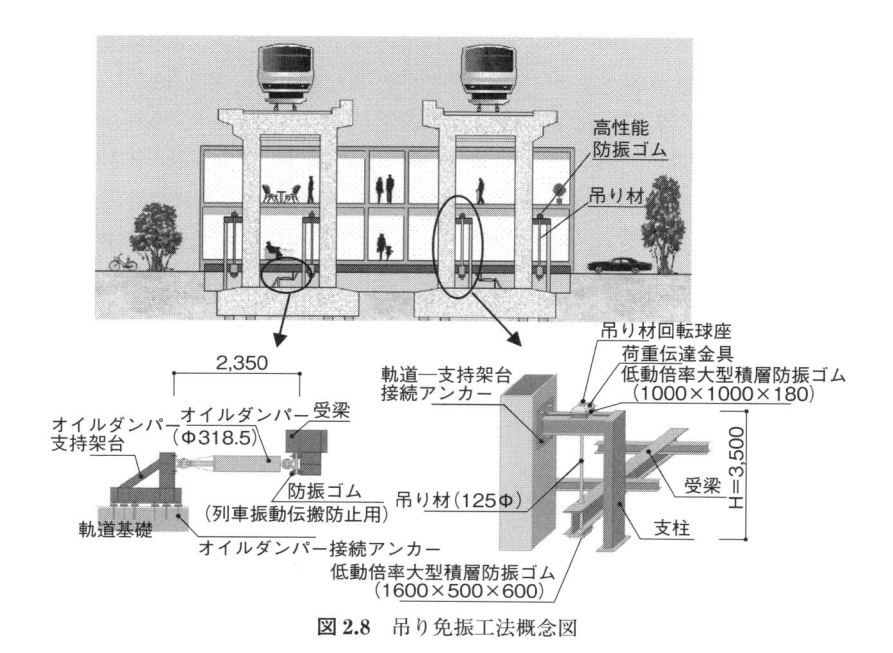

図 2.8 吊り免振工法概念図

柱に逆L形の支持架台を取付け，この架台から上下に防振ゴムを取付けた吊り材にて建物を懸架する．これにより，列車通過時と地震時・暴風時の対策を図る．

また，室内の居住性を確保するために，防振ゴムを挿入したダンパーを床下に設置し，日常的な横揺れを防止するとともに防振対策としている．

吊り架構部では，高架橋柱または支柱から伝播する振動を，上部の防振ゴム→吊り材→下部防振ゴム→受梁→床スラブの経路を経ながら順次低減させ，振動と固体音を制御する機能を有している．

c. 地震対策

建物を高架橋から吊ることにより，地震時や暴風時に建物は横方向にゆっくり動くため，短周期成分に強大なエネルギーを有する地震動から逃れることが可能となる．そのため，建物に作用する外力を大幅に低減することができ，高架橋に与える力は直接高架橋基礎上に設置する従来工法よりも小さくなる．その結果，地震に対して安全な建物が可能となるとともに，高架橋の耐震性も確保できる．

d. 実物大検証実験

実物大試験体を用いて，吊り免振機構の安全性能および防音・防振性能の確認試験が実際の高架下で行われた．試験体の内装は実際のホテルの客室を模してベッドなどを設置した．

試験体の概要は，鉄骨造2階建ラーメン架構，床壁は鉄筋コンクリート造で総重量220 t であった．測定項目としては，室内騒音，床振動である．

室内騒音および室内床振動測定結果を図2.9および図2.10にそれぞれ示す．吊り免振工法では，騒音・振動が大幅に低減されている．室内騒音は日本建築学会

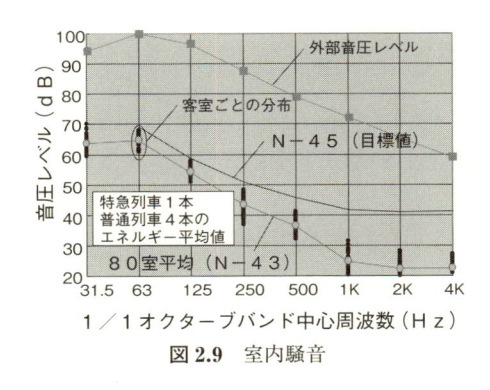

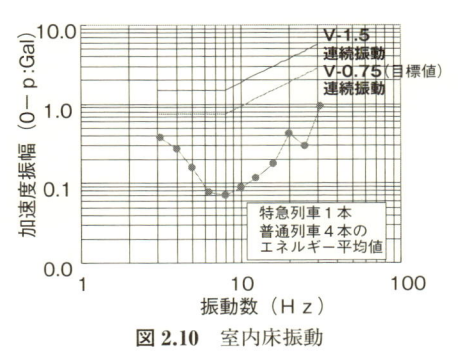

図2.9 室内騒音

図2.10 室内床振動

図 2.11 ホテルドリームゲート舞浜

の「建築物の遮音性能基準」におけるホテル・住宅レベル（3級）として適切な環境を達成した．また，室内床振動は日本建築学会の「建築物の振動に関する居住性能評価指針」による寝室（住居）として望ましいレベル（V-0.75）を達成している．

これらの検証実験を経て，2004（平成16）年2月に，東京ディズニーランド最寄り駅の舞浜駅高架下に，図2.11に示すように，わが国初の吊り免振工法による「ホテルドリームゲート舞浜」が完成した．

参 考 文 献
1) 大迫勝彦，林　篤，山田眞左和：高架下建物の防振防音（吊り免振）工法の開発．*JR EAST Technical Review*, **6**, 33-38, 2004.
2) 大迫勝彦，荘　大作：吊り免振工法．音響技術，**130**, 23-29, 2005.

2.3.3　鉄道・道路橋の耐震補強技術
a.　鉄道橋の耐震補強技術[1),2)]

鉄道構造物において耐震補強の対象となるのは，高架橋や橋脚などであり，従来から鋼板巻立て補強，鉄筋コンクリート巻立て補強などが用いられてきた．1978（昭和53）年の宮城県沖地震および1995（平成7）年の阪神・淡路大震災による被災構造物の復旧工事において，これらの補強工法が耐震補強工法として用いられた．

耐震補強の目的は，一般にせん断補強，じん性補強および曲げ補強に分類でき，耐震診断の判定結果に基づいて補強目的に適した工法が選定される．

耐震補強工法は近年多くの工法が開発されており，以下のように分類される．

① 部材増厚による補強：コンクリート巻立て工法，吹付けモルタル工法，プ

レキャストパネル巻立て工法，スパイラル筋巻立て工法など
② 補強材被覆による補強：鋼板巻立て工法，FRP（炭素繊維，アラミド繊維）シート巻付け工法，FRP 吹付け工法など
③ 補強材挿入による補強：鉄筋挿入工法，PC 鋼棒挿入工法など
④ 部材増設による補強：壁増設，ブレース増設，柱増設など
⑤ 併用工法による補強：コンクリート巻立て工法と鋼板巻立て工法との併用，鉄筋挿入工法とコンクリート巻立て工法との併用など

上記の耐震補強工法の補強効果に関しては，各種指針によって評価方法が示されているので，それらを参考にされたい．以下に，最近も注目を浴びている耐震補強工法 2 例を述べる．

1) 鋼板巻立て工法[3]　鋼板巻立て工法は，耐震補強工法として最も一般的に用いられている工法であり，柱に鋼板を巻きつけることによって既設柱の変形性能を向上させるものである．既設の高架橋の耐震補強は，せん断先行で破壊する柱を対象に実施している．既設柱のせん断耐力を向上させる方法としては施工性を考慮し，鋼板巻立て工法が主に採用されている．鋼板巻立て工法の特徴は次のようなものである．

- 柱重量の増加が少ないため，基礎への負担の増加が少ない．
- 曲げ耐力の増加がほとんどないため，他の部材への影響が少ない．
- せん断耐力が向上するとともにじん性も向上する．
- 施工実績が多く，比較的安価である．

従来の鋼板巻立て工法では，工場で 2 分割して製作したものを現場で溶接によって一体化する方法が行われてきた．現場における溶接は，その品質が気象条件や溶接技能者の技量に左右され，また，今後の耐震補強工事の増大に伴う溶接技能者の確保の困難さが懸念された．

これらの課題を解決する方法として，図 2.12 に示すような機械式継手（かみ合わせ継手）を用いた鋼板巻立て工法が開発された．溶接の代わりに機械式継手（かみ合わせ継手）を用いることによって，施工性・経済性に優れた補強工法が実用化された．

かみ合わせ継手鋼板巻立て工法の開発に際し，従来の溶接方式と比較した検討が行われた．各種継手の耐震性能に関する実物大の試験体による交番載荷試験の結果，かみ合わせ継手のじん性率（μ）は 10 以上であり，溶接継手と比較しても十分な変形性能を有していることが確認された．また，数多くの柱に対して試験施工が実施された結果に基づいて，標準的な仕様が決められている．

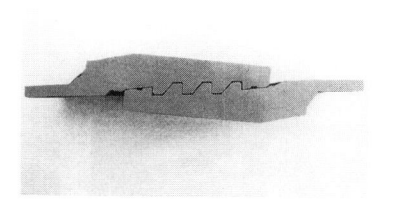

図 2.12 かみ合わせ継手

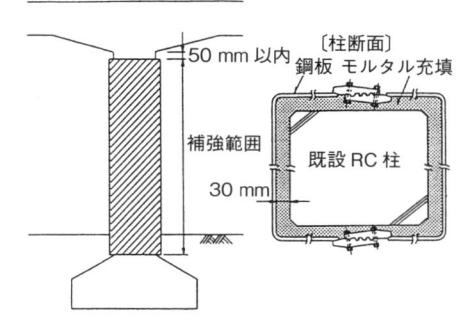

図 2.13 柱の補強範囲と補強断面

　本工法の施工上考慮すべき点には，既設柱との隙間，充填モルタルの配合や鋼板補強の範囲などがある．既設柱と鋼板の隙間は，充填するモルタルの施工性を考慮し，30 mm を標準としている．図 2.13 に示すように，柱の補強範囲は，フーティングの天端から梁のハンチ下までの柱全周とするが，施工時のモルタル充填のために部材接合部の隙間として 50 mm 程度を設けることとしている．

　2) 吹付けモルタル工法[4]　　吹付けモルタル工法は，高架下の店舗などの柱に適用されており，支障物の撤去範囲，重機の搬入などの問題があるため，従来の鋼板巻立て工法が採用しにくい箇所に適した工法の一つである．

　本工法は，補強帯鉄筋を水平方向に必要な本数を配置し，これにモルタルを吹付けて補強帯鉄筋を固着させることによって補強効果を発揮させる．モルタルの吹付けは帯鉄筋の腐食を防止する役割も有している．

　本工法の特徴は次のようなものである．
- 補強目的に応じて補強帯鉄筋量を設定でき，経済的である．
- 補強帯鉄筋の継手にフックを用いず，機械継手またはフレア溶接継手とするので，終局時まで補強帯鉄筋の拘束効果が期待できる．
- 被覆材はセメント系材料であるため，腐食，火災，衝突などに対する耐久性を有する．
- 吹付けモルタル表面は仕上げを行うため美観上優れている．

　施工は，「吹付けモルタルによる高架橋柱の耐震補強設計・施工指針」（(財)鉄道総合技術研究所，1997（平成8）年10月）に基づいて行われている．一般的な施工手順は，既設コンクリートの表面処理，帯鉄筋の設置，1層目のモルタル吹付け，2層目のモルタル吹付け，ビニロンメッシュの設置，3層目のモルタル吹付け，表面仕上げ，である．1層目のモルタル吹付け厚は 5～10 mm，2層

2.3 都市内高架建設技術

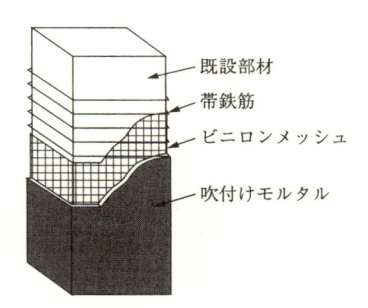

図 2.14 吹付けモルタル工法の概念図

目は約 30 mm，3 層目は約 20 mm である．ビニロンメッシュはモルタル表面のひび割れ防止の目的で設置される．吹付けモルタルによる補強工法の概念を図 2.14 に示す．

b. 鉄道橋の制震技術

制震構造とは，建築分野において開発・実用化されている技術で，建物骨組みに取付けた制震装置（ダンパー）によって，地震エネルギーを吸収して建物の揺れを小さくし，耐震安全性や機能性，居住性の向上を図る構造である．制震構造の長所は，地震時の振動エネルギーを吸収するため，先に制震部分が降伏するので，大地震の際の建物復旧も容易になる点である．また，揺れが小さくなることから建物の機能性維持や居住性向上にも効果がある．

このような制震機能を高架橋に付与することによって地震時の変位を抑制する技術が開発されている．その例として，制震装置を高架橋の柱頭に設置すること

図 2.15 柱頭設置型制震ダンパー

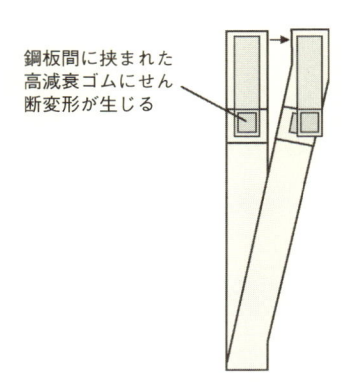

図 2.16 柱頭設置型制震ダンパーの機構

によって耐震性能を確保する技術について述べる[5]．制震装置は，高架橋下の空間を塞がないことを考慮して，図 2.15，図 2.16 に示すように，高架橋の柱頭部分に柱に沿うように柱頭設置型制震ダンパーを設置する．

制震ダンパーは，高減衰ゴムダンパーを採用した．高減衰ゴムダンパーは高減衰ゴムを鋼板の間に充填し，隣り合う鋼板が互いに逆方向に移動するときに生じるせん断力を減衰力として利用するもので，小さな振幅から制震効果を発揮し，他の粘弾性系材料に比べて温度依存性が小さく，耐久性があり，屋外の設置にも適している．図 2.17 に示すように，高減衰ゴムダンパーは厚さ 2 mm，大きさ 60 cm×60 cm の高減衰ゴムを 2 組の鋼板の間に充填し，6 層に重ねた構造としている．

柱頭設置型制震ダンパーの制震効果を検討するために，鉄道高架橋について，その一径間（スパン 10 m）をモデル化し，地震応答解析を実施した．入力地震動は L2 地震動地表面設計地震動（スペクトル I，G4 地盤用）[6]を係数倍して線路直角方向に入力した．図 2.18 は，地震動の入力レベルを変えた場合の結果を示す．入力レベルが L2×0.5 倍を超えると，地中梁をなくしても制震ダンパーを設置することによって最大層間変位が小さくなって，地中梁を有する現状の構造と比較して制震効果が大きく現れることが示された．

実構造物の 1/2 スケールの試験体を作製し，実験を実施した．実験状況を図 2.19 に示し，結果の一例を図 2.20 に示す．ダンパーの有無と履歴曲線との関係

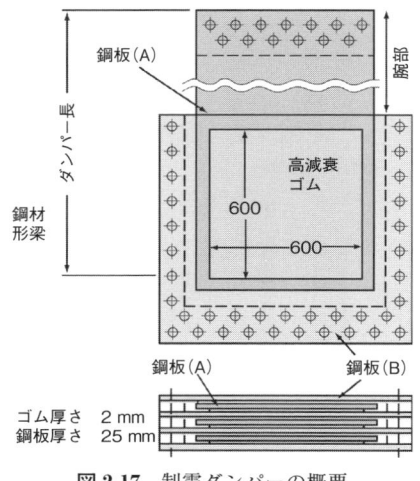

図 2.17 制震ダンパーの概要

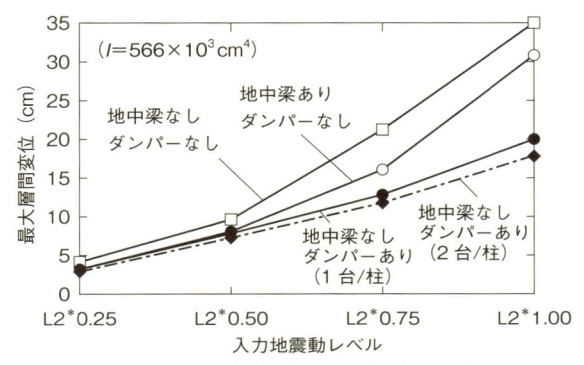

図 2.18 地震動入力レベルと最大応答

図 2.19 実験状況（1/2スケール）

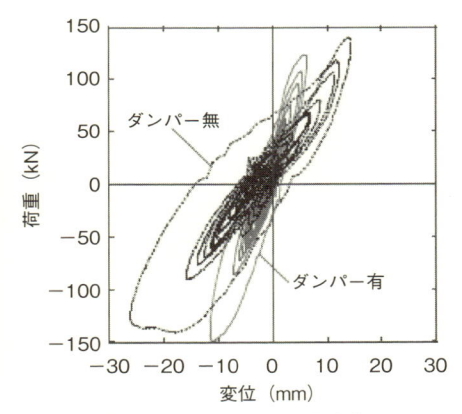

図 2.20 1/2スケールの実験状況

から，ダンパーを設置することによって層間変形を低減できることが検証された[7]．

c. 道路橋の耐震補強技術[8]

道路橋は社会インフラの一つであり，地震発生時における避難路や緊急物資の輸送路などのライフラインとして非常に重要な役割を担っている．従って，道路橋が被災すると，復旧に長時間を要し，地域社会・経済に大きな影響を与えることになるため，道路橋の耐震性能を確保することはきわめて重要である．

阪神・淡路大震災では，多数の橋梁で大きな被害が発生した．その被災状況を受け，重要度の高い橋梁を中心に，1980（昭和55）年以前の鉄筋コンクリート橋脚に落橋防止構造の設置が優先的に行われた．

橋梁の耐震補強方法は，その目的によって，① 下部構造躯体の耐震性向上，② 基礎構造の耐震性向上，③ 支承構造の耐震性向上，④ 橋全体系の耐震性向上などに分類される．各種構造部材別に耐震補強方法が検討されている．

鉄筋コンクリート橋脚の場合は，耐震補強に関する要求性能と耐震補強工法は次のように分類されるが，基本的な考え方は，基礎への影響を最小限にするとともに，地震後の残留変形を少なくすることである．

- 耐力向上（曲げ，せん断）：鉄筋コンクリート巻立て工法，鋼板巻立て工法，新素材（炭素繊維など）による巻立て工法など
- じん性向上：鉄筋コンクリート巻立て工法，鋼板巻立て工法，新素材（炭素繊維など）による巻立て工法など
- 耐力とじん性の両者の向上：曲げ耐力制御方式巻立て工法
- 地震力の低減：免震工法，制震工法

鉄筋コンクリートラーメン橋脚の場合は，その構造特性から面外および面内方向を考慮した耐震補強が必要となる．面外方向に対しては，一般に1本柱形式の橋脚と同様に，じん性と耐力の向上を考慮した補強が必要とされるが，面内方向に対しては，せん断破壊となりやすい構造のため，せん断耐力を向上させる補強が必要とされる．また，柱，梁，柱梁接合部などの橋脚を構成する部材間の特性を十分に考慮して耐震補強を行う必要がある．鉄筋コンクリートラーメン橋脚の補強方法の例として以下のようなものがある．

- 柱の補強：鉄筋コンクリート増厚工法，曲げ耐力制御式鋼板巻立て工法，鋼板巻立て工法，鉄筋コンクリート巻立て工法
- 梁の補強：鋼板巻立て工法，鉄筋コンクリート増厚工法，プレストレス導入工法
- 柱梁接合部：鋼板巻立て工法，鉄筋コンクリート増厚工法

最近の耐震補強工法に連続繊維（炭素繊維シート）巻立て工法がある．橋脚耐震補強としては，一般に，コンクリート巻立て工法，鋼板巻立て工法および炭素繊維巻立て工法があり，施工上の制約条件に応じて工法が選定される．炭素繊維巻立て工法は，橋脚が河川内に設置され，阻害率の制約があり，非出水期の施工のため河川内における足場設置や重機作業が不可能な場合に，また，高架下に商店などの施設があり，店舗への影響を極力低減する場合などに，施工性および経済性の点から採用される．その一例として，東名高速道路酒匂川橋について述べる[9]．

本橋脚は，高さ30～65mの円柱式橋脚であり，橋脚内部は中空で，全橋脚の

すべての断面変化位置で軸方向鉄筋が途中定着されている．本橋は，1980（昭和55）年以前の道路橋示方書に基づいて設計されており，当初想定した地震力を大幅に上回る地震力に対してぜい性的な破壊の可能性があるため，緊急に耐震補強を行う必要があった．

炭素繊維シートによる補強効果は試験体による実験を行って検証した．実験は，無補強，曲げ補強，曲げおよびせん断補強，せん断補強を行った試験体について行われた．無補強試験体の場合は，ぜい性的な破壊形態を示し，既設橋は大きな地震を受けた場合に，段落し部および薄肉断面箇所で大きな損傷を受ける可能性が高く，何らかの補強が必要であることが裏付けられた．補強試験体の結果から，中空断面の薄肉部は段落し部のみの補強ではせん断破壊する危険性があるが，炭素繊維シートでせん断補強することによって，曲げ破壊に移行できることが明らかとなった．この結果を反映させて薄肉部のせん断補強を行うこととし，段落し部の補強量は炭素繊維シートを鉄筋換算した量で十分であることが確認された．

土木分野で使用される炭素繊維シートは，炭素繊維の素線を 12,000～24,000 本束ねて太さ 1～2 mm のストランドをシート状にそろえ，薄層の樹脂によって網目状に固定するか，ガラス繊維を横糸に織り込んで固定した製品として出荷される．橋脚の耐震補強には，弾性係数は 230 GPa 程度，引張強度は 3,400 MPa 程度のものが使用されている．単位面積あたりの炭素繊維量は目付量で表され，橋脚の耐震補強では 1 枚あたりの目付量は 200～300 g/m^2 程度である．実際の工事では，設計上必要な炭素繊維シートを積層状にエポキシ樹脂を含浸させながら必要枚数を躯体に貼り付ける．

次に，炭素繊維巻立てシートによる耐震補強の効果について述べる．柱，梁を対象にして，炭素繊維シートで補強した試験体における実験結果の一例を図2.21と図2.22に示す[10]．図2.21は独立柱における補強の有無の影響を示したものであり，図2.22は梁における補強の有無の影響を示したものである．せん断破壊した無補強試験体は，ひび割れが大きく開き，原形を留めていないが，同一の柱梁部材に対して補強を実施した試験体は，無補強の試験体と比較してせん断耐力が向上するとともに，変形性能も向上していることがわかる．

d. 今後の橋脚の耐震補強技術の方向性

阪神・淡路大震災から10年以上が経過したが，この間，対策が必要とされた鉄道・道路橋に関しては，耐震補強工事が実施されてきているが，高架下が駅舎や店舗・事務所などに利用されている箇所については，技術的な問題だけでな

40   2. 都市再生技術

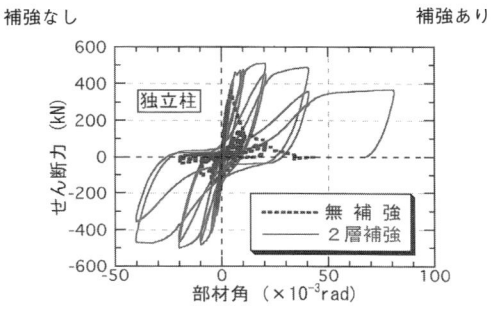

補強なし　　　　　　　　　　補強あり

図 2.21　柱における補強の有無の例

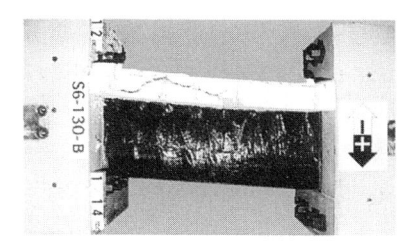

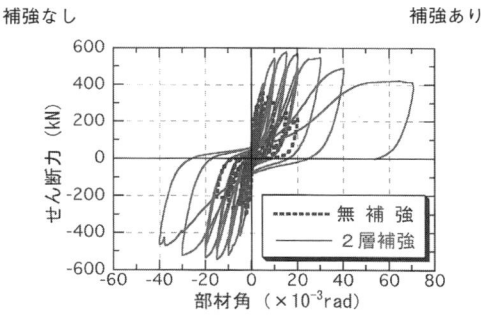

補強なし　　　　　　　　　　補強あり

図 2.22　梁における補強の有無の例

く，休業補償などの問題から，未補強部分が多数残されている．このため，高架下利用部分の居ながら耐震補強工法の開発が望まれている．また，橋梁基礎については，既設基礎の補強工事が非常に困難であることや，橋脚に比べて基礎の耐震性能が高いと考えられていることなどから，被災した構造物を除くと基礎の耐震補強が実施された例はほとんどない．橋脚や高架橋柱の耐震補強がほぼ先が見えてきた現状において，基礎の耐震補強についても検討する段階にあると言える．

2003（平成15）年の宮城県沖地震や十勝沖地震，2004（平成16）年の新潟県中越地震では，新幹線高架橋などで被害が発生した．特に，新潟県中越地震では，せん断破壊先行型でない高架橋柱が高架下利用構造物の拘束により損傷したことや，新幹線開業以来初めて脱線事故が発生したため，これまで補強対象でなかった構造物の耐震補強計画の策定やその前倒し実施，脱線防止対策の検討などが行われている．

今後は，高架下利用部分の居ながら耐震補強工法の開発や橋梁基礎の耐震補強工法の開発，走行中の車両の安全性を確保する技術の開発が必要である．

〔栗田守朗〕

参 考 文 献

1) 佐藤 勉：鉄道構造物の耐震診断・耐震補強．基礎工，**27**（4），13-16，1999．
2) 石橋忠良：鉄道構造物における耐震設計，耐震補強．土木施工，**46**（1），56-60，2005．
3) 松田芳範，石橋忠良，鎌田則夫，水野光晴：かみ合わせ継手を用いた鋼板巻き耐震補強工法——RC 高架橋柱補強．基礎工，**27**（4），48-52，1999．
4) 木村元哉，金澤芳信：吹付けモルタル工法——RC 高架橋橋脚補強．基礎工，**27**（4），53-55，1999．
5) 中村 豊，塩屋俊幸，出羽克之，渡辺宏一：高架橋の柱頭に設置した制震ダンパーの地震応答低減効果．土木学会第56回年次学術講演会，I-A301，2001．
6) 鉄道総合技術研究所：鉄道構造物等設計標準・同解説耐震設計．丸善，1999．
7) Nakamura, Y., Takimoto, K. and Kambara, H. : Earthquake Response Control of Elevated Railway via Colum-Top Dampers. 7th International Conference on Motion and Vibration Control, 2004.
8) 運上茂樹：道路橋の耐震診断・耐震補強．基礎工，**27**（4），7-12，1999．
9) 水口和之，窪田賢治，長田光司：東名酒匂川橋の中空橋脚の連続繊維巻立て工法．コンクリート工学，**41**（5），98-104，2003．
10) 清水建設株式会社パンフレット：炭素繊維による耐震補強　シミズ SR-CF 工法．

2.4 立体交差建設技術

2.4.1 立体交差の課題と建設技術の方向性

都市内の交通インフラで，鉄道と道路の交差部，道路と道路の交差部では交通渋滞が起こるのが一般的で，交通事故も多発する場所である．わが国の経済的発展に伴って，交通渋滞を緩和し，安全性を向上させるために，これらの交差部を立体化する工事が増えてきた．

この立体交差は，鉄道と道路，道路と道路の2種類ある．

まず，鉄道と道路の立体交差は，鉄道の踏切を解消して，人および車と鉄道を分離することによって，道路交通をスムーズに，かつ安全にするための工事である．その手法としては，① 鉄道を高架にする，② 道路を高架にする（跨線橋），③ 道路を鉄道の地下にする，の3つがある．このうち，① の鉄道を高架にする手法については，前節で述べた．

次に，道路と道路の立体交差は，直進通過車両が信号を通過せずに，立体的に通過させるための工事である．その手法としては，① 通過車両の車線分を高架にする（跨道橋），② 同様に地下にする，の2手法がある．

鉄道と道路，道路と道路の立体交差ともに，① 高架にする，② 地下化する，の2手法があり，高架にする高さが異なるのみで，建設技術は類似である．いずれにしても，交通量の多い交差部での工事であるため，工事区域は狭く，多量の交通がある中での工事であるので，狭い場所での急速施工が鍵となる．

道路を高架で結ぶ場合，道路上での橋梁の接合が問題となり，交通規制をかけるなどの工夫が必要となる．道路を地下化する場合は，上の道路の交通に影響を及ぼさない工法が必要であるが，上の道路が沈下しないようにする工夫が必要となる．交差部の状況によって，鉄道と道路では高架化，地下化のどちらが有利か検討して決める必要がある．

従って，本節では，最近話題となっている，道路と道路の立体交差の急速施工に焦点を当てて，その施工技術について紹介する．

立体交差の急速施工では，高架にする橋梁工法が多く，また，道路を地下化する施工技術も開発されている．本節では，この2つの建設技術について論じる．

〔奥村忠彦〕

2.4.2 道路を高架化する建設技術 [1]
a. 立体交差技術の現状

交差点の立体化に関する技術開発は近年精力的に行われており，新しい工法が多数提案されている．新工法による交差点の立体化の例として，1996（平成8）年に完成した大阪府道高石線北花田交差点立体交差事業がある [2),3)]．本事業では，直接基礎と橋梁を一体化した多径間連続鋼床版箱桁ラーメン形式という新しい工法（UFO工法）が採用された．本工法によって，従来工法では約2.5年要すると考えられた交通規制期間が約1年と大幅に短縮することが可能となった．その後，民間および（独）土木研究所において交差点の立体化に関する研究開発が実施された．民間主体で開発された工法は約40あり，これらの工法の主な特徴は次のようなものである．

- 工期の短縮：従来工法では2～3年要していた工期が3～6ヵ月程度に大幅に短縮できる．そのほとんどは，現場作業を低減するためにプレキャスト化を図っている．
- 施工手順：従来の基礎工，下部工，上部工を順次施工する方法から，基礎工と平行して下部工・上部工を同時に施工する方法である．
- 下部工：鋼製橋脚，RC橋脚，鋼管コンクリート橋脚などが多い．
- 上部工：現場における作業性を考慮して，鋼製桁，鋼床版が多く，プレキャストコンクリートセグメントの使用や，鋼製桁とPC桁との併用，鋼製トラスを用いたものがある．
- 桁架設：移動式台車を用いて一晩程度の通行止めで架設する工法が多い．
- 高架橋前後の取付け道路部：プレキャストコンクリート擁壁や軽量盛土材の利用，空洞コンクリートブロックの利用もある．

一方，（独）土木研究所では，交差点立体化工事における道路交通や周辺環境への影響を低減する技術の開発や工事に伴う交通渋滞などの外部コストを含めた施工法の評価手法の検討などについて，2002（平成14）年から3年間の計画で研究開発を実施した．立体交差化技術に関しては民間提案型共同研究制度を採用して実施している．

これらの提案された各種工法の実案件への適用はこれからであり，実績を重ねることによってブラッシュアップされた工法となっていくものと考えられる．

交差点や踏切の立体化に関しては，東京都も積極的に整備を進めている．東京都内には約1,200ヵ所の踏切があり，道路交通を阻害し，安全で効率的な都市活動の障害となっている．この渋滞を解消するために道路と鉄道の立体化が進めら

れている．これらの立体交差事業を進めることによって，踏切事故の解消，鉄道によって分断されていた市街地の一体化，高架下などの土地を駐輪場や公園として利用することができ，都市の再生・活性化が図れると考えられる．立体化の方法としては，道路あるいは鉄道を比較的短い区間で単独で立体化する単独立体交差と，鉄道を連続的に立体化し，多くの踏切を一挙に解消する連続立体交差がある．単独立体交差の例としては，鶴川街道と京王線との踏切の立体交差事業があり，連続立体交差としては小田急小田原線連続立体交差事業がある．鶴川街道と京王線調布駅付近の踏切では，仮設の道路橋により短期間で立体化を行う「踏切すいすい事業」として行われた．

　東日本旅客鉄道（株）は，東京都の都市計画事業との関連を含めて，交通渋滞の解消，開かずの踏切の解消などを目指し，中央線三鷹〜立川間連続立体交差化事業，南武線稲城長沼駅付近連続立体交差化事業などを進めている．

b. 道路を高架化する建設技術の実施例 [2),4)]

上述したUFO（Uni-Fly-Over）工法についてその概要を述べる．

1) UFO工法の特徴　UFO工法は，供用中の道路上に直接立体交差橋を設置することを想定している．UFO工法の開発目標は工期短縮であり，交通規制期間を従来の1/6程度の約100日に短縮することを目標に開発されたものである．開発に際して設定した条件は，次のようなものである．

- 土工事，コンクリート工事を極力行わない．
- 部材のプレキャスト化を図る．
- 高架部の架設は工事敷地内のみで実施．アプローチ擁壁部の施工は高架部と平行して行う．
- 架設は汎用機材を用いる．
- 建設コストは従来工法と同等以下にする．

　従来工法で交差点の立体化を行う場合は，基礎工，下部工，上部工の順序で施工されるため，特に基礎工事においては，切回しなどの交通規制を伴う長期間の現場工事が必要とされる．この点の改善に着目し，UFO工法では，従来の基礎工をなくして直接基礎によって構造物を構築して工期の短縮を図ることとした．

　従来工法における杭基礎を使用せず直接基礎を用いるには，構造物の軽量化を図る必要があるため，次のような方法をとることによって，地盤反力を軽減・均等化し，従来，杭基礎が必要とされた構造物でも直接基礎を可能とした．

- 橋脚，上部工などを鋼製とする．
- 基礎工として鋼製の支持梁とつなぎ材を格子状に配置し，その下にRC床版

図 2.23　北花田高架橋断面図

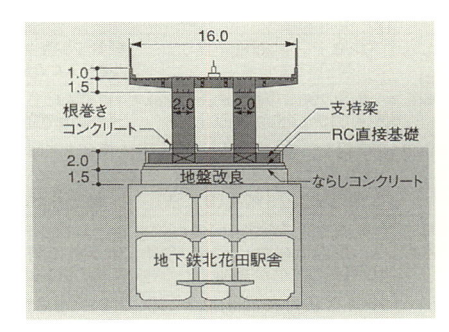

図 2.24　北花田交差点

（フーチング）を設ける．
- 上部工，橋脚，支持梁などの鋼製部材はすべて剛結した一体ラーメン構造とする．

2) **北花田跨道橋への適用**　北花田交差点は府道大阪高石線と大堀境線とが交差する地点で，この交差点は大阪府でも事故多発地帯であり，交差点での円滑な交通を実現するためにその立体化が計画された（図 2.23）．交差点下では土被り 3.0～3.5 m の下に地下鉄駅舎があるため，その構造形式はオーバーパスとなった．

跨道橋の基礎形式は，車線規制を最小限にすることが可能で，杭を必要としない直接基礎形式が選定された．また，地下鉄駅舎上に橋梁が載るため，跨道橋は地下鉄駅舎の函体に影響を与えない構造として UFO 工法が採用された．地下鉄駅舎函体への荷重の低減および均等分散を図るために軽量コンクリートが採用された．

本工法を採用することによって，着工から供用開始まで 12 ヵ月であり，従来工法では試算の結果 27 ヵ月であった工期が大幅に短縮された．工事後の北花田交差点の状況を図 2.24 に示す．

参 考 文 献

1) 大下武志，福井次郎，小野寺誠一：交差点立体事業の路上工事短縮技術の開発．橋梁と基礎，**38** (8), 61-64, 2004.
2) 木村　亮：地下鉄駅舎直上を直接基礎で跨ぐ——大阪府北花田交差点．土木学会誌，**81** (5), 6-9, 1996.
3) 日経コンストラクション，**315**, 2002.
4) 若林保美：UFO 工法の特徴と適用例．土木技術，**59** (4), 64-67, 2004.

2.4.3 道路を地下化する建設技術 [1),2)]

a. 線路下に道路を建設する技術の現状

道路や上下水道などを建設する場合に,鉄道営業線と交差する場合が多くある.このような場合には,路線下を横断する工事となるが,建設工事による列車運行への影響を極力小さくして,安全に,経済的に,そして短期間で施工できる施工法が要求されている.このような点から開発された工法としてJES & HEP 工法がある.

従来の線路下を横断する施工法としては,開削工法と非開削工法に分類される.開削工法としては,工事桁工法,仮線工法,横取工法(上部工)などがあり,非開削工法には,函体けん引工法(フロンテジャッキング工法,BR 工法),函体推進工法(SC 工法,ESA 工法,SB 工法),エレメント本体利用工法(URT工法,PCR 工法,NNCB 工法,エレメント横締め工法)などがある.

b. JES & HEP 工法の概要

本工法は,非開削でエレメントを牽引する HEP(High speed Element Pull)工法と鋼製エレメントを本体構造体とする JES(Jointed Element Structure)工法を合わせた地下横断構造物の建設方法である.

JES 工法は(図 2.25),線路下の地中に挿入した鋼製エレメントの軸直角方向に力を伝達可能な継手を有する新型の鋼製エレメントを用いる.本工法は,エレメント内部に充填したコンクリートで圧縮力を負担し,継手部において鋼製エレメントのフランジ部に発生する引張応力を負担する構造である.従って,継手にはエレメント本体利用工法のようなガイド的役割のほかに,引張力を伝達できる強度が要求される.継手は,図 2.25 に示すように,直線鋼矢板継手を基本とし,疲労試験などの結果に基づいて必要な補強を行い,その形状を決定している.ま

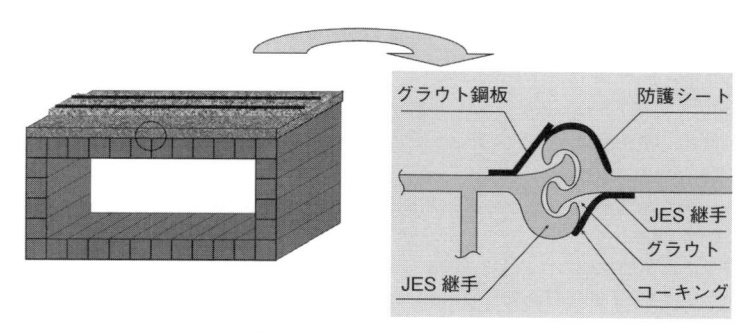

図 2.25 JES 工法概要図

2.4 立体交差建設技術

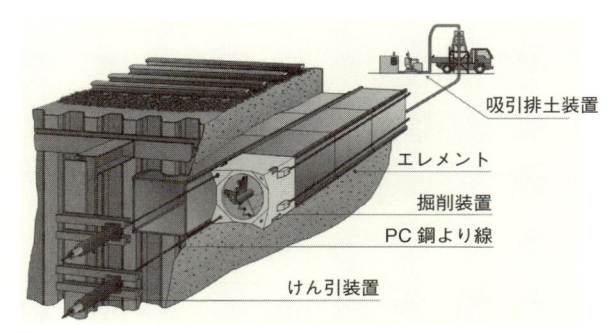

図 2.26 HEP 工法概要図

た，継手には施工性のために余裕があるが，グラウト材を注入して一体化を図って，引張力が負担できるように工夫している．

HEP 工法（図 2.26）は，鋼製エレメントを線路下地盤へ貫入する工法である．本工法は，水平ボーリングによって地盤に削孔したケーブル孔に PC 鋼より線を挿入し，この PC 鋼より線に繋がれた掘削装置とエレメントを到達側の油圧ジャッキで牽引する工法である．牽引する方法を採用することによって，従来のエレメント推進工法で必要であった発進側の反力設備が不要となった．

c. JES & HEP 工法の実施例

東北本線小牛田 Bv は，一般国道小牛田バイパスの改築事業に伴い，JR 東北本線小牛田～田尻間で道路と線路が交差することから，複線断面のアンダーパス方式で計画された．土被り，道路拡張計画などの従来工法から 2 案を選定し，JES & HEP 工法との比較を行った．軌道への影響，工期，景観，経済性などについて比較を行い，JES & HEP 工法を選定した．JES 工法の施工手順を図 2.27 に示す．

上床版における施工では，線路への影響を避けるために，列車通過の合間に，2～3 日に 1 本の割合で牽引を行った．エレメントの牽引終了後，継手部のグラウトおよびエレメント内のコンクリートの充填を実施した．グラウトの注入は，事前に現地で実物大の試験体を用いた注入試験の結果を参考にして実施工を行った．上床版の施工の後，立坑の掘り下げを行い，上床版と同様な方法で側壁部および下床版のエレメントの施工を実施した．

エレメント内の充填コンクリートは，自己充填ランク 2 の高流動コンクリート（スランプフロー：600～700 mm，500 mm フロー到達時間：3～15 秒）を用いた．設計基準強度は 24 N/mm^2 である．

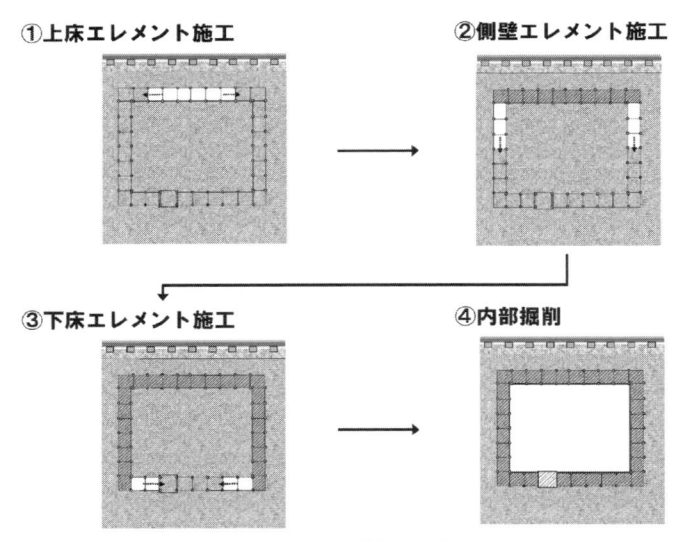

①上床エレメント施工　　②側壁エレメント施工

③下床エレメント施工　　④内部掘削

図 2.27　JES 工法施工順序図

工事は無事完了し，JES & HEP 工法の確かさが検証された．　　〔栗 田 守 朗〕

参 考 文 献

1) 下山貴史：JES & HEP 工法による東北本線小牛田 Bv の計画と施工，日本鉄道施設協会誌，**38**(4), 301-303, 2000.
2) 高田一尚，縄田晃樹：東北本線第二与野新道 Bv 改築工事．日本鉄道施設協会誌，**38**(5), 302-304, 2000.

2.5　地下水流動保全技術

2.5.1　地下水流動の課題と建設技術の方向性

近年，都市部における高速道路や鉄道などは地下に建設する事例が増加してきている．これは，事業用地の確保が難しいことや，高架構造とした場合，周辺に日照・騒音・振動などの様々な環境影響を引き起こす可能性が高く，地域住民の理解が得にくいことなどのためである．

しかし，このような長大構造物を地下に建設することによって，新たな環境影響が顕在化する事例が増加してきている．それは，地下構造物の建設による地下水流動の阻害問題である．地下構造物の建設によって長い区間にわたって地下水

2.5 地下水流動保全技術

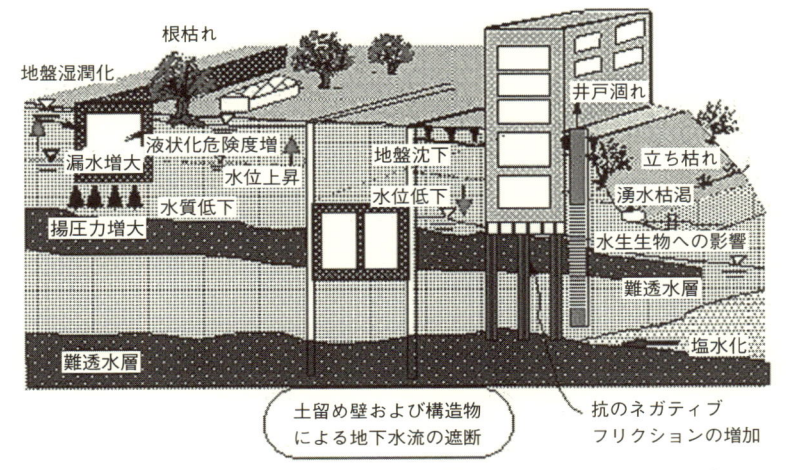

図2.28 地下水流動阻害により発生が想定される地盤環境への影響[1]

の流れを遮断すると，上流側で地下水位が上昇し，下流側では地下水位が低下し，さらにこれらが原因となって様々な地盤環境影響を誘発する可能性がある．これまでに実害として表面化した主な現象は，下流側の地下水位低下に伴う井戸枯れ・湧水枯れ・地盤沈下，上流側の地下水位上昇に伴う地下室への漏水発生などである．この問題は，従来型の地下水問題と言える施工中の地下水位低下や地盤沈下の問題とは異なり，恒久的に影響が及ぶこと，また，環境影響を引き起こす原因が地下水であるために，広域的な問題となることなどが特徴である．

このような問題に直面した場合，① 地下水の流動にどの程度の影響を与えるか，② この結果，どのような地盤環境への影響が生じるか，③ この対策として，どのような方法が考えられるか，といったことを検討することが必要になる．

本節では，これらの課題について論じる．

2.5.2 地下水流動阻害による環境影響

地下水の流れがある地盤に地下構造物を建設すると，地下水の流れ，つまり地下水位や地下水流動量に影響を与える．この現象を地下水流動阻害と呼んでいる．地下水の流れが影響を受けると，これが原因となって様々な二次的地盤環境影響を引き起こす場合がある．この状況を図2.28に模式的に示す[1]．表2.2に地下水流動阻害によって発生が予想される地盤環境への影響をまとめた．これらは，これまでに発生した，あるいは発生が予測された地盤環境への影響であり，

これ以外にも思いがけない形で地盤環境問題が発生する可能性もある．

参 考 文 献

1) 地盤工学会：地下水流動保全のための環境影響評価と対策——調査・設計・施工から管理まで．丸善，2004．

2.5.3 地下水流動阻害の対策

地下水流動阻害に対する対策としては以下の3つの方法が考えられる．
① 事業計画の変更
② 地下水流動を保全する工法の適用
③ 発生した環境影響を補償する対策

対策の基本方針として，どの方法を選択するかは，想定される環境影響の大きさ，広がり，社会的な影響度などを考慮した上で決定する必要がある．

甚大な影響が広範囲にわたって発生することが予測されるならば，「① 事業計画の変更」が余儀なくされるであろう．平面的な路線計画の変更，深さを変更することによる帯水層遮断の回避，施工法の変更（例えば，開削工法からシールド工法への変更），あるいは地下構造物とせずに地上化する，などである．いずれの対策も，事業費や工期，さらに地下水以外の環境問題に影響を及ぼす可能性があるため，総合的な視点からの検討が必要となる．

逆に，想定される影響がわずかであり，その範囲も限られている場合，あるいは実際に環境影響が発生するかしないか微妙な状況である場合には，「③ 発生した環境影響を補償する対策」が合理的と言える．例えば，井戸能力が低下した時に，井戸の掘増しをして能力向上を図ったり，代替水源として水道を敷設するといった対策である．

しかし，今後，地下水流動阻害による環境影響対策として，「② 地下水流動を保全する工法」が一般的に適用されることが合理的な対策と考えられる．環境に与える影響を事前に定量的に評価し，これが実害を及ぼすレベルであると判断された場合には，実害レベルに至らないように地下水の流動を確保する対策工法の設計を行い，これを施工する．場合によっては，環境影響が顕在化してから事後対策として実施する場合もある．

以下では，地下水流動阻害の対策として地下水流動保全工法を適用することを前提として，このための環境影響評価，流動保全工法の適用について述べる．

表 2.2　地下水流動阻害による地盤環境への影響 [1]

(1) 地下水利用面への影響	(a) 上流側		(b) 下流側	
	利用水量が増える		水量変化	井戸枯れ 水田減水深増加
	水質変化	滞留による 汚染物質の拡散	水質変化	塩水化 酸化
(2) 地盤・構造物への影響	地盤	液状化危険度増大 地盤の湿潤化 凍上・融解 水浸沈下（コラップス） こね返しによる強度低下	地盤	圧密沈下 地表陥没（圧密以外） 地表の乾燥化
	構造物	構造物の浮上り 構造物への漏水増大	構造物	ネガティブフリクション 杭の腐食 地中埋蔵文化財への影響
(3) 自然環境・動植物・生態系への影響	自然環境	泉や池の氾濫 地表の気象変化	自然環境	湧水枯渇 河川，湖沼の減水 地表の気象変化
	動植物 生態系	根腐れ	動植物 生態系	植物の枯死 水生生物，水生植物

2.5.4　地下水流動阻害による環境影響評価

a.　環境影響評価の考え方

地下構造物を建設した場合，その周辺の地下水・地盤環境に少なからず影響を与える．影響評価とは，「建設事業によって実害のある影響が発生するか？」を検討することであり，以下の3つのプロセスを踏んで検討する．

① 建設事業による地下水流動への影響評価
② 地下水流動への影響と，地下水・地盤環境への影響（実現象）との関連づけ
③ 地下水・地盤環境において実害とされるレベルの設定

ここで，地下構造物の建設による地下水流動への影響を一次的現象と呼ぶ．一次的現象としては，上流側地下水位の上昇，下流側地下水位の低下，地下水流動量の減少，水みちの変化などがある．一次的現象に起因して地下水・地盤環境問題として顕在化する現象を二次的現象と呼ぶ．地下水位の低下によって発生する地盤沈下・井戸枯れ，地下水位の上昇による地下室への漏水発生・液状化危険度の増大などの表2.2に示した現象である．環境影響評価とは，「建設事業による一次的現象への影響を定量的に評価した上で，一次的現象と二次的現象との関係

```
                    ┌─────────┐
                    │  Start  │
                    └─────────┘
                         ↓
         ┌──────────────────────────────┐ ←─────────────┐
         │ ① 想定される二次的現象の選定 │              │
         └──────────────────────────────┘              │
              ↓                    ↓                    │
  ┌─────────────────────┐  ┌─────────────────────┐     │
  │ ② 二次的現象に対する │  │ ③ 二次的現象と一次的 │     │
  │   基準項目と評価基準 │  │   現象の関係評価    │     │
  │   値の設定          │  │                    │     │
  └─────────────────────┘  └─────────────────────┘     │
              ↓                    ↓                    │
         ┌──────────────────────────────┐              │
         │ ④ 一次的現象に対する基準値の設定 │          │
         └──────────────────────────────┘              │
                         ↓                              │
                    ╱─────────────╲     No              │
                   ╱ すべての二次的  ╲ ──────────────────┘
                   ╲ 現象に対して評価 ╱
                    ╲ したか？     ╱
                     ╲───────────╱
                         ↓ Yes
         ┌──────────────────────────────┐
         │ 一次的現象に対する最も厳しい │
         │ 基準値（許容変動量最小）の選定 │
         └──────────────────────────────┘
                         ↓
         ┌──────────────────────────────┐
         │ ⑤ 一次的現象に対する環境影響 │
         │   評価計算                  │
         └──────────────────────────────┘
                         ↓
         ┌──────────────────────────────┐
         │ ⑥ 最も厳しい基準値と環境影響 │
         │   評価計算結果の比較         │
         └──────────────────────────────┘
                         ↓
                    ┌─────────┐
                    │   End   │
                    └─────────┘
```

図 2.29　環境影響評価の手順 [1]

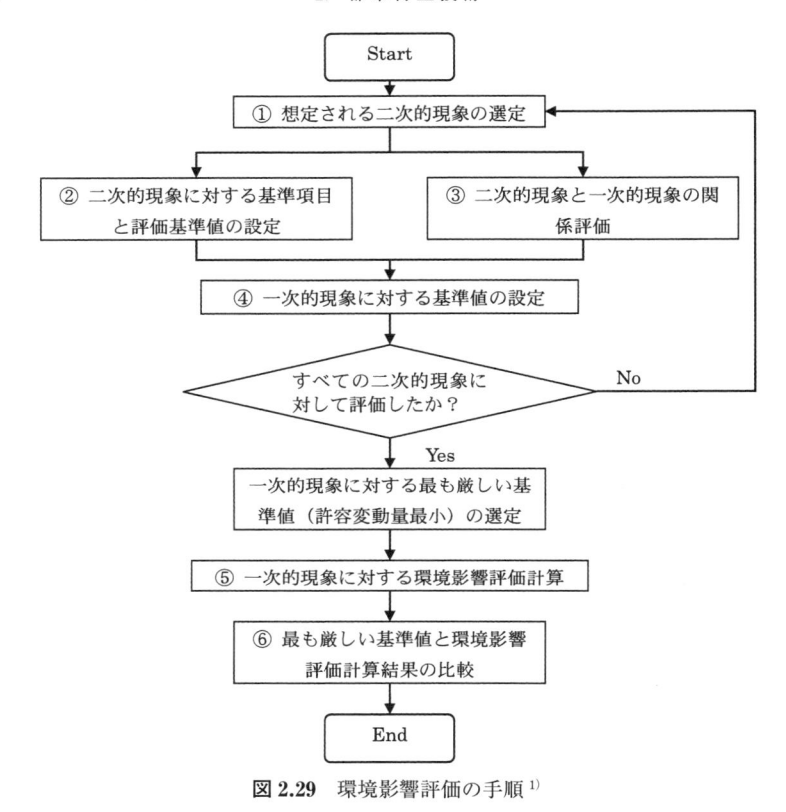

から二次的現象への影響度を算出し，二次的現象への影響が実害を及ぼすレベルであるかを評価すること」と言える．

b. 環境影響評価の手順

2.5.2 項で述べたように，地下水流動阻害によって発生が想定される地下水・地盤環境への影響は様々なものがある．これらの項目のそれぞれに対して直接的な影響評価を行うことは，多大な労力と高度な予測技術を必要とする．このため，影響評価の計算は，評価が比較的容易であり，二次的現象との関係が明確な一次的現象に対して行うのが一般的である．一般に，一次的現象として地下水位変動量を採用している．

環境影響評価の手順を図 2.29 に示す．

c. 環境影響評価における基準値

上で述べた手順に従って環境影響評価を行うためには，地盤沈下，井戸枯れ，構造物の浮き上がりなどといった二次的現象に対して，実害が及ぶと判断される値を定め，これを基準値と呼ぶ．基準値の設定は，地下水流動阻害の問題を検討していく上で，最も重要かつ難解なプロセスである．基準値は，純工学的に決定できるものではなく，地域住民など利害関係者のコンセンサスを得ながら決定していくことが要求されるからである．環境影響評価の段階では，限界値（ε_0）と許容値（ε_1）という2つの基準値を設定する．

1) 限界値（ε_0） 地下水流動阻害によって発生する地下水流動の変化により，地下水・地盤環境への影響が実害として表面化することが予測される値である．絶対に超えてはならない値として設定する．

2) 許容値（ε_1） 環境影響評価に当たっての地盤調査や環境影響予測計算の不確実性を考慮して，限界値に対して余裕代を考慮して設定する値である．地下水流動阻害に対する対策を実施するかどうかは，許容値と環境影響予測計算で得られた予測値とを比較して判定する．

余裕代は地盤調査や環境影響予測計算の精度に応じて設定する．精度の高い調査や予測計算が実施されている場合は，限界値≒許容値とすることができる．逆に，これらの精度が低い場合には大きな余裕代をとる必要がある．

地下水位変動量の許容値としてどの程度の値を設定すべきか，一般論として論じることは非常に難しいし，上記のプロセスを通して決定すべき値であることを考えると意味のないことである．一般的には 0.2～0.5 m といったような数十 cm オーダーの水位変動が許容値の目安と言える．

d. 地下水位変動量の予測計算

地下水流動阻害による一次的現象への影響予測は，一般に地下水位変動量の計算によって行われる．影響予測計算の方法として，有限要素法などによる数値解析手法と，手計算で可能な簡易計算法がある．地下水流動阻害による環境影響が想定される建設事業は，通常，大規模なプロジェクトであるため，検討の最終段階においては数値解析手法を用いて精度の高い計算を行う場合がほとんどである．しかし，地盤や地下水に関する情報が十分でない段階においては，数値解析手法を用いても精度の高い結果は期待できない．初期の概略検討の段階においては，簡易計算を用いて影響度合を検討することが有効である．簡単な地盤条件，境界条件の下であれば影響評価が可能である．

例えば，図 2.30 のように構造物が地下水の流動方向に対して，平面的に部分

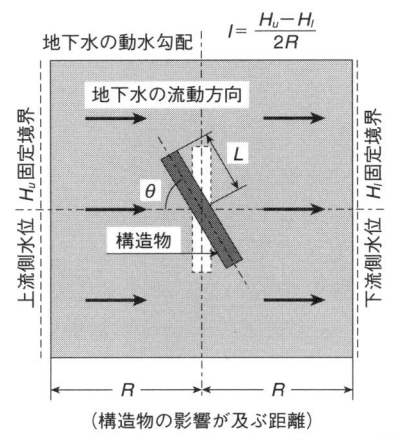

図 2.30 平面二次元場における地下水流動阻害の計算モデル[1]

的に建設された場合（深さ方向には帯水層を完全に遮断していると仮定）の最大地下水位変動量は，次式のような非常に簡単な式で計算することができる[1]．

$$s_c = IL \sin\theta$$

ここに，s_c：地下水流動阻害によって発生する最大地下水位変動量，I：自然状態における地下水動水勾配，L：地下水の流動を阻害する構造物の半分の長さ，θ：地下水流動方向と構造物延長方向の交角である．例えば，$I=0.01$，$L=500$ m（構造物全長 $2L=1,000$ m），$\theta=90°$（地下水流動方向と構造物が直交）の場合，水位変動量として $s_c=5$ m が算定される．

この式からも明らかなように，構造物建設による影響は，自然地下水の動水勾配，構造物の長さ，構造物と地下水流動方向の交角などに支配される．一般に，平野部の地下水動水勾配 I は 1%（0.01）未満であるが，このような地下水流動場に数 km の延長で帯水層を遮断する構造物を建設すると，数 m オーダーの地下水位変動が発生することが想定される．先に述べた地下水位変動量の許容値と比較すると，多くの場合，何らかの地下水流動保全対策が必要になることが予測される．

参 考 文 献

1) 高坂信章：地下水流動保全工法の設計の考え方．地下水地盤環境に関するシンポジウム'99 発表論文集，pp. 115-134, 1999.

2.5 地下水流動保全技術

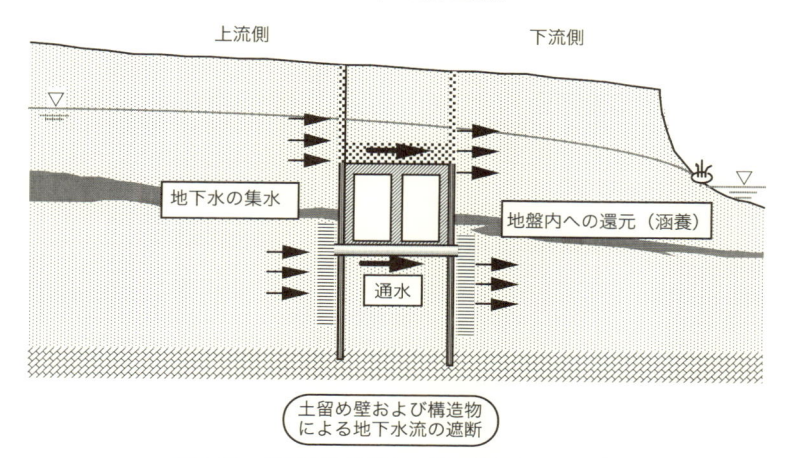

図 2.31 地下水流動保全工法の基本的な概念[1]

2.5.5 地下水流動保全工法
a. 基本的な考え方
地下構造物の建設によって図 2.28 に示すような地下水・地盤環境への影響が懸念される場合，この対策として地下水流動保全工法が採用される．地下水流動保全工法の基本的な概念は図 2.31 に示す通りで，地下水の流れを遮断する構造物の上流側で地下水を集水し，構造物部分はパイプなどを用いて通過させ（通水），構造物の下流側で地盤中に地下水を還元する（涵養）という単純なシステムである[1]．

b. 地下水流動保全工法の種類と選定
地下水流動保全工法は，
① 地下水の集水と涵養を行う集水・涵養施設
② 構造物部分を通過させるための通水施設

により構成される．

集水・涵養施設としては図 2.32 に示すように，4 つの方法が考えられる．

集水・涵養施設の選定の際に考慮すべき条件は，施設の施工時期，施設を設置するための用地，遮断される帯水層と構造物の深さの関係などである．

一方，通水施設としては図 2.33 に示すように，3 つの方法がある．

集水・涵養施設と通水施設の組み合わせにおける適合性は表 2.3 に示す通りである．

(a) 土留め壁の撤去

(b) 土留め壁削孔、パイプ設置

(c) 集水・涵養機能付き土留め壁

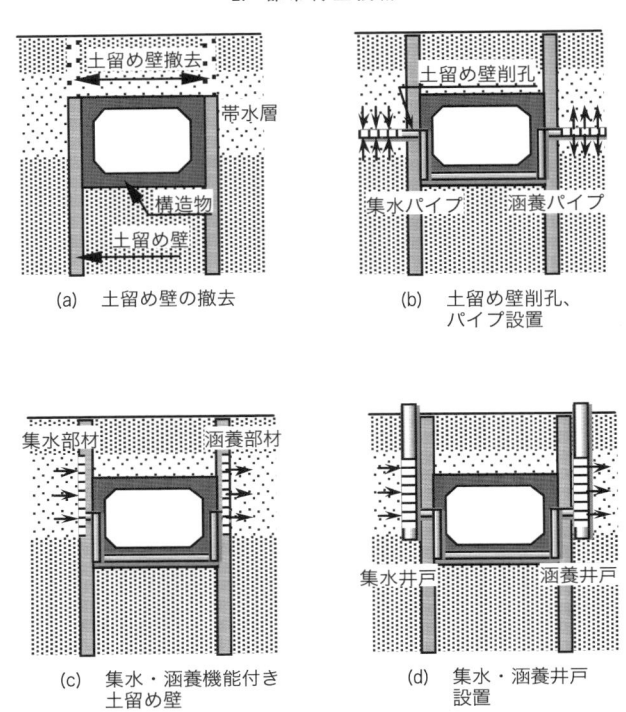

(d) 集水・涵養井戸設置

図 2.32 集水・涵養施設の種類 [1]

表 2.3 集水・涵養施設と通水施設の組み合わせ [1]

通水施設 \ 集水・涵養施設	1) 土留め壁撤去	2) 土留め壁削孔 集水・涵養パイプ	3) 集水・涵養機能付き土留め壁	4) 集水・涵養井戸
a) 躯体上部	◎	△	△	△
b) 通水管	○	◎	◎	◎
c) 躯体下部	○	△	△	△
土留め壁の施工時期との関係	地下工事の完了後	地下工事期間中または躯体構築後	土留め壁と同時に設置	随時

◎：施工実績があり，適合性が高い
○：施工事例あり
△：適用可能であるが施工事例はない，またはあまり有利でない

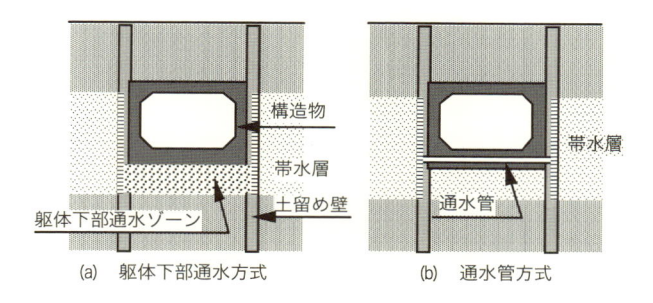

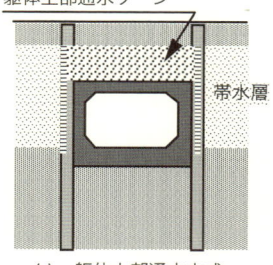

(a) 躯体下部通水方式
(b) 通水管方式
(c) 躯体上部通水方式

図 2.33 通水施設の種類 [1]

c. 地下水流動保全に関する技術

図 2.32 に示した集水・涵養施設の中で，集水・涵養機能を有する部材を土留め壁に組み込む方法（集水・涵養機能付き土留め壁）は，施設を設置する用地を必要としないことや，集水・涵養を行う部分の面積を大きくとれることが特徴であり，都市部における地下水流動保全対策の有効な工法として期待され，各種の工法が開発されている [2]．

代表的な工法として，今後の活用が期待される壁内井戸工法の概要を以下に示す．この工法は，井戸機能を有する装置を，ソイルセメント壁などの土留め壁内に設置するもので，これを地下水流動保全工法やディープウェル代替工法として利用するものである．掘削側と背面側の両方に地下水の集水・涵養部を有する両面型タイプ（図 2.34）と，片側のみに集水・涵養部を有する片面型タイプ（図 2.35）がある．図 2.36（a）のように土留め壁の根入れ部が地下水の流れを遮断する場合には，両面型壁内井戸が有効な対策であり，構造物下部の帯水層を通水に利用する．片面型壁内井戸は，構造物自体や構造物より浅い部分の土留め壁が地下水の流れを遮断する場合に適用する．この場合は，上流側の集水施設と下流

58   2. 都市再生技術

図 2.34 両面型壁内井戸装置

図 2.35 片面型壁内井戸装置

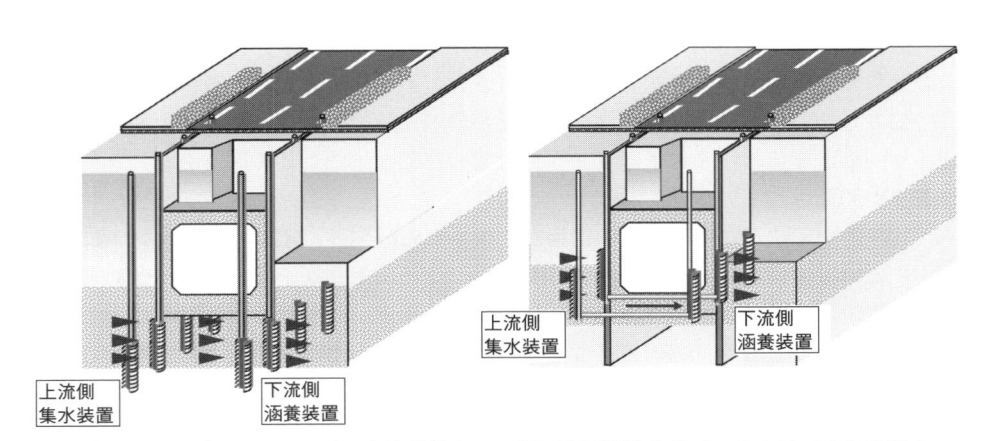

(a) 両面型壁内井戸による地下水流動保全工法
(b) 片面型壁内井戸による地下水流動保全工法

図 2.36 壁内井戸工法による地下水流動保全

2.5 地下水流動保全技術

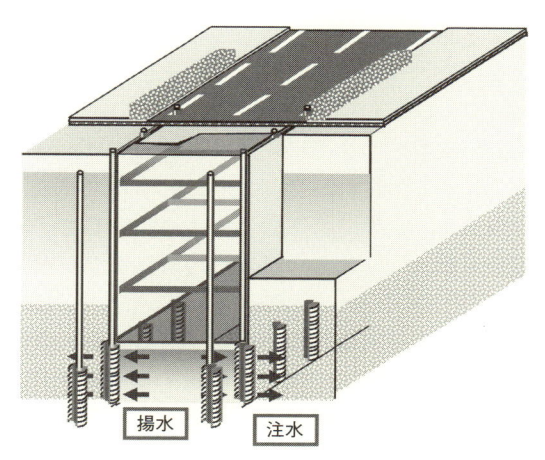

図 2.37 施工中の地下水対策としての活用

側の涵養施設を通水管でつないで地下水の流動を確保する．

壁内井戸工法の特徴としては，図 2.37 に示すようにディープウェルやリチャージウェルの代替工法として施工中の地下水対策として利用できること，施工期間が長期にわたる場合は上流側の施設と下流側の施設を仮設配管で連結することにより，施工中の地下水流動保全対策としても適用できることなどが挙げられる．また，長期間にわたる通水によって目詰まりが発生して機能が低下した場合には，装置内にポンプを設置して逆洗運転を行うことにより，容易にメンテナンスすることができる．

d. 設計の要点

地下水流動保全工法の設計とは，どのような施設をどのような間隔で設置するかを設定することである．b で述べた考え方に従って，設置する施設の種類，詳細の仕様（深さや径など）を設定し，この設置間隔を設計する．設置する施設の仕様は，地盤条件や施工条件などによって概略決定されるため，主たる設計項目は施設の設置間隔である．

地下水流動保全施設の設置間隔を設計する上での要点を以下に示す．

① 設置間隔を設計するためには，その設計目標となる地下水位変動量を定める必要がある．地下水流動保全工法を適用しても地下水流動に与える影響をゼロにすることはできない．どの程度の地下水位変動まで許容できるかを評価し，設計の目標値とする必要がある．

② 設計計算の方法として，有限要素法などを用いる数値解析手法と簡易計算法がある．調査のレベルに応じた設計手法を用いること，影響評価と同等レベルの手法により設計すること，が合理的である．
③ 集水・涵養施設の設置間隔を設計するに当たっては，施設の近傍における地下水の流速に注意し，これが目詰まりに対する限界流速を超えないように配慮する．目詰まりや性能低下の主たる原因として，流速の増加に伴う地盤内の細粒分移動や，層流から乱流への遷移などが考えられるためである．
④ 長期的な目詰まりによる機能低下を考慮すると，施設設置に要するイニシャルコストだけでなく，メンテナンスに要するランニングコストも考慮して，ライフサイクルコストが最少となる設置間隔を決定することが必要である．

e. 施工の要点

地下水流動保全工法の施工に当たっては，十分な性能を有する施設を設置するとともに，施設の設置時に周辺環境への影響が発生しないような配慮が必要である．施工に当たっての要点を以下に示す．
① 集水・涵養施設と地盤との接触面に大きな水頭損失が生じると，地下水流動保全工法としての機能が大幅に低下する．これを防止するために，施設の設置後，集水・涵養部の洗浄を入念かつ確実に行うことが重要である．これが工法の成否を左右する．
② 土留め壁の撤去や，土留め壁を削孔して集水・涵養パイプを設置する対策の場合，対策工施工時に多量の出水が生じたり，周辺地盤の沈下を招いたりする可能性がある．これらの工法の施工に当たっては，細心の注意が必要である．
③ 地下構造物の施工期間が長期にわたる場合，施工期間中においても地下水流動阻害の影響が顕在化する場合がある．地下水流動保全対策としての機能が，施工後や工事の後半にならなければ発揮されない工法の場合，施工中の対策が別途必要である．仮設的な通水施設を設置する方法，施工区間をブロック分けして地下水流動を確保するゾーンを残しながら施工する分割施工を採用する方法などが考えられる．
④ 設置した地下水流動保全施設が十分な性能を有し，長期連続稼働が可能であることを確認するために，地下水流動保全施設を設置した初期の段階で性能試験を行う．試験の目的は，要求性能として定めた設計値（初期性能

目標値)が満足されていることを確認することである.

参 考 文 献

1) 地盤工学会:地下水流動保全のための環境影響評価と対策――調査・設計・施工から管理まで.丸善,2004.
2) 日経 BP 社:地下水トラブル予防法.日経コンストラクション,**291**, 77, 2001.

2.5.6 地下水流動保全の今後の課題と展望

　地下水流動保全のための調査や環境影響評価,設計に関する技術が整備されてきた.新工法も各社から提案されている.残された最大の課題は,性能の長期的な安定性の確保とその確認と言える.長期にわたるモニタリングデータの蓄積を行い,これを公表していくことが関連技術の進歩のためには不可欠である.

　地下水環境を保全するために設置した施設を,積極的に利用して地下水環境の改善に利用する提案もなされている.例えば,集水施設と涵養施設をつなぐ通水管に,地下水浄化装置を設置して地下水質の改善を図るシステムとして利用することが提案されている[1].また,都市部における将来的な地下水位の上昇傾向を考慮すると,地下構造物の浮き上がり問題が各所で発生する可能性がある.このような問題が発生することが予測された際に,地下水流動保全施設を使って地下水圧のコントロールを行い,適切な地下水位を維持する方策も考えられる[1].構造物によって遮断された地下水を有効に利用するシステムも考えられる.構造物を地下ダムとして利用し,ここに貯留された地下水を緊急時の防災用水として使うなどの方法である[2].

　地下水流動阻害問題が取り上げられるプロジェクトが年々増加している.これは地域交通を円滑にするために,都市部の外周を取り巻く形で環状道路や環状鉄道が計画・建設されていることも一因である.通常,地下水は河川と同様,都市の中心部に向かって流れている.環状道路や環状鉄道は,この地下水の流れを直交方向に遮る構造物となるため,地下水流動阻害の影響が強く現れる.今後,地下工事の大深度化とともに地下水流動阻害の問題は様々な場面で議論されることになると思われる.

　都市インフラの整備による利便性の高い街づくりと,良好な環境の保全による潤いのある街づくりといった2つの使命を我々土木技術者は背負っている.地下水流動保全に関わる技術もこれを達成するための重要な技術として,今後とも改良していくことが必要である.

〔高 坂 信 章〕

参 考 文 献

1) 西垣　誠（監修）：地下構造物と地下水環境．理工図書，2002．
2) 地盤工学会：地下水流動保全のための環境影響評価と対策――調査・設計・施工から管理まで．丸善，2004．

3
生活環境技術

3.1 生活環境施設の現状と今後必要とされる建設技術

3.1.1 生活環境施設の現状

都市に生活し業務を行うためには,都市再生施設の次に生活環境施設が必要になる.生活環境施設としては,供給処理,電気通信,エネルギー,都市環境インフラがあるが,電気通信インフラは管路が主であるので従来技術の延長で建設されているし,エネルギーインフラについては第6章で論じるので,本章では,供給処理および都市環境インフラについて論じる.

供給処理インフラは上水道,下水道で,生活に必要不可欠な施設である.前章で述べたように,都市再開発においては,これらの施設は既存の幹線からつなぐ新設工事が行われるが,他の都市部においては,ほとんど整備が終わっている.

そのために,供給処理インフラの場合,新設より既存施設のリニューアルが増えることが予測され,上下水道のリニューアルが今後の市場と考えられる.

ごみ処理施設は,わが国では焼却が一般的で,焼却できないものは最終処分場に廃棄される.これらの建設技術などについては本章では扱わない.

一方,最近では,ごみを焼却するとコストがかかり,CO_2の排出にもつながるので,焼却しないで,ごみをリサイクルする社会的ニーズが生じてきた.これは,資源循環型社会を構築する政策の一環で,生ごみ,家畜の糞尿から始まって,最近では,木質系廃棄物までリサイクルする方向になってきた.このために,生ごみなどの有機性廃棄物の処理施設の建設が活発になってきた.生ごみは都市部で大量に発生するので,都市部に生ごみのリサイクル施設の建設が必要とされるようになった.

もう一つの社会的ニーズとして,地球温暖化に伴って都市内の温度が上昇し,いわゆる,ヒートアイランド現象を緩和する必要性が生じてきた.まず,都市内の建物,社会インフラから熱を出さないことが重要で,省エネルギービルなどの

研究開発が行われ,実際に適用されている.

しかし,熱の放出をゼロにはできないので,排出された熱,CO_2 を吸収することも行われている.例えば,都市部においてはビルの屋上を緑化したり,ビル,道路の橋脚などの壁面を緑化して,ヒートアイランド現象を抑制することも行われている.

3.1.2 生活環境施設に必要とされる建設技術

前項で,今後必要とされる生活環境施設について述べたので,それらの生活環境施設に関わる建設技術について述べたい.

以下では,次の3つの技術に焦点を当てる.
① 上下水道のリニューアル技術
② 有機性廃棄物のリサイクル技術
③ ヒートアイランド対応技術 〔奥村忠彦〕

3.2 上下水道のリニューアル技術

3.2.1 上下水道のリニューアルの課題と建設技術の方向性
a. 上水道施設

日本の近代的な水道は誕生から100年以上が過ぎ,水道管の経年劣化(老朽化)が進行しており,常に安定した水の供給を行うために配水本管(水道本管)のリニューアルすなわち布設替えが実施されている.また,阪神・淡路大震災を教訓として水道管(支管および本管)の耐震性の向上などを図るために,全国の水道企業者が計画的に耐震管へのリニューアルを実施しており,この工事の大多数は従来の一般工法である開削工法で施工されている.しかし,都市部で水道本管の布設替えをしなければならない地域では,交通量が多く,民家などが密集した場所や,地下埋設物が輻輳した道路が大半で,従来の開削工法では,他企業者の管理する埋設管の移設,防護などに事前調整などの多くの作業が必要となり,工事発注の準備や工期が大幅に増大することがある.また道路埋設物の状況によっては開削工法での施工が不可能な場合もある.開削工法では,工事に伴う振動・騒音などの発生および交通規制などによる周辺環境への影響も大きく,近隣住民や商店などからの苦情も多い.

水道本管の耐久年数は,その埋設設置位置などの条件によって異なるが,一般的には40〜60年程度と言われている.従って,今後,水道本管の非開削工法に

b. 下水道施設

下水道施設は一般のコンクリート構造物と同様に,塩害,中性化,アルカリ骨材反応などによって耐久性が低下するとともに,オゾン・塩素などを用いる反応槽,さらには密閉されたタンクなどの気相部に生じる硫酸塩還元細菌と硫黄酸化細菌が関与した,硫酸によるコンクリート構造物の劣化が問題となっている.

このために,下水道施設のコンクリートの防食は重要となっているが,劣化原因物質が気体であるため,微小な隙間などから侵入するので,より完全な防食対策が必要となってくる.

コンクリートは主にカルシウム化合物で構成されており,この化合物の一つである水酸化カルシウムによって強いアルカリ性(pH 12～13)を示し,化学的に安定した状態にある.しかし,外部から二酸化炭素や塩酸,硫酸,硝酸,酢酸といった酸や塩類が入ると,これらの物質と反応して溶出や体積膨張による破壊といったコンクリートの劣化が生じる.

ここで,硫化水素腐食のメカニズムを簡単に述べる.

下水が嫌気状態に置かれると,管底の堆積物や管壁に付着した生物膜中に棲息する硫酸塩還元細菌が活性化し,下水中の硫酸イオンが硫化物へと還元される.

$$SO_4^{2-} + 2C + 2H_2O \rightarrow 2HCO_3^- + H_2S$$

下水中に存在する硫化物の中で,硫化水素(H_2S)は揮発性が高く,流れの乱れなどがあると容易に大気中に放散する.このため,マンホール部の段差や圧送管の吐出口などでは大量の硫化水素が下水中から大気中に放散される.

気相中の硫化水素は管壁の結露に溶け込み,硫黄酸化細菌の生物作用によって硫酸へと変質する.

$$H_2S + 2O_2 \rightarrow H_2SO_4$$

施工直後のコンクリート表面は,pH 12～13 の強いアルカリ性を示すため,硫黄酸化細菌は生育できず,管壁での硫酸生成は生じない.

しかし,下水道施設のコンクリートは,通常の大気中よりも高い濃度の二酸化炭素雰囲気に暴露されているため,コンクリートの中性化が進行し,表面のpHが中性領域になると,硫黄酸化細菌による硫酸の生成が生じる.

硫黄酸化細菌によって生成された硫酸はコンクリート表面でそのアルカリ成分である水酸化カルシウムと反応し,硫酸カルシウム(二水石膏)を生成する.

$$Ca(OH)_2 + H_2SO_4 \rightarrow CaSO_4 \cdot 2H_2O$$

生成した硫酸カルシウムは,続いてアルミン酸カルシウムと化学反応し,エトリ

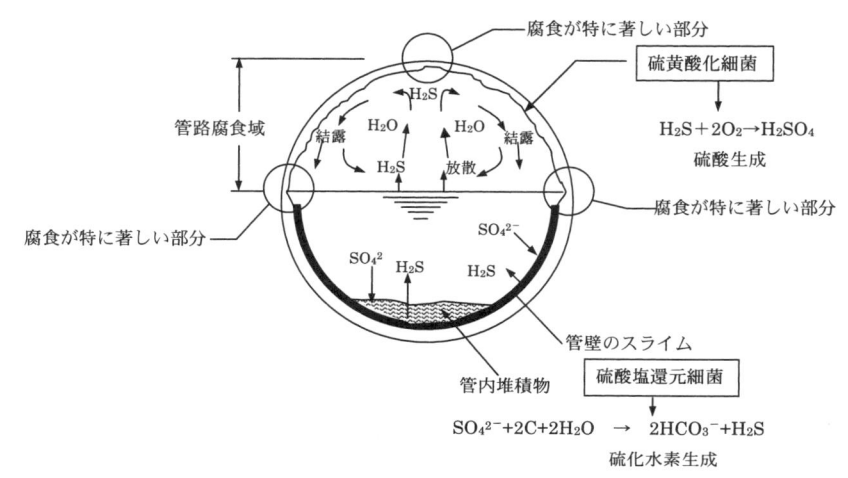

図3.1 下水道管路の硫化水素腐食モデル

ンガイトが生成される．エトリンガイトの生成反応時には結合水が取り込まれ，体積が3～4倍に膨張するため，コンクリートを崩壊させる．

以上が硫化水素腐食のメカニズムであり，腐食モデルを図3.1に示す．このメカニズムの発生が懸念されるのは，一般的に高濃度の溶存硫化物を含む下水と空気相が共存する場所であり，下水道施設の中で次のような場所が考えられる．

① 圧送管吐出部や伏越し上下流部
② 特殊排水流入箇所の上下流部
③ 下水の滞水が生じる箇所
④ 供用開始初期の少流量管路
⑤ 処理場施設

以上のことから，下水処理施設は硫化水素に起因するコンクリート構造物の腐食劣化が激しく，一般のコンクリート構造物の腐食に比べてはるかに速いのが特徴である．

また，最近は，これまで開放型処理槽だった沈殿槽，濃縮槽などが環境問題（悪臭）などから改修による覆蓋化が急速に進み，それに伴って発生する高密度の硫化水素に対応する防食被覆技術が求められている．

3.2.2 上下水道のリニューアル技術
a. 中小断面水道管渠のリニューアル技術——プラズマモール工法
1) プラズマモール工法概要
i) 工法概要：図3.2に示す断面図は，実際に水道本管非開削布設替え工法（以下，プラズマモール工法）にて水道本管をリニューアル（布設替え）した例である．幅員4.5 mの道路に電柱があり，そこに電力線，通信線，ガス管，水道支管が埋設され，それらの埋設管の下にある $\phi 600$ mm の水道本管をリニューアルした工事であった．

また，一般的には管径が $\phi 400$〜$\phi 1,000$ mm の水道管が主要な水道本管として使われており，50〜200 m 程度の直線部と曲線部で構成されているのが一般的である．

プラズマモール工法はリニューアル対象の埋設水道管の両端部に立坑を構築した後，図3.3に示すように旧管内部を清掃し，内面の管軸方向と円周方法にプラズマ加工機で切欠き溝を入れ，次に新設水道本管（水道用推進管または，パイプインパイプ用ダクタイル鋳鉄管）の先端にクサビ状の破断機を装着し，旧管の中

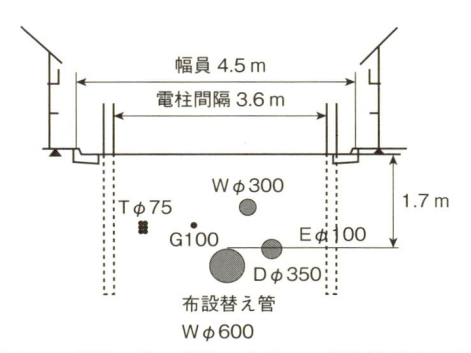

図3.2 幅員の狭い道路に錯綜して埋設管がある例

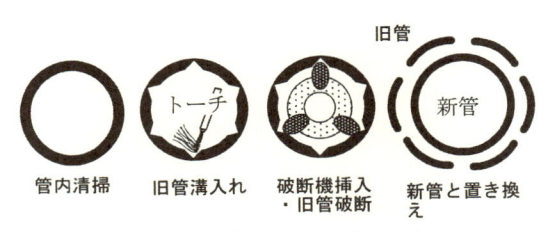

図3.3 プラズマモール工法の概念図

に押し込み，旧管を拡径破断しながら新管と置き替えていくものであるため，直線部の水道本管を対象とした工法である．

プラズマ加工機（プラズマカッター）は，放電によりプラズマ（アーク）を発生させ，高速で金属に吹付けて溶断するものである．一般のガス切断機や機械切断機に比べて以下に示す特徴を有する．
① 切断スピードが速い．
② 制御が容易である．
③ 長距離加工に適応する．

ii) 施工手順：プラズマモール工法の施工手順は以下の通りである．
① リニューアル対象区間の両側に立坑を造る．
② 旧管内を清掃する．
③ 旧管内面にプラズマ加工機で切欠き溝を入れる．
④ 新管の先端にクサビ状の破断機を取付け，旧管の中に押し込む．
⑤ 新管を推進し，旧管を破断しながら新管と置き替える．

iii) 施工機械：本工法で使用する主な機械は，プラズマ加工機，プラズマカッター（プラズマ切断トーチ搬送機），破断機，推進装置の4つである．

2) 適用範囲　プラズマモール工法が適している箇所は以下の通りである．
① 障害物や他の埋設管が輻輳し，開削工法が困難である．
② 道路幅が狭く，歩行者や車両などの交通量が多い．
③ 近隣に住宅や店舗が密集している．
④ 同口径で布設替えをしたい水道本管．
⑤ 既設水道管が鋳鉄製（FC製）である．
⑥ 管径が $\phi 400$ mm～$\phi 1,000$ mm である．
⑦ 推進区間にコンクリート巻部がない．
⑧ 近接管との離れが30 cm以上である（30 cm以下では，場合によっては近接管の移設・防護が必要となる）．
⑨ 標準可能推進距離は100 m である．
⑩ 布設替え箇所に曲管がない．

3) 工法適用に当たっての検討項目　プラズマモール工法を適用するに当たり，工事箇所ごとに検討するが，以下の5項目は，基本的な検討項目である．
① プラズマ加工機による切欠き溝の深さと管の安全性
② 旧管拡径破断時の近接地盤の変位量の推定
③ 拡径による近接埋設管の変形と応力

④ 推進距離と推進力の関係
⑤ 切欠き溝プラズマ加工時の発熱の影響

4) プラズマモール工法の特徴と今後の課題　プラズマモール工法は，同口径で布設替えできるので，旧管の中に口径を小さくした管を入れる方法（パイプインパイプ工法）に比べて，確実に布設替えができ，旧管と同じ水量が送水できるのが特徴である．また，在来の管と同位置で施工することで，推進工法で，新たな場所に代替管を新設するよりも確実に施工できるとともに，掘削箇所が立坑だけなので，通行車両への影響が低減されるとともに，工事に伴う振動・騒音が大幅に低減され，近隣への影響も大幅に緩和される．さらには障害物や輻輳した他の埋設管が多く，開削工法が実質的に不可能な場所でも布設替えができる．プラズマモール工法のこれらの特徴が，従来の布設替え工法で課題となっている点を解決している．

今後，水道本管のリニューアル需要が急速に拡大すると予測されるため，鋳鉄管のみでなく，モルタルライニングのダクタイル製鋳鉄管への対応が必要となる．

b.　下水道管渠のリニューアル技術

下水道管渠の管更生技術は，現在多くの工法が開発され，実施されている．

下水管渠のリニューアル工事は苦渋作業が伴い，いかにそれから解放されるかが課題となっている．

現在開発されている管渠の更生工法は，次の3工法に分類される．

① 反転工法
② 形成工法
③ 製管工法

それぞれの工法に様々な技術が開発されているが，いずれにしても，今後は非開削で，長距離管渠や，様々な断面の管渠でも，下水道を供用しながら施工できる工法が求められている．

また，今後の技術開発として求められることは，流下能力も更生前と同等もしくは同等以上で，供用されている下水道管渠内で作業をするので，全自動の機械施工で，人力を必要としない製管技術が望まれている．

c.　管渠内面の長寿命化技術──コンクリート被覆技術

下水道管渠内のリニューアルは，コンクリートへの化学的侵食に対する対策を講じることが要求される．化学的侵食に対する対策としては，コンクリート構造物の劣化因子を含んだ脆弱部分を除去した後に表面処理を行い，外部から劣化因

表 3.1 腐食環境分類[1]

分類	腐食環境
I 類	年間平均 H_2S ガス濃度が 50 ppm 以上で，硫酸によるコンクリート腐食が極度に見られる腐食環境
II 類	年間平均 H_2S ガス濃度が 10～50 ppm で，硫酸によるコンクリート腐食が顕著に見られる腐食環境
III 類	年間平均 H_2S ガス濃度が 10 ppm 未満ではあるが，硫酸によるコンクリート腐食が明らかに見られる腐食環境
IV 類	硫酸による腐食はほとんど生じないが，コンクリートに接する液相が酸性状態になりえる腐食環境

表 3.2 設計腐食環境分類[1]

年間平均 H_2S ガス濃度	点検，補修，改築時の難易	
	易	難
50 ppm 以上	I_1 類	I_2 類
10～50 ppm	II_1 類	II_2 類
10 ppm 未満	III_1 類	III_2 類

子の侵入を抑制することが有効な手段となる．

　対策を立てるに当たり，腐食環境によって対策工や被覆材料などが異なるが，最近の技術としてメッシュ補強光硬化型樹脂シートが注目を集めている．詳細は後述するが，一般に下水管渠内は表 3.1 に示すように，高濃度の硫化水素の腐食環境 I 類および II 類に属している．メッシュ補強光硬化型樹脂シート工法はこの I 分類の中でも，表 3.2 に示すように点検，補修，改築の難しい I_2 類に対応できる工法（塗布型ライニング工法と比較して工法規格で高い性能を要求される）の技術である．

　下水処理施設の腐食環境分類[1]は日本下水道事業団が制定している．

1） メッシュ補強光硬化型樹脂シート工法　　メッシュ補強光硬化型樹脂シート工法[2]は，可視光にて硬化する樹脂を含浸させた FRP シートと補強ネットが使われている．含浸樹脂は可視光硬化型ビニルエステル系樹脂を主成分とし，高密度ポリエチレン 2 軸繊維（メッシュ）で補強された製品として構成されている．メッシュ補強光硬化型樹脂シートは，耐薬品性に優れており，材料強度として表 3.3 に示す強度を持ち，表 3.4 の規格にて出荷され，下水道施設のコンクリートの防食被覆材として使用されている．

　また，メッシュ補強光硬化型樹脂シートは，約 20 分程度の光照射（可視光）により可視光硬化型樹脂が硬化することから，初期強度が照射終了後直ちに期待

表3.3 メッシュ補強光硬化型樹脂シートの材料強度

項目	測定平均値	旧日本道路公団基準
押抜き荷重（kN）	3.17	1.5 以上
付着強度（N/mm²）	2.82	1.5 以上

＊：本試験結果はシート厚さ $t=2.5$ mm のものである．

表3.4 メッシュ補強光硬化型樹脂シートの材料規格

厚さ（mm）	標準寸法（mm）
1.5〜3.0	幅：450, 900

できるという長所がある．

さらに，メッシュ補強光硬化型樹脂シートが工場生産であるため，樹脂シート材料自体の品質が高く，安定しており，施工が比較的簡単なことから，施工者の技量によらず，施工の信頼性が期待できるので，下水道だけでなく，トンネルの新設時およびリニューアル時にコンクリートの剥落防止材としても使用できる．

また，メッシュ補強光硬化型樹脂シートの特徴としては，シートの硬化後，難燃性を有し，防炎性（自己消火性）規格を満足している．加えて，燃焼ガスはシアンなどの毒性ガスを含まない．

もう一つの特徴としては，樹脂に透明性があるため，コンクリート表面を観察することができるとともに，下地コンクリートへの追従性に特に優れている．

参 考 文 献
1) 日本下水道事業団（編著）：下水道コンクリート構造物の腐食抑制技術及び防食技術指針・同マニュアル．（財）下水道業務管理センター，2002.
2) （財）下水道新技術推進機構：建設技術審査証明（下水道技術）報告書　下水道シールドトンネル内面防食被覆工法　メッシュ補強光硬化型樹脂シート工法．2005.

3.2.3　下水処理場コンクリート内壁のリニューアル技術
a. 総合的なコンクリート腐食対策

下水処理場のコンクリート内壁は，3.2.1項 b で述べたように，コンクリートが硫化水素に起因する腐食環境にさらされている．このような環境下でコンクリート腐食の対策を確実にし，下水道施設のライフサイクルコストを低減するためには，維持管理を含む総合的な対策が必要である．

施設をコンクリート腐食環境から適正に保護するためには，
① コンクリート腐食箇所・腐食環境の特定
② コンクリート腐食環境の改善
③ 最適なコンクリート腐食抑制技術と防食技術の選定および組み合わせ
④ 適切なコンクリート被覆工法などの施工

⑤ 採用したコンクリート腐食対策の効果を最大限に引き出すための供用開始後の適正な日常管理・定期管理

が重要なポイントである．なお，評価の対象技術ではないが，管路施設やポンプ場・処理場における流入渠，共通水路のように1系列あるいは1槽しかない施設でコンクリート腐食環境が厳しいと想定される場合には，将来の補修工事などの困難さを考慮し，耐硫酸性に優れたシートライニング工法などの採用や複数系列化を施設の計画・設計上で検討する必要がある．

また，管路施設では，硫酸による著しいコンクリート腐食が発生することが確実な区間には，施設の計画・設計段階で，コンクリート腐食抑制技術の採用とともに，鉄筋コンクリート製ではない耐硫酸性に優れた代替製品の採用も検討する必要がある．

次に，以上を目的に開発されたシートライニング工法のASフォーム工法について述べる．

b. ASフォーム工法（シートライニング工法）

シートライニング工法であるASフォームの防食機構の概要を図3.4に示す．ASフォーム工法は，3.2.2項cで述べた日本下水道事業団（2002（平成14）年2月制定）が制定した「下水道コンクリート構造物の腐食制御技術及び防食技術指針・同マニュアル」で示されている腐食環境が一番厳しいI分類の中でも，点検，補修，改築の難易度が「難」に該当されるI_2類に分類されるシートライニング工法である．

また，ASフォーム工法の特徴としては，自身にコンクリートとの一体化機能を持っており，かつ防食性能を有する埋設型枠および補修ライニング材であることが挙げられる．

従来の防食被覆工法では，被覆層が最大でも5mm程度であるのに対して，

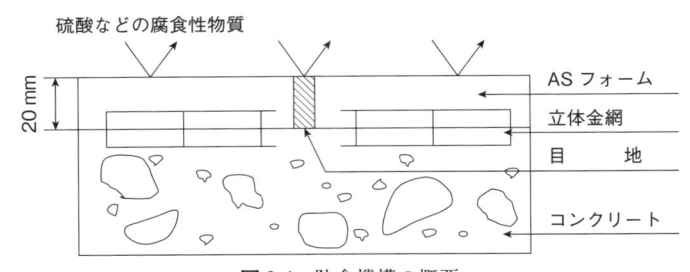

図3.4 防食機構の概要

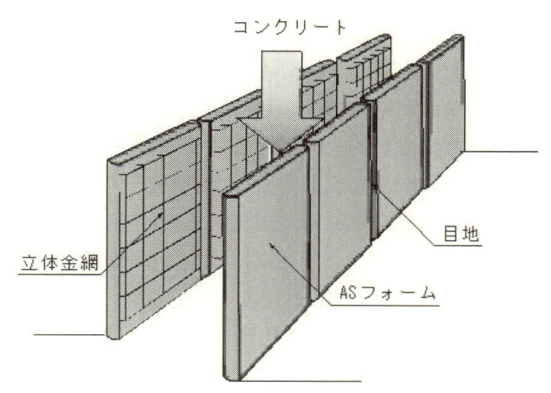

図3.5 ASフォーム(埋設型枠)の原理図(新設時)

ASフォームでは15mm以上あり,防食機能を有するレジンコンクリート層と目地層は20mm以上あるため,セメントコンクリート層への硫酸などの外部からの腐食性物質の侵入を阻止できる.また,コンクリートとは埋設された立体金網または種石によって一体化しており,レジンコンクリートもしくは立体金網の破壊または種石との剥離に至るまで容易に脱落することはない.

材料は適正な品質管理の行われている工場で製造されたビニルエステル樹脂系レジンコンクリートパネル・立体金網または,種石・目地材から構成されている.ASフォームの原理図を図3.5(新設時),図3.6(補修時)に示す.

目地構造は,適用部材の温度変化などによる膨張・収縮などの変動の大小および施工時に裏面の作業スペースが確保できるか否かによって異なる.

躯体の変動が大きいと想定される部位に適用する場合は,ASフォーム端部形状をVカットとし,変動が小さい部位に適用する場合には端部形状をフラット

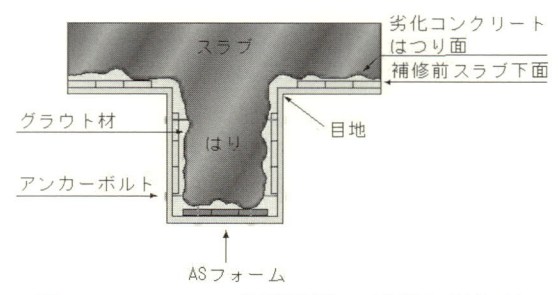

図3.6 ASフォーム(埋設型枠)の原理図(補修時)

のものとする．

　また，施工時に裏面の作業スペースが確保できる場合は，矩形断面のエチレンプロピレン共重合体のバックアップ材を用い，作業スペースが確保できない場合は，板状のネオプレン製のバックアップ材を用いる．

　また，いずれの場合も，目地部の耐薬品性能をレジンコンクリート部と等しくするために，目地シーリング材上にビニルエステル樹脂製トップコートを塗布する．

〔白瀬昇快〕

3.3　有機性廃棄物のリサイクル技術

3.3.1　有機性廃棄物の現状と建設技術の方向性

　一般廃棄物の年間総排出量は5,273万t（2005（平成17）年度実績）であった．一方，産業廃棄物は2004（平成16）年で年間約4億1,700万tであった．産業廃棄物の排出量は，毎年ほぼ横ばいで推移し，1993（平成5）年度以降やや減少傾向にあったが，2003（平成15）年度以降は，増加傾向に転じている．

　産業廃棄物の排出量を種類別に見ると，図3.7に示すように，汚泥，家畜ふん尿の有機性廃棄物が約70％を占めている[1]．

　有機性廃棄物のうち，家畜ふん尿の処理は野積みもしくはコンポスト化されてきた．しかし，1999（平成11）年11月1日から施行されている，罰則規定のある「家畜排せつ物の管理の適正化及び利用の促進に関する法律」（いわゆる家畜排せつ物法）が，施行から5年間の猶予期間を経て，2004（平成16）年11月1日から本格的に実施されている．このため，家畜ふん尿をリサイクルして，バイオガスを取り出したり，良質なコンポストを作る施設の建設が活発になってきている．

　食品廃棄物の年間発生量は，全国で年間2億2,000万t（2004（平成16）年度実績）であった[2]．従来そのほとんどは焼却あるいは埋め立て処分されてきた．そのため，食品廃棄物の有効利用と，その発生抑制を目的として2001（平成13）年5月「食品循環資源再生利用促進法」（いわゆる食品リサイクル法）が施行された．

　この法律では，年間の排出量が100t以上の大企業を対象に，その20％以上を再生利用させることを義務づけている．一方，この法律の対象外ではあるが，廃棄物量の50％を占める家庭系食品廃棄物のリサイクルに関しても，ごみの最終処分場が絶対的に不足しているので，対応が求められている．

3.3 有機性廃棄物のリサイクル技術

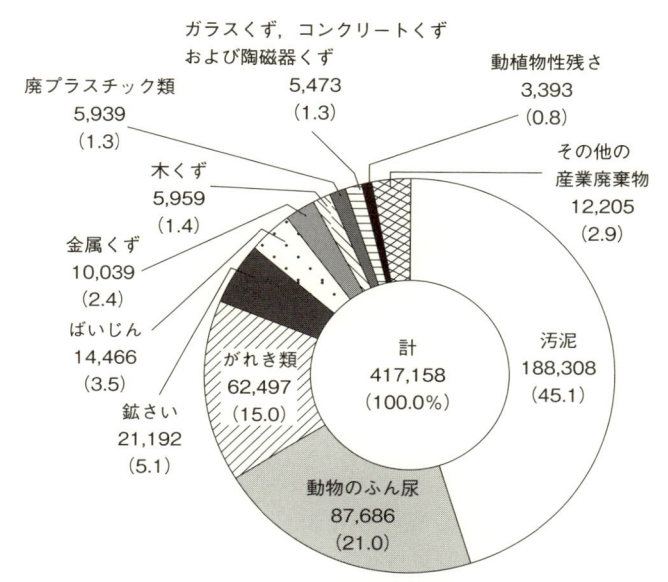

図3.7 産業廃棄物の種類別排出量
（単位：千t/年，（ ）内は％）

ガラスくず，コンクリートくずおよび陶磁器くず 5,473 (1.3)
動植物性残さ 3,393 (0.8)
廃プラスチック類 5,939 (1.3)
木くず 5,959 (1.4)
金属くず 10,039 (2.4)
ばいじん 14,466 (3.5)
鉱さい 21,192 (5.1)
がれき類 62,497 (15.0)
動物のふん尿 87,686 (21.0)
汚泥 188,308 (45.1)
その他の産業廃棄物 12,205 (2.9)
計 417,158 (100.0%)

　これらの法律の強化の背景には，わが国が資源循環型社会を目指し，今まで廃棄していたものから有価なものを生み出そうという社会ニーズと，地球規模の環境保全活動が活発になり，CO_2の排出の少ない処理方法を採用しなければならなくなってきたことが挙げられる．

　そのために，酪農家，生ごみの大口排出者は新たな投資を求められているが，国も処理施設の建設には補助をする制度を同時に確立している．特に，酪農家の経営は厳しく，家畜ふん尿の処理施設を建設する余力のある酪農家は少ないのが現状である．従って，家畜ふん尿の処理施設は安価なものが求められている．

　有機性廃棄物の処理・資源化では，家畜ふん尿，生ごみのほか，最近では木質系廃棄物の資源化施設が望まれ，さらに，最大の排出量を占める（換言すれば最大の資源である）下水汚泥のさらなる資源化の施設が望まれている．建設現場からも木質系廃棄物が建設廃材として出されるので，そのリサイクルにも取り組む必要がある．

　有機性廃棄物の利活用の推進に当たっては，経済性の向上を図ることが求められている．このためには，廃棄物の収集・変換効率の高い技術，バイオマス資源

の収集・運搬を効率的に運用する物流システムを開発・実用化することがきわめて重要である．

変換技術の高効率化では，熱・圧力や化学などによる理化学的なバイオマス変換技術の進展に加えて，生物化学的なプロセスを用いた技術の実用化が期待されている．

利用者の多様なニーズへの対応や，バイオマス由来のエネルギーや製品の幅広い用途への利活用を実現するため，バイオマスから得られる燃料や物質の多様化や高付加価値化について取り組むことが必要である．このため，バイオマス・リファイナリーの構築が必要である．また，バイオマスを資源として有効活用するには，製品として価値の高い順に繰り返し利用し，最終的には燃焼させてエネルギー利用するといったカスケード的な利用が個々の技術開発の推進に加えて求められる．

2002（平成14）年には，「バイオマス・ニッポン総合戦略」が閣議決定されて，農林水産省，経済産業省，国土交通省などが具体的に取り組んでいる．今後，このバイオマス・ニッポン総合戦略に基づいて，わが国の有機性廃棄物の処理・活用がさらに推進されるものと期待される．この一環としてバイオマスタウン構想がある．これは，地域におけるバイオマスの利活用に当たって，地域内のあらゆる関係者の連携の下，バイオマスの発生から利用までが効率的なプロセスで結ばれ，様々な種類のバイオマスが総合的に利活用されるシステムの構築の追求である．2007（平成19）年11月現在，104の市町村などのバイオマスタウン構想が公表されている．これを2010（平成22）年で300市町村とする構想である．

本節では，以上のような現状を踏まえて，家畜ふん尿および生ごみの処理技術，木質系廃棄物の処理技術について述べる．

参 考 文 献
1) 環境省：（報道発表資料）産業廃棄物の排出及び処理状況について（平成16年度実績）．2007．
2) 農林水産省：（農林水産統計）平成17年食品循環資源の再生利用等実態調査報告の概要．2005．

3.3.2　家畜ふん尿および生ごみのリサイクル技術
a．家畜ふん尿および生ごみなどのトータル・リサイクル技術
1) トータル・リサイクル技術　　有機性廃棄物の処理・資源化技術として実

3.3 有機性廃棄物のリサイクル技術

用化されて，広く普及されている技術に図3.8に示すメタン発酵およびコンポスト化がある[1]．特に家畜ふん尿および生ごみなどでその採用が活発になってきている．

近年では，単にメタン発酵施設およびコンポスト化施設を単独に設置するだけでなく，図3.9に示すようにメタン発酵とコンポスト化を組み合わせて，バイオガスから電気，熱を作り出して，施設の運用に利用するとともに，余剰分は売電

コンポスト化（好気性発酵）　窒素は製品に含まれ農地に堆積する．

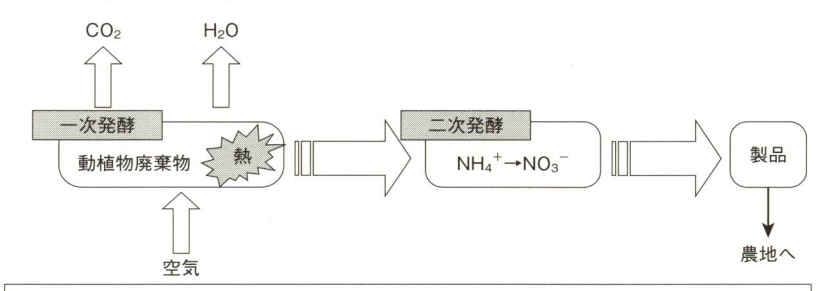

CO_2　H_2O

一次発酵
動植物廃棄物　熱

二次発酵
$NH_4^+ \rightarrow NO_3^-$

製品

空気

農地へ

① 有機炭素は酸化されて発熱し水分を蒸発させ，CO_2 を生成する．
② 空気を与えるエネルギーが必要（約 30 kWh/t）→運転費大．
③ 製品中にすべての塩類と NO_3^- が残る．（全塩類としては約 10 mS/cm）
④ 揮発性有機物が一次発酵で大量に飛散するため，強力な脱臭が必要．

バイオガス化（嫌気性発酵）　窒素は脱水ろ液から脱窒素され大気に戻る．

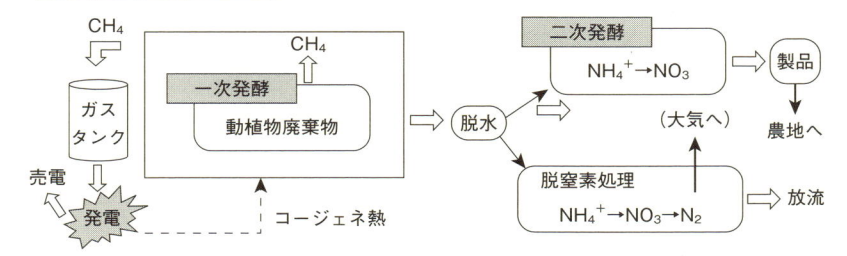

CH_4

ガスタンク

CH_4

一次発酵
動植物廃棄物

脱水

二次発酵
$NH_4^+ \rightarrow NO_3$

製品

（大気へ）

脱窒素処理
$NH_4^+ \rightarrow NO_3 \rightarrow N_2$

農地へ

放流

売電

発電

コージェネ熱

① 有機炭素は還元されて CH_4 となり有効再利用．
② 還元エネルギーは自家発電で賄われ，さらに余剰分（約 100 kWh/t）がある．
③ 製品中に塩類や NO_3^- は少ししか残らない．（塩類としては約 1 mS/cm）
④ 揮発性有機物が一次嫌気発酵で CH_4 となり集められ拡散しない．

図 3.8　バイオプロセスの比較図[1]

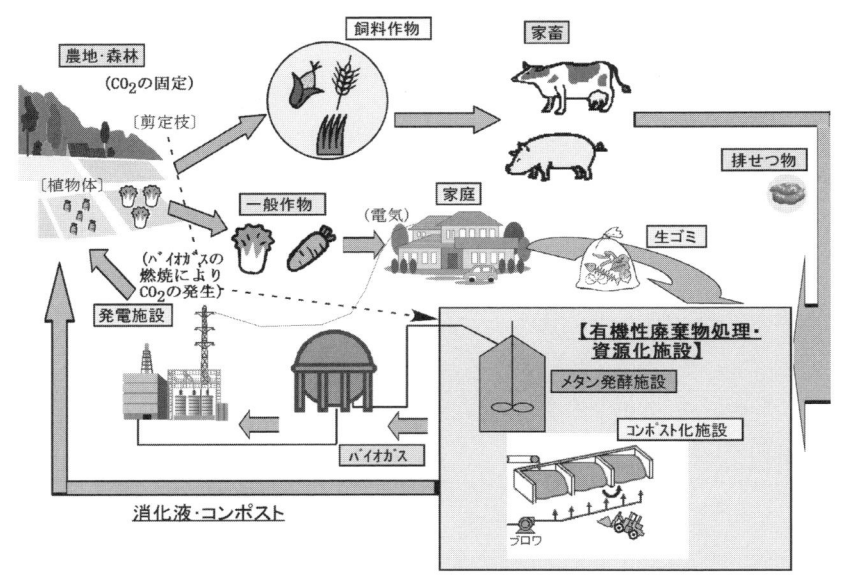

図3.9 有機性廃棄物の資源循環型システムの構築

されている．メタン発酵した際に残る発酵残さをコンポスト化したり，液肥（消化液）として牧草地などに散布して，農地に還元している．牧草地，農地で生育した植物を利用して家畜の飼料，食材が生産される．このような資源循環型のトータル・リサイクル技術の適用が開始されている．

メタン発酵技術は歴史があり，下水汚泥，ビール工場の廃水など一部の食品工場の廃水処理などに適用して実用化されている．メタン発酵の技術の進展によりヨーロッパを中心にして，より固形分の多い廃棄物，すなわち家畜ふん尿，生ごみなどへ適用してメタン発酵の利用範囲を拡大している．このため，わが国でも表3.5に示す技術をヨーロッパの環境先進国から導入してきた．

メタン発酵で得られるバイオガスは，ボイラー熱源，ガス発電（マイクロガスタービンを含む）や大型のリン酸形，溶融炭酸塩形などの燃料電池，1 kWhクラスの小型化が可能な固体高分子形燃料電池による発電ならびに熱回収，自動車燃料などとして利用可能である．

2) メタン発酵技術の普及課題 メタン発酵の普及課題として，メタン発酵の発酵速度の向上および安定性の確保がある．メタン発酵速度を向上させることにより装置がコンパクトになり，設備コストの低減が期待できる．また，多様な

表 3.5 ヨーロッパから技術導入されたメタン発酵技術例

方式	システム名称	導入技術	特徴	導入企業（導入時名称）
湿式	メビウスシステム	WAASA システム（CITEC社；フィンランド）	高温発酵，ツインリアクター	アタカ工業，荏原製作所，クボタ，栗田工業，西原環境衛生研究所，三菱重工業
	REM システム	ENROMA システム（ENTEC社；オーストリア）	湿式選別，中温発酵，無動力撹拌	浅野工事，三機工業，新潟鐵工所，三井鉱山，三菱化工機
	リネッサシステム	Schwarting-Uhde プロセス（Schwarting-Uhde社；ドイツ）	中温・高温2段発酵，押し出し流れ	IHI，新日本製鐵，タクマ，東レエンジニアリング，日本鋼管，日立造船，三井造船
乾式	コンポガス式メタン発酵	Buhler-KOMPOGAS システム（Buhler社；スイス）	高温発酵，固形物濃度25〜35%，プラグフロー方式，横型槽内撹拌機付	タクマ，川崎重工業，クボタ，日立造船
	クリタドランコプロセス	DRANCO システム（O.W.S社；オーストリア）	高温発酵，固形物濃度15〜40%，縦型	栗田工業
	ビオフェルム乾式メタン発酵システム	BIOferm システム（BIOferm社；ドイツ）	ガレージタイプ，発酵液循環方式	フジコー

有機物にも柔軟に対応でき，有機物負荷変動に対して安定性を向上させることによって，利用面での汎用性と優位性を向上させることができる．

さらに，メタン発酵のバイオガス利用という利点の反面，発酵残さ（発酵固形分，消化液）の処理，回収エネルギーの効率的利用など，全体システムとして十分な経済性が必要とされる．

メタン発酵の発酵速度の向上と安定性には，メタン生成に関与する，すなわちメタン生成細菌および加水分解，酸生成などに関与する細菌群により構成される優秀な複合微生物系を獲得する必要がある．また，膜分離，担体などを用いて，これらの微生物群の菌体濃度を高める方法，メタン発酵に関与する Ni, Co，鉄塩の添加およびメタン発酵を阻害するアンモニアならびに有機酸などが蓄積しない運転管理などが求められている．

発酵残さの処理および利用方法が処理施設の経済性を大きく左右する．消化液は，アンモニア性窒素に富み，液肥として利用可能である．圃場の窒素負荷から見ると液肥散布可能な量（緑肥，小麦，馬鈴薯など6品目想定の場合）は，33

t/ha/年程度である[2]．これは乳牛1頭分の年間ふん尿量に相当する．わが国でこの圃場面積を確保できるのは北海道，東北地方の一部だけである．その他の地域では，消化液を浄化して放流しなければならない．この際の発酵液の固液分離に使用する凝集剤，窒素成分などの除去のための使用薬剤が維持管理費に占める割合が高く（京都府南丹市八木バイオエコロジーセンターの場合，コンポスト化施設を含めて薬品費が56％を占める[3]），経済的な発酵液処理が望まれている．

3） **コンポストの普及課題**　コンポストの普及課題として，生産量に伴う消費量の確保が挙げられる．そのため，良質で安全なコンポストの生産が不可欠である．コンポスト化の目的は，有機性廃棄物中に含まれる汚物感のある腐敗しやすい易分解性有機物を好気下で微生物によって酸化分解させ，衛生的で安定した性状に変換して，土壌や作物に害を与えない肥料を生産することである．

従って，副資材を投入したりして通気性を確保し，好気性微生物の酸化分解時の発酵熱により水分を蒸発させ，残りの水分と難分解性有機物，灰分からなるコンポストが生産される．この発酵熱によって病原性微生物，原虫，寄生虫などが死滅し，雑草種子の発芽も抑制される．

生ごみなどでは塩類濃度，下水汚泥などでは重金属濃度に留意しなければならない．

b．メタン発酵技術

1） **北海道上湧別町の事例**　下水汚泥，食品工場廃水などを除く有機性廃棄物を対象としたメタン発酵施設は，2005（平成17）年4月現在，北海道の家畜ふん尿で35ヵ所，北海道以外の家畜ふん尿および生ごみならびに汚泥と生ごみの混合処理などで55ヵ所以上が設置されている．

ここでは，メタン発酵施設の事例として，北海道上湧別町の乳牛ふん尿を対象としたメタン発酵施設について述べる[4]．これは，（独）新エネルギー・産業技術総合開発機構（NEDO）の実証事業として実施されたものである．この施設では，中・大規模酪農家向け個別型バイオガスプラントの確立を課題としている．そのため，生物脱硫の採用などによって脱硫剤交換頻度を低減して設備の最適な組み合わせをした．さらに酪農家自らが容易に運転できるように設備を工夫したり，コンパクト化して低コスト化を図り，畜舎などの電気・熱のエネルギー需要を賄えるようにガス発生効率を向上させて，エネルギー回収効率の向上などについても検討した．

図3.10に施設概要を示す．搾乳牛150頭，育成牛150頭のふん尿13.2 t/日を対象にして，中温メタン発酵を行う．発酵槽は，容量330 m^3 で内断熱ガラスラ

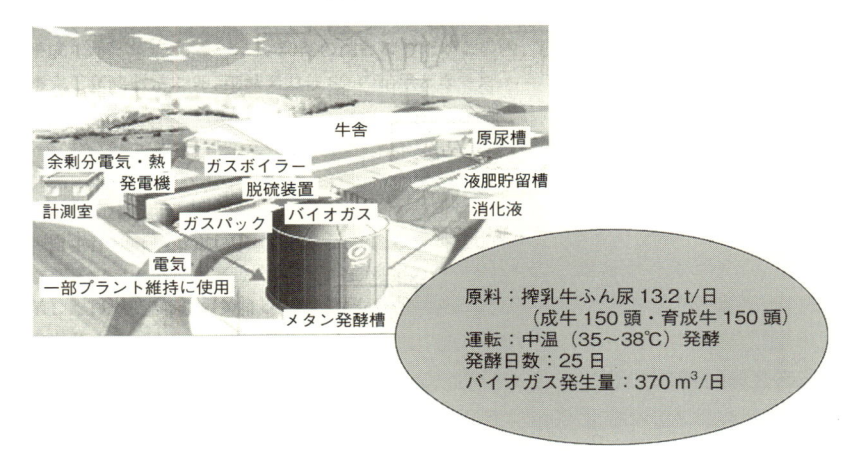

3.3 有機性廃棄物のリサイクル技術

図3.10 プラント概要

原料：搾乳牛ふん尿 13.2 t/日
　　　（成牛 150 頭・育成牛 150 頭）
運転：中温（35〜38℃）発酵
発酵日数：25 日
バイオガス発生量：370 m³/日

イニング縦型円筒形，常時撹拌である．

図3.11にバイオガス発生量の例を示す．発生したバイオガスは，発酵槽に空気を吹き込む生物脱硫と酸化鉄による物理化学的脱硫後，電気出力 29 kWh のマイクロガスタービンによる発電および排熱回収，熱出力 33 kWh のガスボイラーによって温水供給に利用される．この電力は，発酵槽撹拌機，移送ポンプなどのプラントと，搾乳機，バーンクリーナーなどの畜舎などで使用される．余剰電力の売電が検討されたが，売電価格などの課題から実現していない．発生および回収した熱の有効利用は，灯油などの削減につながる．この熱は発酵槽の加温などプラントの維持と，搾乳機洗浄用の温水として畜舎および牛舎の床暖房などに利

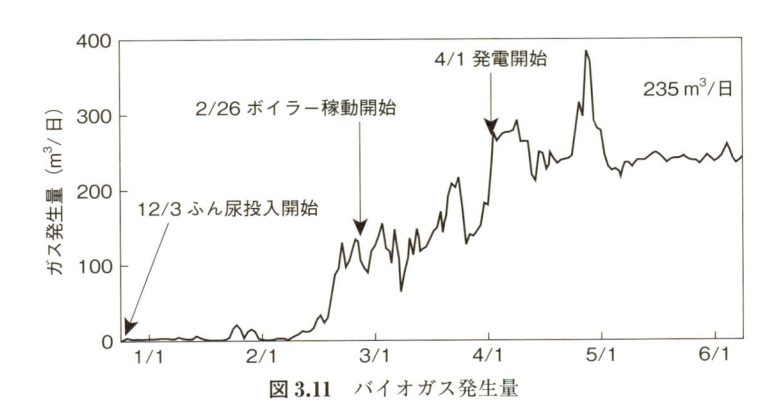

図3.11 バイオガス発生量

用される．

　消化液は飼料作物などに液肥利用されるので，施設には約180日分の消化液を一時貯留できるスラリータンクを設けている．

　プラントは電話回線を利用した遠隔監視が可能である．プラントの運転は自動運転可能であるが，酪農家自身が朝1回ボタンを押すことにより起動するように設定している．

　本プラントの導入によって，電気，熱源として130万円/年の削減が可能である．現在，電力は余剰であり，電気需要の開拓で，さらに100万円/年の追加削減が期待できる．

2） 岩手県葛巻町の事例　　発生したバイオガスの有効利用はボイラーやガス発電などだけでなく，横須賀市，神戸市のように自動車燃料として，また燃料電池源などとしての利活用が期待されている．次に，岩手県葛巻町で実施された研究開発の事例について述べる．ここでは，発生したバイオガスを精製・濃縮して，家庭用や小規模業務用に適した固体高分子形燃料電池（PEFC）に適用して酪農地帯に普及させる研究開発を行っている．本研究開発は，（独）農業・生物系産業技術研究機構の委託研究[5]である．

　この地域から排出される最大の有機性廃棄物である乳牛ふん尿を主対象に，1日あたり1.1tの原料を容量27.5 m^3 の縦型円筒形常時撹拌機能を持ったメタン発酵槽に投入し，中温でメタン発酵させる．得られたバイオガスは，ゴム製ガスホルダーに一時貯留し，その後酸化鉄系脱硫塔で硫化水素を0.2 ppm以下に，アンモニアを硫化鉄系吸着塔で0.5 ppm以下に浄化される．これをさらにPSA（Pressure Swing Adsorption）方式による常温ガス濃縮装置により，メタン濃度を99%以上に高める．この際の回収率は60%以上を目標としている．この精製バイオガスを定格出力0.75 kWhの固体高分子形燃料電池に供給し，発電および排熱回収するシステムの実証研究を実施した．

　PSA方式により精製されたバイオガスは，CNG（圧縮天然ガス）相当として自動車燃料に，ANG（中圧吸着天然ガス）相当としてボンベ詰めされ，オフサイトで熱源，燃料電池源などとしての利活用も期待できる．

c. コンポスト化技術

　家畜排せつ物法や食品リサイクル法の施行により，コンポスト化技術の普及は，今後ますます進展するものと考えられる．コンポスト化施設の立地を検討する際には，原料の収集および製品の運搬の利便性を考慮し，かつ周辺の環境対策を含めて決定する必要がある．周辺環境に対して，臭気，粉塵，騒音，振動およ

び汚水などの発生防止について十分な対策をとる必要がある.

コンポスト化反応を支配する要因は，① 温度，② 水分，③ バルキング材（副資材），④ 通気，⑤ 堆積層の切り返し（微生物との接触機会の増加），および ⑥ pH であり，適宜調整して運転を行う必要がある.

ここでは，コンポスト化センターの例を述べる．本施設では牛ふんに副資材のバークを混ぜ，30 t/日の処理原料を図 3.12 の円形一次発酵槽で約 12 日間，図 3.13 の横型スクープ方式の二次発酵堆肥舎で約 20 日間，さらに三次発酵槽で約 60 日間の合計約 3 ヵ月をかけて製品化している.

一次発酵槽では発生するアンモニアなどの臭気を円錐形屋根構造のルーフで効率的に捕集し，微生物脱臭法の一方法であるロックウール脱臭槽で脱臭処理している．ここで使用されるロックウール混合物は，ゼオライト，有機物，微生物源を添加・混合し，水分 40 % 程度に調整したものである.

一次発酵の後，窒素全量は 1.6 %，リン酸全量は 1.3 %，カリ全量は 2.0 % および C/N 比（炭素と窒素の比率）15.1 の品質（全量は現物 %）のコンポストが生産されている.

近年，高温・好気法によるコンポスト化の研究が進展してきている．これを実施するには，多孔性の微生物担体の選定や適切な水分調整 (50〜60 %)，高濃度有機物の容積負荷や発熱量 (C/W 比＝カロリー/水) の把握が重要となる.

さらに，超高熱細菌を用いた超高温・好気発酵法によるコンポスト化の研究が実施されている．この方法では，① 発酵温度は，原料の如何にかかわらず全期

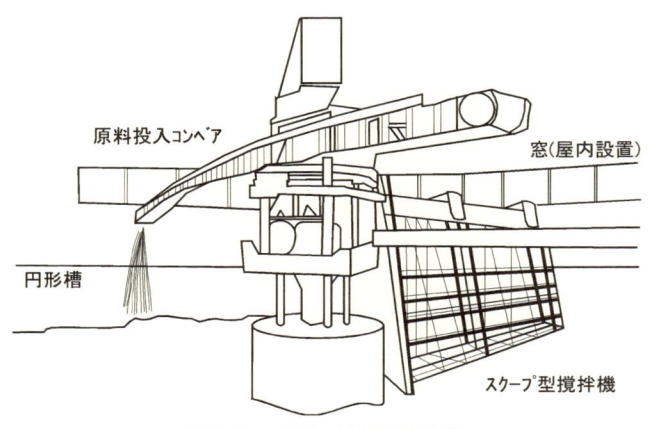

図 3.12 円形一次発酵槽内部

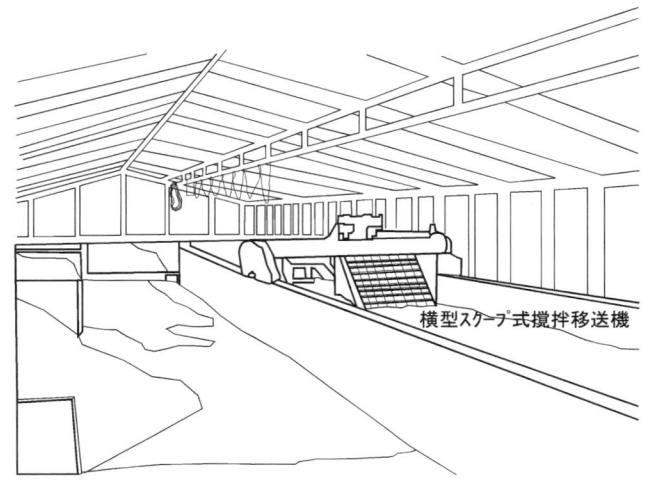

図3.13 横型スクープ式二次発酵槽内部

間中80℃以上の高温を維持すること，② 40〜50日間の短期間に完熟コンポストになること，③ 大腸菌，サルモネラ菌などは発酵初期で消失すること，④ 速やかに悪臭成分が消失すること，および ⑤ 重金属が結晶構造に組み込まれた不溶形態に変化すること，などの利点があるとされている[6]．

d. 今後の技術の方向性

メタン発酵は，バイオガスを利活用できる反面，残さの処理が著しく経済性を圧迫している．そのため，経済的な消化液の処理法の開発が望まれている．

新しい家畜排せつ物および消化液の処理法として，（亜）超臨界水酸化による完全分解が期待されている．水の場合の超臨界点は，温度374.1℃，圧力22.1 MPaである．この臨界点を超えると非常に反応性に富んだ状態となる．すなわち，水の持つ溶解性，蒸気の性質である浸透性，さらに高温・高圧下での分解性などの作用が働く．なおかつ，有機物濃度が10〜15%で自燃するため，初期の加熱だけの経済的なプロセスと言える．

乳牛ふん尿のメタン発酵液の場合，650℃，15 MPa，反応時間15分間，酸素比1.2の条件で炭素はCO_2に，窒素成分は窒素ガスに完全分解，消化液は無色透明な液体として再利用，放流が可能である．しかし，実際への適用には，反応器の材質，析出する塩類による閉塞，効率的な熱回収などの課題がある．

超臨界水の適用は，無酸素条件下で触媒を用いることにより，ガス化・水素生産が可能となる．メタン発酵の有機物分解率は40〜60%程度で，十分に活用さ

れていない．前述のように超臨界水を利用することにより，有機物を完全分解できるとともに，有機性廃棄物から水素生産が可能となる．

わが国では，燃料電池の本格普及に向けた2030（平成42）年度の水素社会のシナリオが示され，水素ステーションなどのインフラ整備が進められてきている．物理熱化学的反応あるいは生物転換技術などを適用して，有機性廃棄物からの水素生産が貢献する社会の実現が期待されている．

参 考 文 献

1) （財）バイオインダストリー協会：グリーンバイオテクノロジーの可能性と戦略提言．2000.
2) 北海道十勝支庁：新たな家畜ふん尿処理システム検討報告書．2002.
3) 京都府八木町：バイオマス・メタン発酵設備からのエネルギー有効利用事業調査成果報告書．2004.
4) 須賀 正，工藤 修，白石雅美：上湧別バイオガス畜産標準モデル実証プラント事業．日本ガスタービン学会誌，**31**（6），405-410, 2003.
5) 白石雅美：バイオガス高度利用コージェネレーションシステムの開発．バイオマス利活用への技術開発，pp. 120-121, 政策総合研究所，2004.
6) 金澤晋二郎：超高熱細菌による有機性廃棄物の新資源化技術．福岡女子大学特別講演会，2004.

3.3.3 木質系廃棄物のリサイクル技術
a. 木質系廃棄物のリサイクル技術の現状と課題

木質系バイオマスは，廃棄物として1,330万 t（2006（平成18）年度バイオマス・ニッポン総合戦略の推定値）発生しており，その内訳は工場の端材（木屑，バーク），建設廃材および間伐材などである．また，このほかに，稲わら・もみ殻などが1,300万 t（同上）発生している．木質系バイオマスの利用は，小規模ではペレット，チップ化してストーブ，ボイラー用に，大規模の場合は直接燃焼発電，熱利用されているが，主に自家消費されているのが現状である[1]．近年は，ガス化し発電利用に，さらに触媒によりメタノールへの転換の研究開発が進展している[2]．

熱源の用途としては，温泉，宿泊施設，事務所棟，給食センターなどの給湯，暖房やロードヒーティング，熱を利用して冷凍機を稼働させる冷房などが挙げられる．

また，一部は，炭化処理されて土壌改良材，調湿材，水質浄化材などへの用途が期待されている．最新の研究開発としては，木質系バイオマスからのエタノール発酵が注目されており，商業化施設が大阪府で稼働を開始している．

木質系バイオマスを有効活用するためには，原料の調達，エネルギー利用および残さの処理など，各段階で解決すべき課題が残されている．現時点での事業性が悪い要因は，① 原料費，輸送費（集約コスト）が高いこと，② 発電効率が低いこと（小規模のためエネルギー損失が大きい），および ③ 建設費が高いこと（スケールメリットが得にくい）とされている．これらに対して，① 各種制度の整備，収集システム構築による原料費，集約・輸送費の低減，② プラントの大規模化や技術革新などによる発電効率の向上や建設単価の低減，③ 施設設備などにおける政策支援などの方策が望まれている[1]．

原料調達段階の課題として，冬季に熱需要が多く，原料不足となりやすく，逆に，夏は余剰となりやすい．間伐材の利用は，森林環境保全上重要な課題であるが，水分が多く，搬出コストが高いため，利用が困難な状況にある．

建設廃材は，防腐剤・接着剤の影響が懸念されることと，廃プラスチック，砂利やコンクリートガラの混入などがあるため，選別利用を行う必要がある．

エネルギー利用段階の課題では，一般に工場廃材の焼却では処理が優先であり，熱の供給が需要を上回ることが多く，有効利用されていないこと，発電の負荷追従性が悪く，工場の全電力量を確保するのが困難なこと，発電に必要な有資格者の確保のための費用を要すること，工業用水が得られない場合，冷却に使用する用水の費用がかさむこと，などがある．焼却灰，蒸気冷却の濃縮水の処理なども課題の一つである．

b. エタノール製造技術

木質系バイオマスは年間 2,650 万 t 程度発生しており，そのうち利用可能量は年間 1,160 万 t である．この利用可能な木質系バイオマスからのエタノール生産量は，間伐材などの林産系から年間 70 万 kL，製紙系から 45 万 kL，建設廃材系から 40 万 kL，その他から 170 万 kL で，合計の年間あたり生産可能なエタノール量は 325 万 kL と試算されている．そのために，わが国でも木質系バイオマスからエタノールを製造する技術に関する研究開発が活発になってきている．この例を表 3.6 に示す．

従来のエタノール発酵は，さとうきび，廃糖蜜，サツマイモなどのデンプン植物，トウモロコシや麦などの穀類を原材料に炭素数 6（C_6）のグルコースなどを発酵し，エタノールを生産する．一方，木質系バイオマスでは，木質に含まれるセルロースなどを硫酸を用いて糖分に変換する工程（糖化），糖分からエタノールへの変換工程（発酵），エタノールを濃縮・脱水する工程があり，それぞれ課題がある[3]．

3.3 有機性廃棄物のリサイクル技術

表3.6 木質系バイオマスからのエタノール製造研究開発および商業化施設例

実施機関	技術導入先	前処理	使用微生物	研究開発ステージ
日揮	Alkenol 社（アメリカ）	濃硫酸	組換え凝集性酵母	原料バイオマス処理量2 t/日の実証プラントによる試験を平成13年度から実施．現在，プラントは解体．アメリカで展開
月島機械（丸紅）	セルノール社（旧：BCI社）（アメリカ）	希硫酸	組換え大腸菌 KO11株，酵母	4 t/日の廃木材を処理して，重量の約25％，500 Lのエタノールを生産する実証プラントを稼働中
三井造船	（北欧）	硫酸	組換え酵母	2 t/日の間伐材や製材木くずを処理し250 Lのエタノールを生産する実証プラントを平成17年度より稼働
RITE（(財) 地球環境産業技術研究機構）	—	—	有用 RITE 菌	高密度バイオリアクターを使用，実験室段階
バイオエタノール・ジャパン関西	・建設廃材などを対象 ・2007.1 生産開始 ・処理量4〜5万 t/年 ・初年度 1,400 kL/年の燃料用エタノール生産予定			商業化施設

木質系バイオマスからのエタノール製造プロセスの糖化では，酵素を用いる方法がまだコスト高のために，硫酸による酸糖化が用いられている．この硫酸の再利用，処理が課題である．

発酵では，組換え技術などを適用して C_5 糖からエタノールを生産できる微生物を構築する必要がある．木質系バイオマスは，糖化後 C_6 糖ができるセルロースを45％（以下稲わらの場合），糖化後キシロースなどの C_5 糖ができるヘミセルロースを30％，リグニンを25％それぞれ含有しており，C_5 糖は従来の酵母では発酵できない．

濃縮・脱水工程は，蒸留（加熱蒸発）で水分をとばした後，さらに脱水する必要がある．この脱水効率が悪く，水分を少なくするのに多くのエネルギーを必要としてきた．このため，例えば疎水性ゼオライト膜を用い，10％エタノールを90％に濃縮し，さらに親水性ゼオライト膜で水の分子だけを真空吸引し，99.6％に濃縮する膜濃縮技術が開発されてきている．

ブラジルではさとうきびから，アメリカではトウモロコシからエタノールを製

造して，ガソリンに10％以上添加して，化石燃料である石油の消費を抑制している．

わが国では，2007（平成19）年2月に国産バイオ燃料の大幅な生産拡大が内閣に答申されており，今後ますます実用化に向けて研究開発・実証試験などに拍車がかかると考えられる．

しかし，上述したように，木質系バイオマスからエタノールを製造する技術には多くの課題が残されているので，わが国でバイオマスからのエタノールを製造する技術が普及するには時間がかかると思われる．

地球温暖化防止の観点から見ると，廃棄物から有価物を作る社会ニーズ，化石燃料の枯渇などの理由により，バイオマスからエタノールを作る技術は，将来有望な技術になり得ると考えられる．　　　　　　　　　　　　　　〔渋谷勝利〕

参考文献
1) NEDO：バイオマスエネルギー導入ガイドブック．2003．
2) 坂井正康，村上信明：熱化学法による草木バイオマスからの液体燃料製造．化学工学，**70**(8), 403-406, 2007.
3) 木田建次：セルロース系バイオマスからの燃料用エタノールの生産――バイオマス系廃棄物と微生物反応．廃棄物学会バイオマス系廃棄物研究部会，2004.

3.4　ヒートアイランド対応技術

3.4.1　ヒートアイランド現象の課題と建設技術の方向性

大気の温度は年々上昇している．気象庁資料によれば，東京の年平均気温は1900年頃（明治30年代）から上昇を続け，過去100年間で約2.9℃上昇した[1]．これは他の大都市の年平均温度上昇量が約2.4℃，中小都市では約1℃であるのに比較して，大きな上昇量を示している．これは，ヒートアイランド現象などによる都市部温暖化現象が顕著に表れたことによるものと考えられる．

都市内のヒートアイランド現象の原因は，① 都市化によって緑地帯が減少したこと，② 地表面がアスファルトやコンクリートで被覆されたこと，③ 人工排熱量が増加したこと，④ 都市形態が変化したこと，などによると考えられる．

ヒートアイランド現象の抑制・緩和を目的とした対策の中で，原因が上述の① および ② によるものの対策としては，屋上緑化技術，壁面緑化技術，ドライミスト噴霧技術，保水性舗装技術および遮熱性舗装技術の適用などが考えられる．

近年，大都市域では，建物屋上などの人工地盤上に緑地域を造り，土および植物からの水分蒸散と植物体へのCO_2固定によって，ヒートアイランド現象を抑制・緩和することが実施されている．また，建物の壁面，高架道路の橋脚や遮音壁などをツル植物などで緑化することや，大気中に微小粒径のウォーターミスト（ドライミスト）を散布して外気温を下げるといった試みも行われている．また，「道路が東京の熱を冷ます」という保水性舗装技術および高反射性舗装技術も開発されている．保水性舗装および高反射性舗装は，夏季の晴天日には，舗装中あるいは地下の水分を蒸散させて都市を冷却する効果，あるいは日射を反射させて蓄熱量を低減する効果が発揮される．さらに保水性舗装では，雨水を地下に浸透させて都市の洪水対策としても，その効果を期待できる．

ヒートアイランド現象の抑制・緩和は，様々な技術を組み合わせて，全体としての効果を期待するのが望ましい．

本節では，上述の ① 屋上緑化技術，② 壁面緑化技術，③ ドライミスト噴霧技術，④ 保水性舗装技術と高反射性舗装技術の概要について論じる．

なお，ヒートアイランド現象の抑制・緩和技術の中には，付帯設備などによる省エネルギー対処方法などもあるが，それらに関しては扱わないこととした．

参考文献
1) （財）都市緑化技術開発機構　特殊緑化共同研究会（編）：知っておきたい屋上緑化のQ&A．鹿島出版会，2003.

3.4.2　屋上緑化技術
a.　屋上緑化方法とその選定方法

屋上緑化の方法は，緑化の目的，緑化費用，施主の要望などによって変化する．そこで，屋上緑化の方法を，図 3.14 に示すように，① 平面的緑化，② 立体的緑化，③ ビオトープ緑化の 3 種類に分類した．平面的緑化は，シバ，セダム類，ツル性植物などの草本類による緑化とし，高さ方向の広がりが少ない緑積率[1]が小さくなる緑化方法と定義した．立体的緑化は，草本類に加えて，低木，中木，さらには樹高 5 m 程度の高木といった木本類をバランス良く配置した緑化とした．この種の緑化は，植栽に多様性があることから，景観，機能面で優れた緑化と言える．ビオトープ緑化は，立体的緑化に加え，小川，池，エコトーンなどの水辺環境を付与し，より多くの生き物を誘致・保全できる生態系に配慮した緑化方法として位置付けた．これらの緑化は，それぞれ目指す目的が異なり，施主あるいは設計者が目的に合致した緑化方法を選択することが可能である．

(a) 平面的緑化　　(b) 立体的緑化

(c) ビオトープ緑化
図 3.14　屋上緑化の方法

　屋上緑化方法の選定は，表 3.7 に示すように，緑化の目的，求める機能，建物への荷重負担，メンテナンスを含めた経済性などを勘案して決定する．平面的緑化は，積載荷重が 1,000 N/m^2 程度，場合によっては 400 N/m^2 程度以下と小さくすることもできるので，建物への負担が少なく，植生によってはメンテナンスのきわめて少ない緑化も可能である，などの長所を有している．一方，機能面は十分でない場合が多く，施工コストも機能面を考えると安価とは言い難い．適用個所としては，既存建物，傾斜屋根，高層建物屋上などに限定されると考えられる．

　立体的緑化は，機能面で優れており，積載荷重も土壌厚さによって変わるが，2,000 N/m^2 程度にでき，施工コストも平面的緑化と比較しても遜色のない価格にすることもできる．一方，灌水や植物の剪定などの管理が平面的緑化より多く必要であり，維持管理の経費が若干多くかかることになる．対象建物としては，事務所ビルや集合住宅などが挙げられる．

3.4 ヒートアイランド対応技術

表 3.7 屋上緑化方法の評価

項目＼種類	草本類による緑化 ―平面的緑化―	草本類と木本類による緑化 ―立体的緑化―	多様なニッチのある緑化 ―ビオトープ緑化―
積載荷重	・400～1,000 N/m² 程度	・2,000 N/m² 程度 （高木・中木・低木・地被類をバランス良く配置）	・3,900～4,900 N/m² 程度 （固定荷重として考慮．荷重低減も可能）
機能	① 法規制クリア ② ヒートアイランド現象の緩和（効果小）	① 法規制クリア ② ヒートアイランド現象の緩和（効果大） ③ CO_2 削減 ④ 癒し（効果中） ⑤ 憩いの場の創出（効果中） ⑥ 生物多様性の保全・復元（効果中）	① 法規制クリア ② ヒートアイランド現象の緩和（効果大） ③ CO_2 削減 ④ 癒し（効果大） ⑤ 憩いの場の創出（効果大） ⑥ 生物多様性の保全・復元（効果大）
特徴	・管理手間が比較的少ない ・セダム類は植栽ゾーンに入れない ・法令対応	・押えコンクリートのある既存建物への適用は比較的容易 ・屋上の一部分への適用	・自然に近い環境の創出 ・生物の多様性 ・究極の人工地盤緑化
適用箇所	・既存建物 ・傾斜屋根 ・高層建物	・集合住宅 ・事務所ビル	・公共施設 ・商業施設 ・集合住宅 ・事務所ビル
コスト	・建築費　中 ・維持管理費　小	・建築費　中 ・維持管理費　中	・建設費　大 ・維持管理費　大

ビオトープ緑化は，機能面では最も優れており，究極の緑化方法と言える．しかしながら，積載荷重が大きくなること，建設費および維持管理費が高くなることなどが短所と言える．対象建物としては，自然に近い環境を創出できることやそのヒーリング効果などを踏まえると，公共性の高い施設，商業施設などが挙げられる．また，外部からの人の侵入を防止できる安全な空間として使用すれば，集合住宅への適用も十分考えられる．

b. 植栽基盤と灌水方法

植栽基盤には，緑化パネル式植栽基盤と底面灌水式植栽基盤などがある．

緑化パネル式植栽基盤の例を図 3.15 に示す．躯体防水層の上に，下から順に，防水層保護シート，保水用のパーライト軽量骨材を内包した緑化パネル，透水マット，透水シート，人工軽量土壌や畑土などによる客土と積層される．同工法の特長は，① 保水・排水機能を有した緑化パネルにより灌水手間を省くことがで

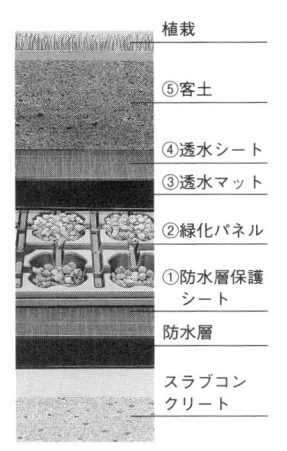

図 3.15　緑化パネル式植栽基盤

きる，② 防水層の上に直に施工できる，③ 軽量で施工が容易である，などである．一方，雨水による灌水のみのシステムであるため，植生の種類や量，外気温などによっては，ホースや点滴パイプなどによる散水が必要になるといった短所もある．

底面灌水式植栽基盤と灌水手順は，図 3.16 と図 3.17 に示す通りである．防水押えコンクリートの上に，遮水・耐根シート，排水層，透水シート，人工軽量土

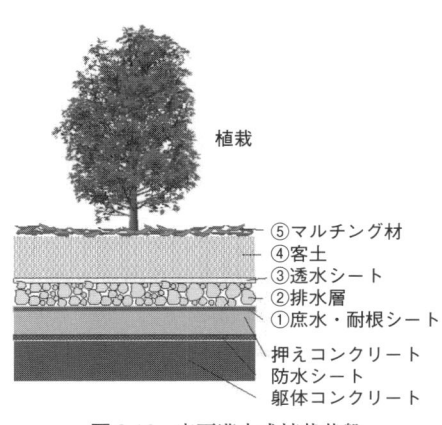

図 3.16　底面灌水式植栽基盤

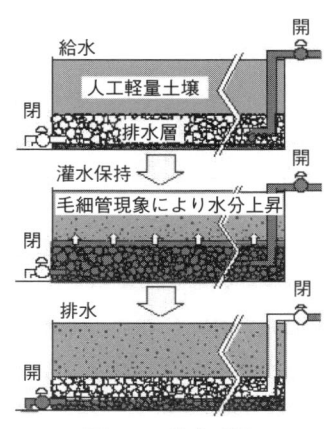

図 3.17　灌水手順

3.4 ヒートアイランド対応技術

壌による客土，マルチング材と積層される．底面灌水の原理は，排水層および人工軽量土壌層最下部に水を所定の時間貯留し，毛細管現象を利用して給水されるものである．この灌水方法は，チューブをマルチング材表面または土壌中に設置する点滴灌水方法と比較して，① 土壌表面からの蒸散量を少なくできる，② 植栽への灌水を均一にできる，③ 灌水回数を年数回と少なくできる，④ 植栽の植え込みや移設が容易であるなどの利点を有する．灌水の開始時期はpF測定装置（土壌水分計の一種．以下pF計）の指示値によって決まる．土壌が乾燥し，pF計が所定の値に達した時点で灌水を開始することになる．灌水制御方式としては，手動で灌水をスタートする半自動方式，タイマーによる半自動方式，信号出力式pF計による全自動方式などがある．

c. 安全な建物緑化のための設計施工時の留意点

1) 積載荷重　一般の建物の設計では，屋根（歩行用）の構造計算用積載荷重は，表3.8に示すように，建築基準法施行令第85条による住宅の居室に対する積載荷重を採用する場合が多い[2]．すなわち，床の構造計算用積載荷重は1,800 N/m^2，大梁，柱，基礎の構造計算用積載荷重は1,300 N/m^2，地震時用積載荷重は600 N/m^{2}が採用されている．このような状況から，一般の建物では，植栽の自由度を保ちながら全面緑化を行うことは困難であり，例えば屋根全面積の1/3程度以下を小面積に分散して緑化面積とすることで，おおむね積載荷重1,800 N/m^{2}程度までの植栽域を建設できる可能性がある．近年の屋上緑化資材の軽量化や土壌基盤の薄層化などを踏まえると，中木（樹高2～3 m）程度までの樹木を植栽した屋上緑化が可能になる．このことから，新築建物では，屋上緑化による荷重を固定荷重としてあらかじめ設計に盛り込むか，大きめの屋上積載荷重で設計することが望まれる．そうすることで，自由度の高い屋上緑化の建設も可能になる．一方，屋上の設計荷重を大きくした場合，建物建設費の増加が懸

表 3.8　建築物各部の積載荷重[2]

室の種類	床の構造計算時	大梁，柱または基礎の構造計算時	地震力計算時
① 住居の居室など	1,800 N/m^2	1,300 N/m^2	600 N/m^2
② 事務所	2,900 N/m^2	1,800 N/m^2	800 N/m^2
③ 教室	2,300 N/m^2	2,100 N/m^2	1,100 N/m^2
④ 百貨店・店舗売場	2,900 N/m^2	2,400 N/m^2	1,300 N/m^2
⑤ 屋上広場・バルコニー	①の数値による．ただし学校と百貨店は④による．		

念される．しかしながら，試算結果によれば[3]，コストアップはかなり少ない金額に抑えることができるとともに，屋上緑化の効果，建物設備更新時の自由度や資産価値の向上などが期待できるのである．

次に，既存建物に屋上緑化施設を設ける場合は，その建物の耐震安全性を確保することがきわめて重要になる．緑化施設など重量物を既存建物の屋上に設置すると，建物の耐震安全性を低下させる可能性がある．既存建物は，その設計年により耐震安全性に大きな差異がある．特に，旧耐震設計法（1981（昭和56）年以前）で設計された建物の中には，1995（平成7）年の阪神・淡路大震災で人命に関わるような甚大な被害が数多く報告されるなど，その耐震安全性に大きな問題があることが顕在化した．一方，新耐震設計法（1981（昭和56）年以降）で設計された建物では，大きな被害事例はほとんどなく，耐震安全性の点では新耐震設計法がおおむね妥当であることが確認された．この結果を受け，1995（平成7）年12月に建築物の耐震改修の促進に関する法律が施行された．この法律では耐震診断，耐震改修に関する指針が定められ，表3.9に示すように，構造耐震指標 I_s および保有水平耐力に係る指標 q を用いて地震に対する安全性を評価するように規定された[4]．新耐震設計法で設計された建物では，おおむね地震に対する安全性を確保できるようであるが，旧耐震設計法で設計された建物の場合は倒壊・崩壊の危険性が高いようである．

従って，既存建物では，対象建物の屋上を緑化することが可能かどうかを十分照査する必要がある．既存建物の屋上緑化では，防水改修工事後，防水押えコンクリートをなくして直に緑化施設を設置することで現状の耐震安全性を維持することも可能である．しかしながら，旧耐震設計法で設計された建物では現状の耐震安全性が確保されたにすぎず，都市のインフラ整備が人道的な立場に立って実

表3.9 I_s および q による地震に対する構造安全性の評価 [4]

構造耐震指標 I_s および保有水平耐力に係る指標 q	構造耐力上主要な部分の地震に対する安全性
(1) $I_s<0.3$ または $q<0.5$	地震の震動および衝撃に対して倒壊し，または倒壊する危険性が高い．
(2) (1) および (3) 以外の場合	地震の震動および衝撃に対して倒壊し，または倒壊する危険性がある．
(3) $I_s\geq0.6$ かつ $q\geq1.0$	地震の震動および衝撃に対して倒壊し，または倒壊する危険性が低い．

この表において，I_s および q は，それぞれ次の数値を表すものとする．
I_s：各階の構造耐震指標
q：各階の保有水平耐力に係る指標

施されるべきものであることを踏まえると，屋上緑化が先か，構造物の耐震安全性を向上させることが先か，十分な検討が必要と言える．

 2）防水工事 屋上緑化をすることは，すなわち，建物屋上に雨水や水道水を積極的に貯留することになる．一方，建物屋上の防水の基本的な考え方は，雨水など不必要な水の屋根面からの速やかな排水であり，両者はお互いに目指す方向が相反する．ここでは，屋上緑化を実施する場合の防水システムに関して，(社)日本建築学会　材料施工委員会　防水工事運営委員会　屋上緑化防水サブワーキンググループ（主査：東京工業大学　田中享二教授）で検討した結果を紹介する[5]．

 屋上緑化用防水では，植栽後の防水層の点検・補修は容易ではない．屋上緑化防水サブワーキンググループでは，庭園・菜園型防水層および薄層省管理型防水層の目標耐用年数および防水仕様を提案した．庭園・菜園型防水層は，土壌厚がおよそ15 cmを超える植栽域に施工される防水層とした．土壌厚が厚く，大型の樹木が植栽されるので，防水層の点検・補修はほとんど不可能である．このため，目標耐用年数を50年とした．薄層省管理型防水層は，土壌厚がおよそ15 cm以下の植栽域に施工される防水層とした．土壌層がさほど厚くないため，万一の漏水事故後の改修も比較的容易である．このため，目標耐用年数を通常の屋根防水で期待される耐用年数である20年とした．庭園・菜園型防水仕様に関しては，現行のJASS 8[6]がもともと緑化用防水を対象としていないことや耐用年数を満たさないことから，耐根シートを併設したアスファルト防水をベースにした高耐久性防水仕様が提案された．薄層省管理型防水仕様に関しては，同様の理由から，耐根シートの敷設などの条件付きで，アスファルト防水工法，改質アスファルトシート防水工法（トーチ工法），塩化ビニル樹脂系シート防水工法の一部の使用を認めることとした．

 一方，緑化専用防水層の開発も盛んに行われている．これらの工法は，薄層省管理型防水層として利用が可能であり，さらに庭園・菜園型としての利用も可能と考えられる．しかしながら，そのような長期利用に関しては実績がなく，その適用に当たっては，十分な事前の技術打ち合わせが必要と言える．

 さらには，防水の各部の納まりや設計・施工・維持管理などに関しても留意が必要である[5]．例えば，図3.18は縦引き型ルーフドレンの納まりを示したものである．ルーフドレンが土壌中にある場合やドレン回りに落葉，枯草，塵埃などが堆積しやすい場合では，ドレンカバーやフィルターの目詰まりによって排水障害を起こしやすい．このため，ドレンカバー回りに排水性能の高い資材（例えば

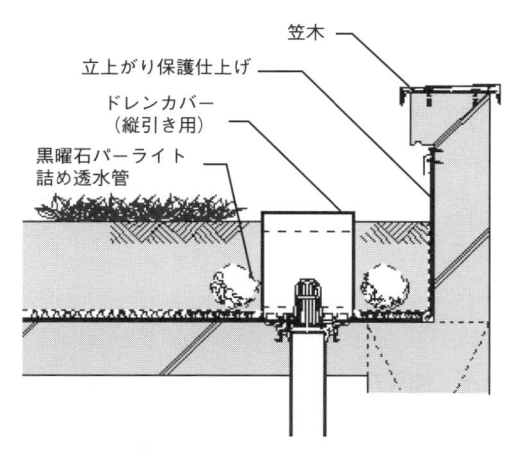

図 3.18 縦引き型ルーフドレン回りの納まり

黒曜石パーライト詰め透水管など）を設置したり，緑化域とルーフドレンの間に排水性の高い砂利などを敷設することなどが必要と言える．

d. 屋上緑化と維持管理

屋上緑化施設の維持管理の目的は，① 設置目的の永続的な充足，② 健全な植物生育状態の維持，③ 建物設備への損傷防止と建物自体の安全性の確保，④ 第三者への危害防止，などである．

適切な管理を実施しないと，本来の目的を満足させないばかりでなく，安全性が欠如し，荒廃した施設に変貌することになる．屋上緑化の管理項目を大別すると，① 建物設備の維持管理，② 植栽設備の維持管理，③ 植物の維持管理である．建物設備では，とりわけ雨水排水のためのルーフドレンの取り扱いが重要になる．すなわち，ドレンを金網かごなどで覆って養生した場合でも，落葉などが周りに堆積したり，編み目をくぐってかごの中に入ることから，清掃点検は不可欠である．植栽設備に関しては，点滴チューブ，電動バルブ，土壌の水分保持状態を数値で示す pF 計，制御盤など灌水設備の保守点検などが必要になる．これらの保守点検を怠ると，最も灌水が必要になる夏季において植物が枯死することになる．植物の維持管理では，木本類では剪定・枝打ち・落葉の清掃・施肥・病害虫の駆除などが必要であり，草本類では枯草や病害虫の除去，場合によっては優占種や外来種の除草などが必要になる．

適切な維持管理を実施すると，多様な植物を永続的に観察でき，チョウやトンボが舞うなど，自然の恵みや営みを享受することができる．

参 考 文 献

1) 田畑貞寿（編著）：緑資産と環境デザイン論．技報堂出版，1999．
2) 国土交通省大臣官房官庁営繕部（監修）：建築改修工事監理指針（平成14年度版）．2003．
3) （財）都市緑化技術開発機構　特殊緑化共同研究会（編）：NEO-GREEN SPACE DESIGN ④ 新・緑空間デザイン設計・施工マニュアル．誠文堂新光社，2004．
4) 建設省住宅局建築指導課（監修）：建築物の耐震改修の促進に関する法律の解説．大成出版社，1996．
5) 田中享二（監修）：水問題を未然に防ぐ設計術．建築技術別冊11, 2004．
6) JASS 8　防水工事

3.4.3　壁面緑化技術

a.　壁面緑化方法と特徴

広い壁面を最も簡単に効率良く緑化する方法は，ツル植物を利用することである．ツル植物などを用いた壁面緑化方法を大別すると，① 登はん型，② 下垂型，③ 基盤造成型（壁面前植栽型）の3タイプに分類できる．以下に各タイプを細分類して，その特徴と概要を図3.19に示す[1]．

1)　登はん型

i)　登はん型補助資材なし：登はん型の大きな特徴は，植物を直接地面に植えられる場合が多いことである．土壌の量が多いと，根はルーピング（植物体の根が狭い範囲内で巻くこと）せずに生長できることから，上部の植物の生長とその

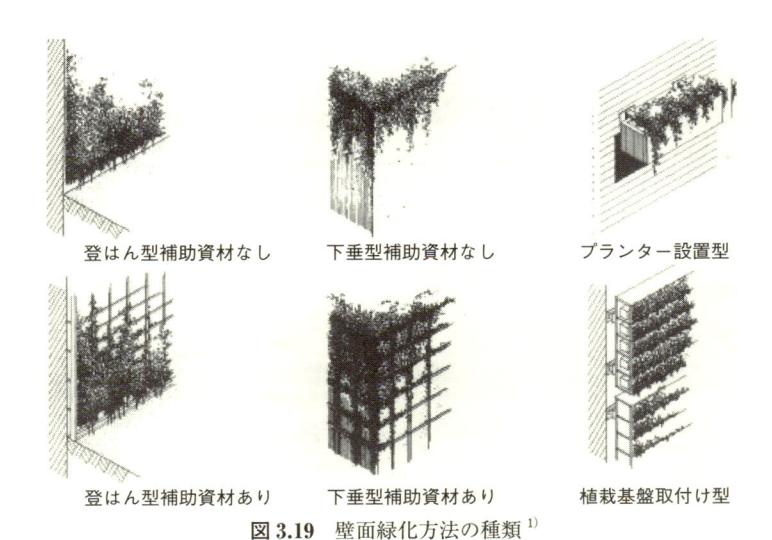

登はん型補助資材なし　　　下垂型補助資材なし　　　プランター設置型

登はん型補助資材あり　　　下垂型補助資材あり　　　植栽基盤取付け型

図 3.19　壁面緑化方法の種類[1]

永続性が期待できる．ナツヅタなど付着型ツル植物では，レンガや軽量コンクリートブロックなど保湿性や凹凸のある壁面を補助資材なしで容易に登はんする．一方，壁面が金属で覆われていたり，平滑な打放しコンクリート面では，ツル植物は登はんしづらくなる．また，補助資材なしの場合では，植物が過繁茂したときや台風などの強風時に植物が壁面より剥落する事例も見受けられる．従って，壁面資材やツル植物の種類，緑化面積，緑化高さなどに留意して採用の可否を決める必要がある．

ii) 登はん型補助資材あり：登はん型に補助資材を使用した場合，壁面からの剥落を防止・抑制する効果を期待することができる．イニシャルコスト，ランニングコストなどが安く，メンテナンスも容易なことから，土木系インフラなどの大面積の緑化に適した方法と考えられる．一般に巻きツル型ツル植物の場合，補助資材として菱形金網や溶接金網あるいはワイヤロープなどを使用し，付着型ツル植物では金網にマットを固定したものを使用している．補助資材の取付け方法は，直接アンカーで壁面に固定する方法が一般的であるが，壁面にアンカーを設置できない場合は，上下で固定したり，壁面を利用しない自立型で計画することになる．

2) 下垂型

i) 下垂型補助資材なし：下垂タイプのツル植物であれば，重力により補助資材なしでも下垂するが，ツルが風で揺らされ，生育が著しく遅くなったり，あるいは壁面頂部の角などでツルが擦り切れたりしやすい．

ii) 下垂型補助資材あり：一般的には菱形金網や溶接金網あるいはワイヤロープなどを用いる．補助資材の取付け方法は，登はん補助資材と同様で，直接アンカーで壁面に固定する方法が一般的であり，壁面にアンカーを設置できない場合には，上下で固定したり，壁面を利用しない自立型にすることになる．

3) 基盤造成型

i) プランター設置型：躯体壁面に部分的に生育可能な植栽基盤を造成あるいは取付けたものである．主にプランターを壁面に取付けたものが多く，帯状あるいは棚状に植栽基盤を設置したものもある．緑化面積は一般的に小さくなる．

ii) 植栽基盤取付け型：壁面全面または一部分に植物の生育可能な植栽基盤を造成したものである．緑化面積を広くとることも可能であるが，施工コストが高くなること，土壌量に制約を受けること，ランニングコストが高くなることなどから，永続性のある緑化域を維持するのが容易ではないと言える．意匠性の高い建物壁面緑化や短期間のイベント用壁面緑化などに適用されている．

b. 用途別壁面緑化事例

1) 建物壁面　　壁面緑化をしようとする新築建物では，計画段階で壁面緑化計画が盛り込まれているのが普通であり，設計が終了した段階から壁面緑化計画を実施することは，意匠設計上大幅な変更を余儀なくされ，費用と工程の浪費につながる恐れがある．従って，新築建物では，緑化目的を明確にし，緑化水準，緑化資材の取付け方法，維持管理方法などを施主および設計者間で十分協議して定めることにより，安全で，安価な壁面緑化が可能になると言える．

一方，既存建物の壁面を緑化する場合では，以下の項で示す構造物や部材の緑化と同様に，とりわけ植物固定用補助資材の選定とその取付け方法が重要になる．適切な材料選定と施工により，躯体を傷めることなしに，意匠上も優れた安価な壁面緑化が可能になる．

なお，建物の壁面緑化の目的は，修景，省エネ，断熱などを兼ねて計画されることが多い．修景度と管理形態に合わせて花物を入れたり，基盤造成型の採用も検討できる．代表的な建物緑化の例を図3.20と3.21に示す．

2) 土木系インフラ壁面緑化　　土木系インフラの壁面緑化対象構造物としては，擁壁，護岸，橋脚などがある．緑化目的はつい最近まではコンクリート構造物の修景が主であった．通常，施工面積は広くなり，植栽の維持管理はほとんど実施されていない．従って，施工費が安価で，剪定管理のいらない植栽と植物固定用補助資材を選ぶことになる．

図3.22は，金網とヤシ繊維マットを併用した補助資材にヘデラ・カナリエンシスとビグノニアを混植し，壁高約5mを約2年で被覆した事例である．

ナツヅタなどを直接コンクリート打放し面に登はんさせる場合では，コンクリ

図3.20　建物壁面緑化事例1（シャルレ）　　図3.21　建物壁面緑化事例2（千種文化小劇場）

図 3.22　擁壁の緑化事例

ートが若材齢であればアルカリの害や剥離剤の影響を受け，植栽直後 1～2 年程度の間は登はんが著しく悪いことがある．登はんを急ぐ場合は，補助資材などを効果的に利用することになる．

橋梁の下部工である橋脚は，日当たりが悪く，雨水が当たらない場所が多い．従って，ヘデラ類のような比較的耐陰性の強い樹種を選び，灌水は橋脚上の路面排水を効果的に利用する雨水灌水システムを適用することがすでに試みられており，そういった箇所の緑化も可能になってきている．

コンクリート橋脚では，施工後あまり材齢が経過していない場合は，コンクリートからのアルカリ溶出による影響に留意する必要がある．一方，鋼製橋脚では，夏場の日照による温度上昇によって，登はんが阻害されることがある．このようなケースでは，補助資材などの利用によって温度上昇を抑制することができる．路面排水を利用した橋脚緑化事例を図 3.23 と図 3.24 に示す．

参 考 文 献

1) （財）都市緑化技術開発機構　特殊緑化共同研究会：NEO-GREEN SPACE DESIGN ① 特殊空間緑化シリーズ，新・緑空間デザイン普及マニュアル．誠文堂新光社，1995．

図 3.23　橋脚緑化事例　　　　　図 3.24　路面排水の灌水利用事例

3.4.4 ドライミスト噴霧技術

a. ドライミストのコンセプト

ヒートアイランドを抑制・緩和する手法として屋上緑化技術や壁面緑化技術の適用が考えられるが，図3.25に示すように，緑化に固執せずに植物による蒸散量を蒸散しやすい超微小粒径のウォーターミスト（ドライミスト）で代替する技術が開発・検討されている．この技術は，屋外空間および半屋外空間の暑中の不快環境改善を低エネルギーで実現することを目指したものである．特殊ノズルからドライミストを発生させ，ミストが蒸散する際の気化熱を利用して，周辺の外気を冷却する．超微小粒径のドライミストは蒸散速度が速いため，人体に触れてもほとんど濡れるという感触もなく，人に与える暑中の不快感も緩和することができる．また，投入エネルギーに対して，高効率（COP（Coefficient Of Performance：機器に入力されたエネルギーによってどれだけのエネルギーを出力できるかを数値で示した成績係数）＝50）で周辺外気を冷却することができる．

なお，この研究開発は，経済産業省地域新生コンソーシアム研究開発事業「ドライミスト蒸散効果によるヒートアイランド抑制システムの開発」（名古屋大学，清水建設（株），中部電力（株），能美防災（株），（株）川本製作所，（株）キートンで構成されたコンソーシアム，プロジェクトリーダー：名古屋大学 奥宮正哉教授）で実施されたものである．

b. 制御システム

ドライミストを発生させるシステムは図3.26に示す通りである．ドライミストは，ポンプで高圧にした水道水を地上約4 m地点に設置された図3.27に示すような特殊ノズルから噴霧して発生させる．噴霧量は，1ノズルあたり250 cc/分程度であり，この量はクスノキ林の真夏の蒸散量に相当する．さらに，同システムでは，温湿度，日射量，風速，降雨などを自動計測し，人体の快適性のアル

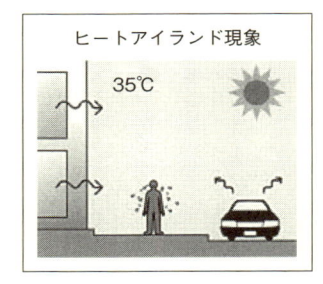

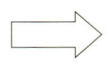

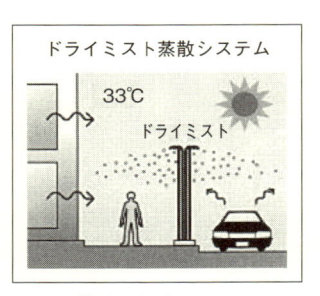

図3.25 ドライミスト蒸散システムによる効果の概念

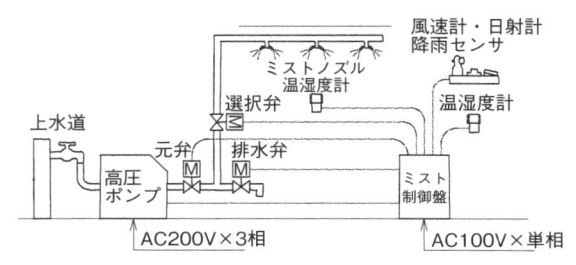

図 3.26　ドライミスト制御システム

ゴリズムを組み込んだ自動制御によって運転される．

c. 実用化に向けての実証

　経済産業省および電気事業連合会の協力の下，同コンソーシアムの開発成果をもとにした一号機が 2005（平成 17）年 3 月 25 日から開催された「愛・地球博」の電気事業連合会パビリオン「ワンダーサーカス電力館」に図 3.28 のように導入された．導入の目的は，屋外での待ち合わせの見学者に快適な涼空間を提供するためであり，夏の暑さを約 1～2℃低下させる効果など，実施に合わせて，各種効果の検証が行われた．

d. 今後の課題

　ドライミストによるヒートアイランド現象の抑制には，以下のような課題があると考えられる．すなわち，① 半開放空間での利用には適しているが，湿度が上昇する室内での利用には向かない，② ミストが水滴として付着することがある，③ 高圧ポンプの使用などによるエネルギー負荷，などである．

図 3.27　ドライミストのノズル例 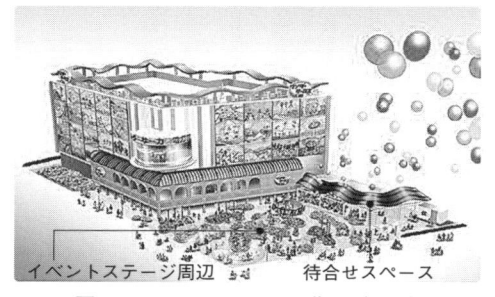　　　図 3.28　ドライミストの導入（計画）

3.4.5　保水性舗装技術および高反射性舗装技術

a.　都市部の道路舗装

　東京都区部の道路面積は約 9,700 万 m^2 であり，この面積は都庁のある新宿区の面積の約 5 倍に相当する[1]．すなわち，道路舗装は都市内でかなり大きな面積を占める人工物であり，舗装体は日射により蓄熱されてヒートアイランド現象発生の一因になっている．

　この対策として，雨水を舗装体内に蓄えて蒸散時の潜熱効果を期待する保水性舗装技術，塗装の色により太陽光を反射させて蓄熱量を低減する効果を期待する高反射性舗装技術などが開発されている．

b.　保水性舗装技術

　車道用舗装は大別すると，アスファルト舗装とコンクリート舗装などに分類することができる．これらの舗装工法のうち，施工性や維持管理などの観点から，アスファルト舗装がその大半を占めている．

　また，歩道用舗装は，プレキャスト製のコンクリートブロックやタイルなどを敷き並べる形式のものが多く採用されている．これらの従来型の舗装は，不透水性の舗装であり，雨水が舗装表面を伝わって排水側溝に流され，土壌中に蓄えられることなく下水として処理されてしまう．これによって下水処理量は増大し，集中豪雨による洪水の発生などが危惧される．

　さらに，舗装表面は常に乾燥した状態を呈することから，道路表面温度が高温になる．水を浸透する舗装として最初に開発されたのは透水性（排水性）舗装である．透水性アスファルト舗装は，骨材とアスファルトからなる粒同士の間に大きな空隙を造ることにより透水性を高めた舗装である．これにより，下水処理量の低減や集中豪雨などによる洪水の抑制などが期待できる．しかしながら，夏季の道路表面の高温化を抑制する効果は小さいようである．そこで，従来の透水性能に保水性を付与した新しいタイプの舗装技術として保水性舗装が登場した．

　保水性舗装は，透水性舗装の空隙部に保水材を充填した構造である．保水材を使用することによって，いくぶん透水性は低下するが，舗装の水分保持性能が改善される．保水材に使用される材料としては，セメントミルク，高吸水性ポリマー，細骨材，高炉スラグ微粉末，まさ土などがある．

　最近では舗装体内の水分を表層部へ供給できる揚水型の舗装技術も開発されている[2]．これらの保水性舗装を採用することで，従来の密粒度アスファルト舗装に比較して，夏季の舗装表面最高温度を 10～20℃程度低減できるようである．

c. 高反射性舗装技術（遮熱性舗装技術）

高反射性舗装は，透水性アスファルト舗装などの表面に日射反射率の高い表面処理剤（塗料）を塗布して舗装体内への蓄熱を抑制するものである．塗料の色は白ければ白いほど反射率が大きく，舗装面温度の低温化が容易になる．一方，白色系塗料を使用した場合，反射のまぶしさなど人に与える影響が懸念される．最近では日射反射率の比較的高い（赤外線領域の波長帯の反射率を高めた）黒系から灰色系の塗料（遮熱塗料という）が開発されている．これらの高反射性舗装を採用することで，従来の密粒度アスファルト舗装に比較して，夏季の舗装表面最高温度を10℃程度低減できるようである．

d. 今後の課題

これらの最近開発された舗装技術の課題としては，保水性舗装では，① 舗装体内からの蒸発量を持続できない場合がある，② 効果の永続性に問題がある場合がある，③ コストが高い，などが挙げられる．また高反射性舗装では，① 汚れや磨耗により効果の永続性に問題がある場合がある，② 白色系塗料では人に不快感を与えるなどその影響が懸念される，③ 舗装面より反射された光の行き場所によってはその効果が半減する，などが今後の課題と言える．〔橘　大介〕

参 考 文 献
1) 国土交通省：関東地方整備局資料
2) 光谷修平ほか：揚水性舗装の開発．土木学会第58回年次学術講演会，V-648, pp. 1293-1294, 2003.

4
交通インフラ技術

4.1 交通インフラの現状と今後必要とされる建設技術

4.1.1 交通インフラの現状

　交通インフラには，鉄道（地下鉄を含む），道路（高速道路を含む），空港（ヘリポートを含む），港湾（漁港を含む），新交通などがある．

　わが国は先進諸国に比べて交通インフラの中で鉄道による大量輸送が特に優れている．JR東日本の山手線，地下鉄銀座線などの通勤時間帯では，2～3分間隔で定時に運行している．新幹線も東京～博多間を数分間隔で定時に運行し，事故も皆無である．このように，わが国の鉄道は，定時運行，安全性の面で特に優れている．現在，整備新幹線の建設が，東北，北陸，九州で実施されている．さらに，わが国では超最先端の鉄道技術である超電導磁気浮上式鉄道（リニア新幹線）の研究開発も行われ，山梨県で実証試験を実施中である．

　一方，道路の整備は土地の価格が高いこともあり，道路拡張，新路線のための用地買収などに苦労し，思うように道路整備が進んでいないのが現状である．都市部では，再開発に伴って道路整備が徐々に進んでいる．高速道路については4.2節で述べるが，必要な高速道路は公共事業と民営化された高速道路会社が分担して建設する計画である．

　空港は，2005（平成17）年2月に中部国際空港（セントレア）が開港し，ハブ空港が1つ増えた．また，神戸空港も2006（平成18）年2月に開港し，関西圏は3空港体制に入った．北九州空港は2006（平成18）年3月に開港し，関西国際空港2期工事も完成し，2本目の滑走路が2007（平成19）年8月に供用開始された．しかし，アジア近隣諸国は，特に，ソウル，上海，香港，台北などでは滑走路を複数本持つハブ空港を建設して，わが国の航空ビジネスを脅かしている．その観点からも，首都圏の羽田空港に第4本目の滑走路の建設がスタートしたことは望ましいことである．

港湾は，阪神・淡路大震災で神戸港がダメージを受けてから，神戸港で扱っていたコンテナが釜山などの近隣諸国に移動し，神戸港が修復してもコンテナが戻る気配はない．耐震岸壁として補強したり，大型船用に水深を深くする努力をしているが，国際コンテナは厳しい国際競争の荒波にさらされている．

新交通は，東京臨海副都心の「ゆりかもめ」の延伸が豊洲まで進み，日暮里から埼玉に伸びる「舎人線」は2008（平成20）年3月に開業された．

このようなわが国の交通インフラの現状を踏まえて，今後必要とされる列島を横断する高速道路，世界の最先端技術を開発しているリニア新幹線（超電導磁気浮上式鉄道）に焦点を当てて，本章では論じたい．

4.1.2 交通インフラに必要とされる建設技術

前項で述べたように，交通インフラの中で，本章では高速道路と超電導磁気浮上式鉄道に焦点を当てる．

高速道路に限らず公共事業全体の投資額が圧縮されているので，工事費のコストダウンが最大の課題である．そのため，高速道路に関する建設技術の中でも，コストダウンに焦点を当てて論じることにした．

次に，超電導磁気浮上式鉄道技術は世界をリードしているので，超電導のメカニズムより，軌道を建設する技術に焦点を当てて論じた．

従って，本章では以下の2項目について述べる．
① 高速道路のコストダウン技術
② 超電導磁気浮上式鉄道に関する建設技術

4.2 高速道路のコストダウン技術

4.2.1 高速道路の課題と建設技術の方向性

わが国の高速道路は，2002（平成14）年現在で全国で6,949 km供用され，建設中が2,115 kmで，調査中が278 kmである．わが国の本格的な高速道路は名神が最初で1965（昭和40）年に開通し，1964（昭和39）年の東京オリンピック開催に合わせて首都高速道路羽田線が完成して以来，急速に整備されてきた．

高速道路の大動脈は東名・名神であり，日本列島を縦に走る高速道路は早くから整備され，太平洋と日本海側をつなぐ列島を横断する高速道路が未整備である．

従来は，海岸線を走る高速道路が多く，軟弱地盤の盛土，橋梁，トンネルが多かった．列島を横断したり，第二東名・名神のように内陸部に建設する場合，ト

ネルの箇所が多くなり，トンネルの急速施工が求められる．また，谷も深くなり，橋梁も深い谷をまたぐ場合が多く，高橋脚の橋梁となる．このように，従来とは異なる建設技術が求められるようになってきた．

一方，都市部においては第2章で述べたように地下に高速道路を建設するようになったが，大阪などでは，軟弱地盤の河川の護岸内に高速道路を建設することが計画されている．阪神・淡路大震災の教訓で，護岸の側方流動に対処する必要がある．そのため，従来よりも低コストの側方流動防止技術が求められている．

最近，廃棄物の再利用の一環として，古タイヤを利用した低コストの盛土技術も研究開発が進んできた．

以上のことから，本節では，以下の4テーマについて述べる．
① 山岳トンネルの大断面化と急速施工技術
② 高橋脚橋梁の急速施工技術
③ 軟弱地盤中に建設される高速道路トンネルの液状化対策技術
④ 古タイヤを活用した低コスト土構造物構築技術　　　　〔奥村忠彦〕

4.2.2 山岳トンネルの大断面化と急速施工技術
a. 山岳トンネルの増大
道路にとってトンネルは以下のような欠点があると言われ，従来はできる限りトンネルを避けて路線計画がなされてきた．
① 建設費用が高い
② 照明や換気などに要する維持管理費が大きい
③ 一度事故が発生すると大事故につながる可能性がある

しかし，高速道路におけるトンネルの比率は，1980（昭和55）年頃の3％程度から，現在では8％を超え，将来は，さらに10％を超えると言われている．また，現在施工が行われている第二東名・名神高速道路では，既設の東名・名神高速道路におけるトンネルの比率が約3％なのに対し，20％を超えると予想されている．このようにトンネルの比率が高くなってきている理由として，以下の3点が挙げられている[1]．

① 建設路線が列島を横断する路線となり，山岳地帯を通過して建設されること
② 設計規格が高く設定され，路線の線形上トンネルを避けられない場合が多いこと
③ 環境対策や都市計画上，市街地や人家密集地帯を避けるため，トンネルに

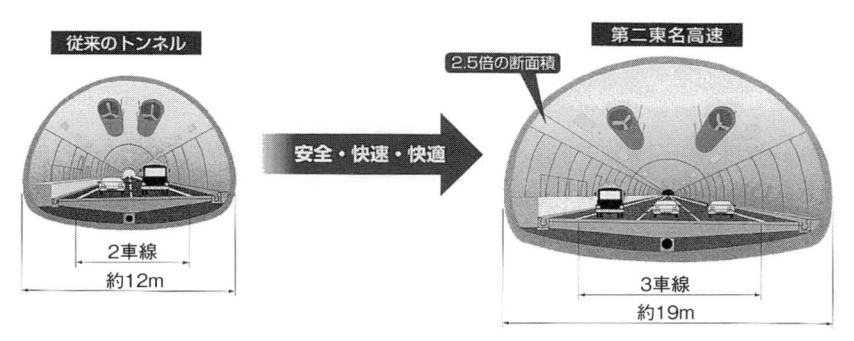

図 4.1 現在の東名・名神高速道路と第二東名・名神高速道路の断面の比較
（第二東名の今里第一トンネル工事パンフレットより）

よる計画が多くなったこと

b. 山岳トンネルの大断面化

さらに，第二東名・名神高速道路では，図 4.1 に示すように，高速走行化やニーズの多様化に対応するためにトンネルの大断面化が求められ，掘削断面積が 200 m^2 を超えるトンネルも出てきた．路線の地質も新しい堆積層から古い火成岩，変成岩などに幅広く分布し，中央構造線の影響を受けた場所を通過するため，従来の施工経験をはるかに超えた過酷な施工条件となり，これらに適した設計・施工技術が求められている．

一方，トンネルの比率が高くなることは，道路建設費に占めるトンネル建設費の比率が大きくなることを意味しており，トンネル建設のコストダウン技術も求められている．このような背景により，第二東名・名神高速道路の山岳トンネルでは大断面トンネルにおける設計・施工技術の課題の解決に向けた新技術，新工法の開発が進められてきている．

道路トンネルの場合，トンネルの大断面化は，車線数や幅員が広くなっても高さは変わらないため，建築限界は横長となる．このことは，トンネル形状は扁平断面形状となることを意味している．

このために，設計に関わる技術課題としては以下の 5 点が挙げられている[1]．

① 掘削応力の再配分
② トンネル脚部に集中する応力
③ 大きなゆるみ土圧
④ 天端の不安定性
⑤ 支保構造の耐荷力

c. 急速掘削技術

大断面トンネルの施工に関わる主な技術課題は，まず，大断面の掘削技術である．この掘削技術の一つとして，既往の施工法を比較検討して，調査坑道を兼ねた高速掘進が可能と考えられたTBM（Tunnel Boring Machine）導坑先進工法が採用されている[1]．

これ以上に大断面を安全かつ効率的に施工するための施工技術として，以下の技術が検討されている．

① トンネル周辺地山を傷めない発破工法や高効率の掘削機械の開発
② 長尺のロックボルトの施工技術
③ 吹付けコンクリートの効率的な施工技術と高強度化
④ TBM導坑を用いた高効率の換気システムの開発

これらの開発課題の中で，b. で述べたように，大断面では扁平断面形状に起因して支保構造の耐荷力が小さくなるため，一次支保はこれまで以上に重厚化する．しかし，表4.1に示した現在の東名・名神高速道路と第二東名・名神高速道路の断面の比較では，極端に一次支保が重厚化していないことがわかる．この理由は，表4.2に示すように吹付けコンクリートや鋼アーチ支保工について新しい支保材料の開発が行われ，一次支保の軽量化が図られているためである．

d. 高強度吹付けコンクリート技術

吹付けコンクリートの開発においては，圧縮強度を従来の $18\ \text{N/mm}^2$ から36

表4.1 高速道路における従来の3車線標準支保パターンと第二東名・名神高速道路標準支保パターン（案）

地山等級	吹付けコンクリート厚さ（cm）	鋼アーチ支保工		ロックボルト		
		上半	下半	長さ（m）	間隔（m）	
					周方向	延長方向
B	10→15	なし→H150	なし→なし	3.0→4.0	1.5→1.5	1.5→1.5
CI	15→20	H150→H200	なし→H200	4.0→6.0	1.2→1.2	1.2→1.5
CII	20→25	H150→H200	H150→H200	4.0→6.0	1.2→1.2	1.2→1.2
DI	20→30	H200→H200	H200→H200	6.0→6.0	1.0→1.0	1.0→1.0
DII	30	H200	H200	6.0	1.0	1.0
DIII	35	H200	H250	6.0	1.0	1.0

・欄内は（3車線トンネルの標準支保パターン）→（第二東名・名神高速道路標準支保パターン（案））を示している．
・3車線トンネルの標準支保パターンでは地山等級DII以下では個別に設計することとなっている．ここでは，第二東名・名神高速道路標準支保パターン（案）のみを示した．

表 4.2 新しい支保材料の規格・目的 [4), 3)]

工種	従来の規格	新材料の規格	目的
吹付け コンクリート	$\sigma_{28day} = 18$ N/mm^2 $\sigma_{1day} = 5$ N/mm^2	$\sigma_{28day} = 36$ N/mm^2 $\sigma_{1day} = 10$ N/mm^2 $\sigma_{3hour} = 2$ N/mm^2	・高強度化することで厚さ低減化 ・初期強度発現性を上げ, 拘束力を高めることで支保効果の向上
	プレーン (Plain)	鋼繊維補強 (SFRC)	・じん性を付与し設計厚低減化 ・鋼アーチ支保工の省略化
鋼アーチ 支保工	SS400 降伏強度 245 N/mm^2 引張強度 400 N/mm^2	SS540 相当品で 降伏強度 440 N/mm^2 引張強度 590 N/mm^2	従来の H200 と同等耐力 (曲げ・軸力) を高規格鋼 HH154 が満足するため, 軽量化による経済性・施工性の良いこの材料で代替化
ロックボルト	耐力 120～180 kN	耐力 300～400 kN	高規格化で本数の低減, 深部のゆるみや浅部の小崩落を対象とした2種類のロックボルトで安全性・施工性・経済性を確保

N/mm^2 と高強度化することで以下のような効果を期待している.

① 吹付けコンクリート厚の軽減

② 低粉塵化

③ 初期発現強度を高くすることによる支保効果の向上

また, これらの直接的な効果に加えて, ① の高強度吹付けコンクリートによる厚さの低減は, 地山掘削量も低減できるためにコストダウン・経済性の向上効果も期待できること, ③ の初期発現強度を高くすることによる支保効果の向上で鋼アーチ支保工を省き, トンネル工事で最も危険な作業の一つである鋼アーチ支保工建込み作業をなくすことができるようになるため, 施工時の安全性の向上が期待できることなど, 多くの副次的な効果も得られる.

旧日本道路公団は, 解析・設計の検討を実施するとともに, 清水第三トンネルで現場試験を実施している[3]. その結果, 高強度吹付けコンクリートを用いて厚さを薄くし, スチールファイバーを用いて鋼アーチ支保工を省く (または, 高規格鋼アーチ支保工を使用する) など, 地山に応じた合理的な支保パターンの選択が可能であることを報告している[4].

山岳トンネルにおける急速施工技術のニーズは, 道路トンネルだけではなく鉄道 (新幹線) トンネル建設についても同じである. 北陸新幹線・峰山トンネル西工区では, 従来の3～4倍の施工速度を目標として, 初期高強度型の吹付けコンクリートを開発し, かつ, この吹付けコンクリートとロックボルトを用いて, 鋼

製支保工を省略した新支保パターンを適用している[5]. 〔熊坂博夫〕

参考文献

1) 三浦　克：大断面道路トンネルと山岳トンネル工法の現状と課題．土木学会論文集，**516**/VI-27, 1-13, 1995.
2) 小林隆幸，寺本　哲，小門　武，篠原雅樹：トンネル支保工の高規格化への取り組み（大断面トンネルへの適用に向けて）．トンネルと地下，**29** (9), 49-56, 1998.
3) 田中　一，青山繁夫：第二東名高速道路における超大断面トンネルの試験工事（清水第三トンネル（総括；その1））．トンネルと地下，**31** (8), 15-23, 2000.
4) 吉塚　守，三谷浩二，田中　一，吉武　勇，中川浩二：大断面トンネルの支保パターン選定のための現場実験．土木学会論文集，**770**/VI-64, 43-52, 2004.
5) 田中健一，森　直樹：初期高強度吹付けを用いたNATM新支保パターン　北陸新幹線峰山トンネル西工区．トンネルと地下，**34** (10), 7-16, 2003.

4.2.3　高橋脚橋梁の急速施工技術

a.　高橋脚橋梁の施工上の課題

4.2.2項で述べたように，列島を横断して高速道路を建設することが増えてきたので，トンネル区間が増えるとともに，トンネルの間では谷間をまたぐ橋梁も増えている．このような山岳部での橋梁工事では，橋脚の高さが40 mを超える高橋脚橋梁の建設が増加しており，図4.2に示すように，すでに100 mを超える橋脚の建設も報告[1]されている．さらに，第二東名・名神高速道路に代表されるように，今後建設が予定されている高速道路区間は山岳地帯が多く，高橋脚橋梁の建設がますます増加することが予想される．

建設コストの縮減が叫ばれる中，厳しい地形条件や環境条件の下での高橋脚橋梁の施工においては，労働力不足を補うために施工の省力化や機械化，ならびに工期短縮や建設コストの削減を目指した研究・開発が求められている．

図4.2　鷲見橋　　　　　図4.3　自昇式足場

高橋脚橋梁に対するこれらの課題に対して，新しい施工法が提案され，現場に適用されつつあることから，本項では，これらの新技術の一部を取り上げ，各工法の概要を述べる．

b. 高強度鉄筋，高強度コンクリートを用いた新工法 [1),2)]

この工法は，図 4.2 に示した前述の鷲見橋の建設に採用された工法で，橋脚は高強度鉄筋を用いた高強度コンクリート構造である．高強度材料を使用することで，部材寸法および使用鋼材量の削減を図っている．

軸方向鉄筋には従来工法の 2 倍の強度を持つ高強度鉄筋（S-SD685B）を，コンクリートには従来工法の 1.7 倍の強度となる高強度コンクリート（$\sigma_{ck}=50$ N/mm^2）を使用している．

また，中空橋脚の中央に独立して設置したマストを利用した自昇式型枠足場システム [2)] を採用することで，図 4.3 に示すように足場の上昇が躯体コンクリートの強度発現に左右されない構造となっている．

c. 鋼管・コンクリート複合構造を用いた新工法 [3),4)]

この工法は，図 4.4 に示すように主鋼材に大口径の鋼管を使用した鉄骨鉄筋コンクリート構造である．大口径の鋼管の使用によって，中空断面橋脚と同様なコンクリート断面の削減を可能としている．

ただし，塑性ヒンジ区間は，鋼管内部にもコンクリートを充填することとしている．帯鉄筋にはらせん巻き高強度鋼より線（PC ストランド）を使用している．

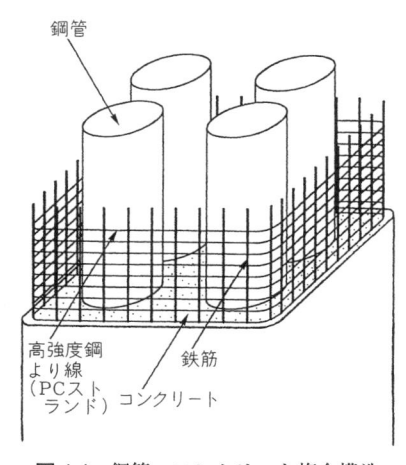

図 4.4 鋼管・コンクリート複合構造

施工の合理化として，鋼管の使用による配筋作業の省力化に加えて，スリップフォーム工法の採用によって型枠作業の省力化が図られている．また，PCストランド巻付け機を導入している．

d. 鉄骨・コンクリート複合構造を用いた新工法[5]

この工法は，主鋼材のすべてを付着性能に優れた突起付きのH形鋼とする鉄骨コンクリート構造である．橋脚表面には，高耐久性埋設型枠を用いて，表面のひび割れ幅を制御し，耐久性の向上を図っている．

施工の合理化として，埋設型枠をあらかじめ函体状に組み立て，函体内に帯鉄筋や中間帯鉄筋を取付けてユニット化した状態で建て込み，現場での型枠作業および配筋作業の省力化を図っている．

e. 鋼材とスパイラルカラムを用いた新工法[6]

この工法は，主鋼材に鉄骨（H形鋼あるいは鋼管）を使用した鉄骨鉄筋コンクリート構造である．さらに，鋼材を軸方向鉄筋とスパイラル筋で囲い込んだスパイラルカラムとすることで，コンクリートの拘束を行っている．鉄骨の使用による配筋作業の省力化とスパイラル筋の使用により中間帯鉄筋を不要としている．

また，帯鉄筋を内蔵したプレキャスト型枠を使用することも可能としている．

f. 今後の展開

ここに示した高橋脚橋梁の急速施工技術は，いずれも構造形式と施工方法が密接な関係を持っている．基本的には，主鋼材の高強度化や鉄筋を鉄骨・鋼管へ置き換えることで，配筋作業の省力化を図っている．また，帯鉄筋の配置方法やプレキャスト部材の利用など，それぞれの施工方法に応じた構造が採用されている．

開発の経緯から，これらの施工方法は，橋脚高さがある程度高くならないと経済的なメリットを発揮することができない場合が多い．各工法で使用する建設機械や装置の転用が可能となればコストダウンが可能となり，さらなる発展が期待できる．

〔滝本和志〕

参考文献

1) 水口和之，芦塚憲一郎，大塚一雄：高強度鉄筋，高強度コンクリートの高橋脚への活用．コンクリート工学，**36** (11), 37-40, 1998.
2) 水口和之，大塚一雄，芦塚憲一郎，天野玲子：スーパーRC工法．橋梁と基礎，**33** (8), 141-144, 1999.
3) 加藤敏明：鋼管・コンクリート複合構造を用いた高橋脚の新工法．橋梁と基礎，**33** (8), 145-146, 1999.

4) 土木学会コンクリート技術シリーズ 34：コンクリート構造物の耐震性能照査――検討課題と将来像．2000．
5) 先端建設技術センター：先端建設技術・技術審査証明報告書，REED 工法（鉄骨コンクリート複合構造橋脚構築工法），1998．
6) （独）土木研究所：プレハブ・複合部材を用いた山岳部橋梁の下部工の設計・施工技術の開発に関する共同研究報告書――3H 工法設計・施工マニュアル（案）（共同研究報告書第 222 号），1999．

4.2.4　軟弱地盤中に建設される高速道路トンネルの液状化対策技術
a.　軟弱地盤中の液状化対策の課題

都市内高速道路は従来高架形式が主流であったが，騒音防止，景観，排気ガス防止などの社会的な要請を受けて地下化が進んでいる．一方，地下化は道路建設の工事費の増大を招くので，バブル後の経済状況において，地下に高速道路を建設するために工事費の縮減が重要な課題となっている．地下道路の工事費は，一般に道路が設置される深度に正の相関があるので，なるべく浅い深度に地下道路を計画することが望ましい．しかし，日本では東京，大阪をはじめとする大都市は湾岸に位置しており，浅層部の地層は軟弱な場合がほとんどである．従って，浅い深度に地下道路を建設するとゆるい砂層が道路以深に残り，しかも地下水位が高く飽和されているため，大地震時に容易に液状化して，浮き上がりや変位，傾斜などの残留変形を引き起こす恐れが強いことが予想される．特に，液状化に伴う構造物の浮き上がりは，図 4.5 と図 4.6 に被害例を示すように大きな浮き上がり変位を生じることが特徴であり，基本的に元に戻すことができないので，被害を受けた構造物は再構築せざるを得なくなる．

これまでは，液状化層が道路構造物下部に存在する場合，液状化対象層の密度を上げるか，固化する地盤改良工法による対策工法が採用されてきたが，このような工法は工事費の増加をきたし，特に構造物の幅が大きい道路では，建設費に占める液状化対策費の割合が大きく，合理的とは言い難い状況になる．

一方，道路構造物は鉄道などに比較して，変位に対する許容能力が高いという特長がある．つまり，走行がレールで規定される鉄道車両などは，その構造に起因して比較的小さな変位が生じた場合でも走行が困難になるが，タイヤ走行する自動車などは比較的大きな変位が生じた場合でも走行が可能である．特に，大地震の直後においては救急車などの緊急車両の走行を確保することが重要であり，比較的大きな変位の発生が許容される可能性がある．

そこで，地震時に液状化する層が道路構造物下部に存在する場合に，多少の変

図 4.5 釧路沖地震によるマンホールの浮き上がり（清水建設（株）藤川智氏提供）

図 4.6 新潟地震による地下室の浮き上がり（吉見吉昭氏提供）[3]

位を許容することにより，地盤改良工法によらないで構造物の浮き上がり，移動を抑制し，地震後早期に交通を解放できる対策を考案する必要が生じてきた．

b. 浮き上がり防止工法

その目的から考案されたのが「遮水壁を用いた地中構造物の浮き上がり防止工法」である．図 4.7 に同工法を適用した地下道路の図を示すが，この工法は地下道路の建設時に用いられる山止め壁を残置するだけで地盤の液状化時の構造物の

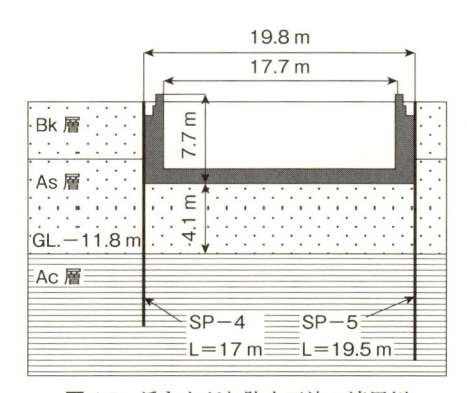

図 4.7 浮き上がり防止工法の適用例

浮き上がり被害を抑止しようとするものである．対策工法の設計方法が明確な力学的根拠を持っていることと，経済性がきわめて優れていることが特長である．

浮き上がりに対しては重量を増す方法か，浮き上がり反力を設ける方法が一般的であり，構造物の外側に非液状化層に根入れされた遮水壁が設置してある場合に，遮水壁と構造物を剛結してあれば地盤液状化時の浮き上がりは防止できる．ただし，液状化圧によって本体底盤に付加的な応力が発生することになる．

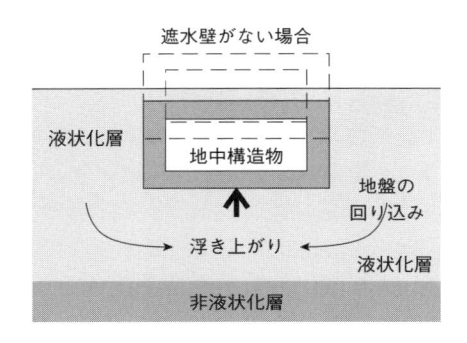

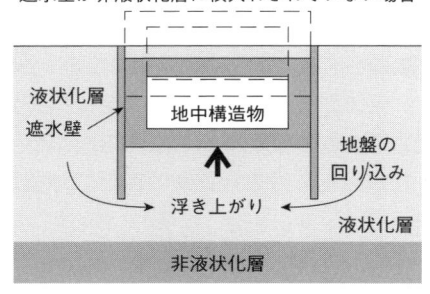

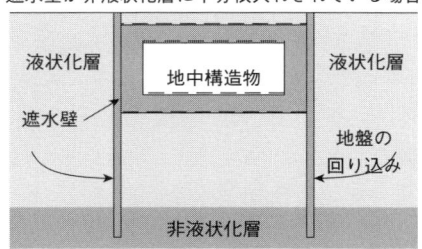

図 4.8 浮き上がり防止工法の対策原理概念

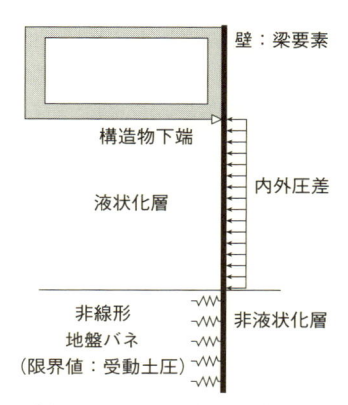

4.2 高速道路のコストダウン技術　　　　　　　　　　　　　　　　　　　　　117

図 4.9　浮き上がり防止工法の設計モデル概念図

　この工法では遮水壁と構造物を剛結することなしに浮き上がり変位を抑止することができる．工法の原理を図 4.8 に示すが，地盤の液状化時に構造物に大きな浮き上がり変位が生じるのは，液状化した地盤が構造物の下に回り込むことによって生じると考え，非液状化層に根入れされた遮水壁によって地盤の回り込みを防ぐというものである．言い換えるなら，構造物の下に位置する液状化層を左右の遮水壁および上部の構造物底盤と下部の非液状化層によって閉鎖空間化するというものである．閉鎖空間化された液状化地盤は外部との出入りができないため，構造物は浮き上がることがない．
　従って，構造物と遮水壁の取り合い部分に工法のノウハウがあり，液状化層が体積変化はできないが，構造物や遮水壁に付加的応力が発生しないようにする．
　図 4.9 に本工法での遮水壁の設計モデルを示すが，構造物が地盤より軽い場合には遮水壁内外の液状化圧に相違があり，その差圧により遮水壁が変形し，構造物下の液状化層が閉鎖空間であるために遮水壁の変形に対応した浮き上がり変位が構造物に生じることになる．しかし，この浮き上がり変位量は設計段階で予測することが可能であり，さらに通常の山止め壁を用いた場合には災害時の道路構造物の使命である緊急車両の運行には問題にならない大きさにできることが明らかにされている．

c. 側方流動抑止工法
　一方，河川堤体などの中に道路トンネルが建設される場合には浮き上がり被害と同様に地盤液状化時の側方流動被害が生じることが問題になる．液状化に伴う地盤の側方流動とは，液状化した地盤が横方向に大きく変位する現象であり，

1964（昭和39）年の新潟地震や阪神・淡路大震災で発生し，杭の破損などの被害を生じたことで注目されている．河川堤体内に設置された遮水壁を用いた対策工法でも，左右の地盤の高さが異なるという条件を除けば，前述の浮き上がり防止工法と同様の液状化圧が作用しており，同様の考え方で側方流動被害抑止効果を設計できることが明らかになっている．　　　　　　　　　　〔後藤　茂〕

参考文献
1) Yoshimi, Y. : Simplified design of structures buried in liquefiable soil. *Soils and Foundations*, **38** (1), 235-240, 1998.
2) 後藤　茂，浜田信彦，小林　寛，吉村敏志，福武毅芳，真野英之，清水文夫，竹束正孝：遮水壁による地中構造物の液状化時浮き上がり防止効果の評価方法．第48回地盤工学シンポジウム，pp. 247-254, 2003.
3) 吉見吉昭：第二版　砂地盤の液状化．技報堂出版，p. 2, 1991.
4) 浜田信彦，林　訓裕，後藤　茂，田地陽一，真野英之，竹束正孝：地盤液状化時の遮水壁による地中構造物の側方変位抑止効果．第40回地盤工学研究発表会，pp. 2103-2104, 2005.

4.2.5　古タイヤを活用した低コスト土構造物構築技術
a.　古タイヤの再利用の現状

古タイヤは低コストであり，大量供給が可能な材料である．古タイヤの再利用状況[1]は，リサイクル率9割弱で毎年ほぼ同じである．残りの十数％の古タイヤは様々な形で不明な状態にある．また，焼却などの熱源としての活用は，資源を100％活かしきれておらず，CO_2発生による問題がある．このままの状態が続けば，将来，大量の廃棄物となることが懸念される．

建設業界に関連の深い「マテリアルリサイクル」は20％弱であり，これらの主な処理方法としては，炭素原料やチップ材・破砕材[2)~4)]としての利用である[*1)]．しかし，これらの処理方法には手間とコストがかかる．タイヤを原型のまま活用すれば安価であるが，そうした再利用の方法としては，

① 法面保護材[6),7)]
② ジオテキスタイルやアンカーの一部としての利用[6),8)]
③ タイヤと土の隙間を利用した軽量盛土材[9)]
④ タイヤを潰した圧縮ブロック材[10)]

[*1)] アリゾナ大学のStuart A. Hoenig教授は「タイヤを粉砕して再利用することは，立派な家をバラバラにして燃料用木材を供給するようなものである」[5)]と述べている．

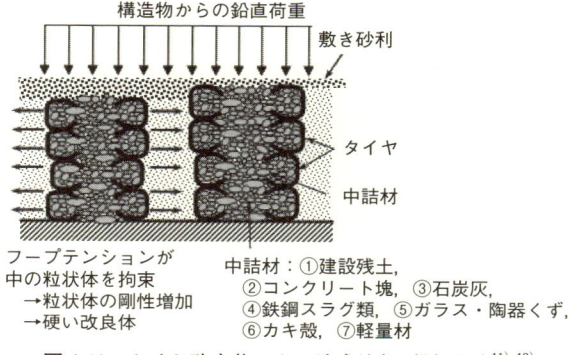

図4.10 タイヤ改良体による造成地盤（断面図）[11),13)]

などとしての利用がわずかに行われている．タイヤの内部構造は破損しないように頑強にできており，フープテンションに対して非常に丈夫であるが，どの適用例もその特長を活かしていない．

本項では，古タイヤを原型のまま再利用し，タイヤの力学特性を最大限に活かした地盤造成や道路関連施設に供する技術・工法について述べる．

b. 新工法の基本原理 [11)～13)]

図4.10や図4.12（a）のように，タイヤを筒状に重ねて中空部分に粒状体を詰めて上から荷重をかけると，粒状体にダイレイタンシーが生じ，タイヤを押し広げる．この時，タイヤにはフープテンションが働いて，粒状体を拘束する．粒状体は拘束力に応じて剛性が増加するので，結果的に硬い改良体が形成される．タイヤ内にはワイヤが入っており，フープテンションに対して非常に強く，中詰材に対してかなりの拘束応力が発揮される．すなわち，中詰材は相当硬くすることができ，タイヤ積層体は大きな上載荷重に耐え得る．スチールワイヤさえ切れていなければ，すり減った古タイヤでも十分使用できる．

図4.11に，Couletの提案する工法[9)]を示す．本工法は空隙が多く，軽量であるので盛土には適用できる．しかし，堅固な改良体の構築は期待できず，支持地盤とするには軟弱であって不向きである．また，タイヤがフープテンションに強いという特長も活かされていない．

中詰用の粒状材料としては，ダイレイタンシーが生じる材料か，突固めによる密度増加が期待できる材料であれば何でも良い．図4.10に示す材料や「タイヤチップ」「タイヤシュレッズ」などを用いれば，廃棄物同士の複合活用という点で環境上のメリットはさらに高まる．

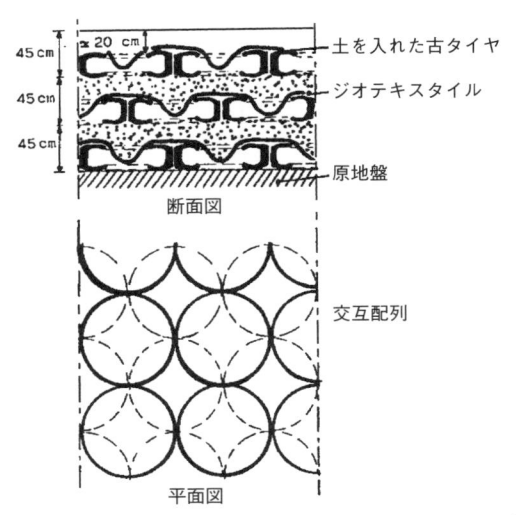

図 4.11 タイヤを原型のまま積み上げる軽量盛土工法 [9)]
（空隙が多く，堅固な地盤の構築は不可）

中詰積層体の充填・構築方法には以下の2つの方法がある．
① タイヤの開口部を一部切断し，中詰材を充填しやすくする方法
② タイヤを切断しないで原型のまま積み上げて，中詰材を投入し充填する方法

方法 ① では図 4.18 に示した洗面器状タイヤを使用するので充填しやすいが，切断の手間がかかる．しかし，後述する大量の簡易地盤造成が可能となる．

方法 ② では積み重ねたタイヤ中空部への充填には凹凸がネックとなるが，クリップでタイヤのビード部（タイヤホイールと接するタイヤの内のり部分で，タイヤ内のワイヤコードの両端を支持しタイヤをリムに固定している．高炭素鋼を束ねた構造をしている）同士を押さえて連結することにより，バイブレータなどによる充填を容易にできる [12)]．

c. タイヤ中詰積層体の圧縮・除荷性能

実験には直径 52 cm の乗用車用の使用済みタイヤを用いた（図 4.12 (a)）．中詰用の粒状材としては環境保全のことを考慮して地盤材料のほかに廃棄物も用いた．構築方法は方法 ② を用い，バイブレータや突き棒で充填した．図 4.12 (b) には載荷終了時の破断面を示す．このケースのようにトレッド部（走行中に道路に接する部分）が切断する場合が多く，ビード部が切れる場合は少ない．

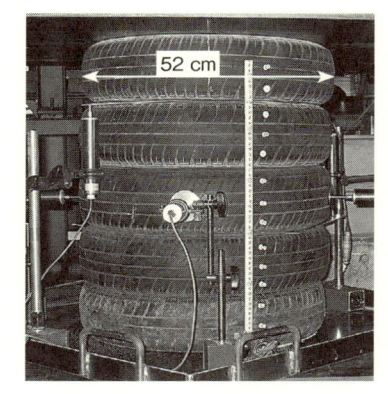

4.2 高速道路のコストダウン技術

(a) 筒状に積み上げた試験体（5段積み）

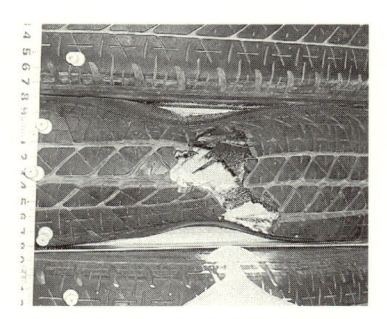

(b) タイヤ破断状況（豊浦砂を用いた終局状態）

図4.12 古タイヤ中詰積層体の圧縮試験状況[13]

図4.13に種々の中詰材を用いた鉛直応力～鉛直ひずみ関係を示す．載荷方法は途中に除荷・再載荷を含む（図4.13の縦軸▼印の値）．この応力以外で除荷が生じているのは，トレッド部のワイヤの切断によるものである．載荷時の応力-ひずみ関係は逆反りの傾向が見られる．これは，初期状態ではタイヤ内にわずかに残る空隙が押し潰されて馴染みが良くなっているためで，さらに荷重レベルが大きな状態ではタイヤのフープテンションがフルに発揮されて，非常に高い拘束状態になっているためと考えられる．この大きな拘束効果による試験体の強じん性は，砕石を詰めた土のうの結果と比べて，非常に大きな応力を発揮しているこ

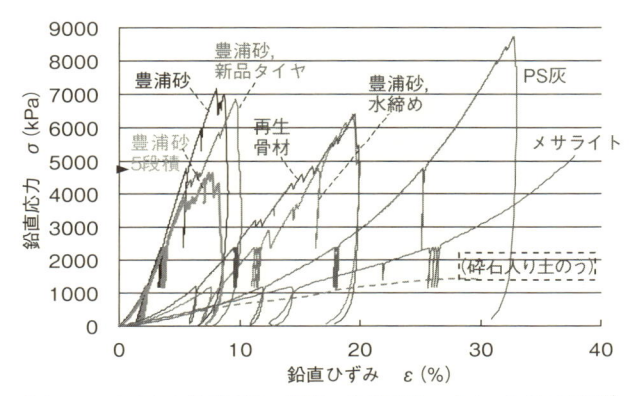

図4.13 タイヤ中詰積層体の圧縮・除荷試験の応力-ひずみ関係[13]

とからも推測できる．CDM（深層混合）改良体の一軸圧縮強度[14]と比べても相当な耐力がある．破壊に至る過程は，トレッド内部のワイヤが切れて何回かのワイヤ切断の後，最終的に図4.12（b）のような全体的破断状態となる．従って，破壊は一気に生じるのではなく，粘り強さを発揮する．また，実際にはタイヤの周囲に地盤があり，タイヤを拘束しているので，カタストロフィック（破局的・壊滅的・突発的）な破壊や沈下は起きにくい．乗用車用タイヤはトラック・バス用タイヤに比べて耐力が小さいとされるものの，500 kN（50 tf）の耐力は保証されると言ってよい．また，ワイヤさえ切れていなければ，古タイヤと新品タイヤには相違はない．

d. 適用例

実構造物への適用に当たっては，単独の杭（タイヤ杭）として使用してもよいが，ジオテキスタイルを併用すれば（図4.14, 4.19, 4.20 など参照），マッシブな構造として安定した改良体が構築できる．補強材と中詰材の摩擦によって，かなりのせん断抵抗力が発揮され，補強材と中詰材が一体となって耐震安全性も向上する．

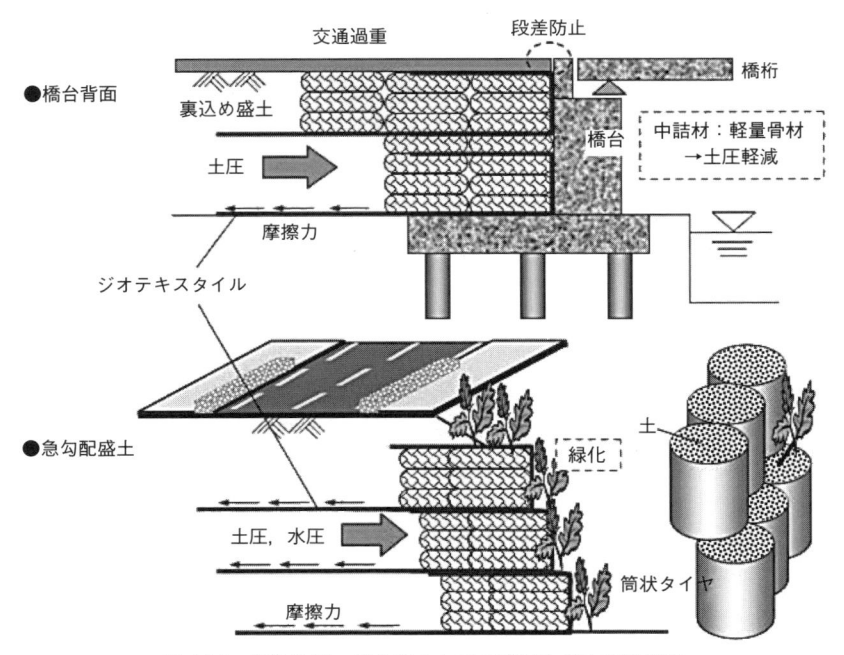

図4.14 裏込め材・盛土料としての利用と法面緑化方法

図 4.14 には，裏込め材・盛土材としてジオテキスタイルと併用した場合や，急勾配の法面の緑化方法を示す．ジオテキスタイルとの併用により，高盛土や急勾配の盛土が安定して施工できる．また，法面（斜面）をなくして垂直とするタイヤ部のみの施工法も可能である．盛土を軽量化する意味でタイヤチップ・タイヤシュレッズとの併用も有望である．

図 4.15 [13)] には豊浦砂を充填した積層体の応力-ひずみ関係とヤング率 E を示す．除荷・再載荷の勾配は急であり，この条件下で使用すれば，大きな剛性の下で使用できる．すなわち，積層体にタイロッドなどでプレストレスをかけて使用すれば，非常に堅固な部材として利用できる．さらに，タイヤ内部に未充填の空隙があっても，プレストレスによって潰れるので好都合である．

このように高い剛性と耐力を有することから，図 4.16 に示す擁壁や，図 4.17 に示すような PL・PS（Pre-Loaded Pre-Stressed，土のうとジオテキスタイルの改良体にプレロード（PL）とプレストレス（PS）をかけて剛性を高めた）橋脚 [15)] への応用など，適用範囲は広い．このシステムに地震荷重が作用すると，積層体は鉛直方向の耐力は保持しながら「しなやかに」せん断変形する．すなわち，通常のコンクリートの壁や杭のように折れない．このとき，タイヤの中の粒状体は，繰り返しせん断変形を受ける．このときの中詰材の応力-ひずみ関係は，非線形の履歴ループを描き，地震動のエネルギーを吸収するので，加速度の低減（減震効果）も期待できる．

構造物基礎に使用した場合でも，積層体は地盤変形に素直に追従するので，一

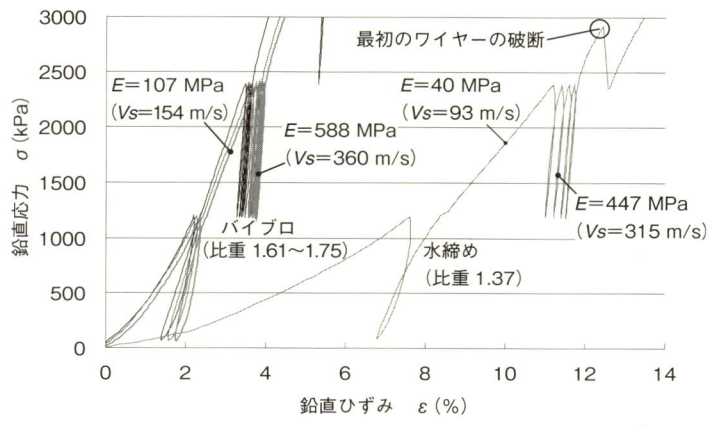

図 4.15 豊浦砂を充填した積層体の応力-ひずみ関係と剛性 [13)]

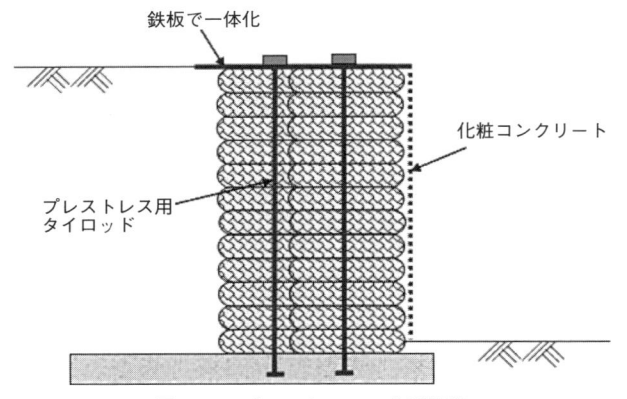

図 4.16 プレストレス一体型擁壁

種のじん性的な杭として働き,同じような効果が期待できる.これは,あたかも「しなやかに変形するエネルギー吸収杭」と言うべきものである.

最後に,タイヤ上面を切断し洗面器状にして(図 4.18)大量施工する工法に触れる.前述した方法 ① では,(a) タイヤの敷詰め→(b) 粒状体の巻き出し→(c) シープスフートローラによる締固め(トラックタイヤなら厚さ 30 cm で通常の締固め厚さと同じ),という手順を繰り返すことで大量のタイヤを容易に施工できる.この方法では,タイヤは必ずしも鉛直方向に積み上がっている必要はない.この方法で道路盛土を施工したイメージを図 4.19 に示す.レベル 2 地震のような大地震時には,緊急車両用に最低 1 車線を確保することが必要な場合がある.その場合は図 4.20 に示すように,例えば道路中央部の 1 車線分を本工法で施工することが考えられる.

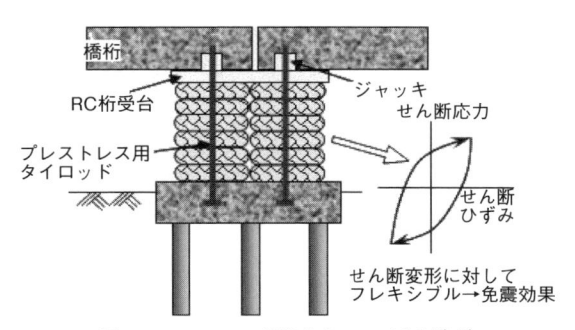

図 4.17 PL・PS 橋脚としての利用 [13), 15)]

図 4.18 上部をカットした洗面器状タイヤ（充填しやすい）[16]

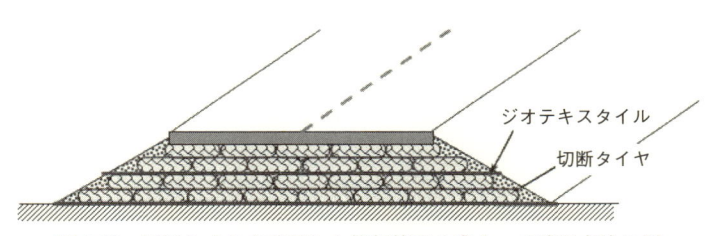

図 4.19 切断タイヤを利用した簡便施工の盛土への適用方法の例

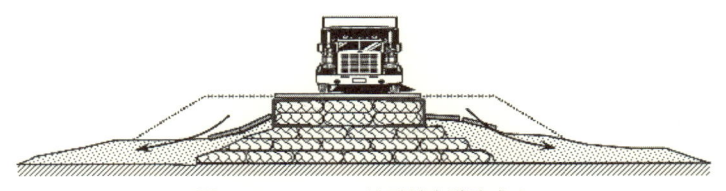

図 4.20 レベル 2 地震対応道路盛土
（緊急車両用に最低 1 車線は確保）

e. 今後の課題

本項では，積層タイヤに粒状体を詰めた改良体の堅固な力学特性を示した．これにより，地盤造成や裏込め改良体としての利用以外に，構造体として橋脚への適用も有望であることが示された．

古タイヤの耐久性・耐用年数は磨耗の度合いにもよる．磨耗が著しくない古タイヤであれば，文献[5] に示されているように，20 年間の観測により，① 20 年間は有毒物質の漏れ出しはない，② タイヤの寿命は少なくとも 200 年はあると推

察できる，としている．

本工法を普及させるには，以下のことを検討しておく必要がある．
① 施工性やコストについて：従来の地盤改良工法との比較．
② 大地震時の挙動について：地盤からの大変形を受けた時の，各タイヤの永久変位・ズレの有無の把握．液状化時の挙動の把握．
③ 古タイヤ管理・運搬についての課題：1) タイヤサイズごとの管理と保管場所を考えるとコスト高となる可能性がある，2) タイヤは空隙が多いので，運搬効率が悪く，輸送コストがかかる．1) に関しては，従来のようなタイヤの粉砕にも手間とコストがかかっていた．また，分別はベルトコンベアによって可能である．量産軌道に乗れば分別管理・保管もコストは下げられる．従って，このような流通・管理のシステム作りが今後重要となる．

〔福武毅芳〕

参考文献

1) JATMA/JTRA, "Tire Recycling Handbook", Japan Automobile Tire Manufacturers Association & Japan Tire Recycle Association, Tokyo105-0001, Japan, 2003.
2) Humphrey, D. H. and Tweedie, J. J. : Tire shreds as lightweight fill for retaining walls : Results of full scale field trials. Proc. of International Workshop on Lightweight Geo-Materials (JGS), pp. 261-268, 2002.
3) 川井田実，浜崎智洋，佐野良久，藤岡一瀬，アショカ・クマル・カルモカル，川崎廣貴：タイヤシュレッズ盛土材の締固めおよび圧縮沈下特性．第6回環境地盤工学シンポジウム，地盤工学会，2005.
4) 安原一哉，岸田隆夫，御手洗義夫，川井弘之，アショカ・クマル・カルモカル，菊池喜昭：港湾事業におけるゴムチップの活用事例．基礎工，**32**, 79-83, 2004.
5) Hoenig, S. A. : The use of whole tires for erosion control, fences, cattle feed lots houses and water saving on grassy areas. International Erosion Control Assoc. Nashville, TN, 1999.
6) Jones, C. J. F. P. : Construction influences on the performance of reinforced soil structures, State of the art report, Performance of reinforced soil structures. British Geotechnical Society, pp. 97-116, 1990.
7) 石川一也，境吉秀，澤出博，堀口寛，伊藤元一：中古タイヤを法面保護工の法枠としてリサイクル．第4回土木施工管理技術論文集，全国土木施工管理技士会連合会，pp. 1-16, 2000.
8) Garga, V. K. and O' Shaughnessy, V. : Tire-reinforced earthfill. *Canadian Geotech. J.* **37**, 75-131, 2000.
9) Coulet, C. : Low-weight embankments for pavements construction on soft soil. GEO-COAST' 91, Vol. 2, Yokohama, pp. 1154-1155, 1991.
10) Hoenig, S. A. : Recycled Tires. International Erosion Control Association, 30th Annual Conference & Trade Exposition, 1999.

11) 福武毅芳・堀内澄夫・松岡　元・劉斯宏・川崎仁士：廃タイヤを用いた地盤造成法とタイヤ改良体の特性．第5回環境地盤工学シンポジウム，地盤工学会，pp. 189-194, 2003.
12) 福武毅芳・堀内澄夫：種々の粒状体によるタイヤ中詰地盤改良体の作製法．第39回地盤工学研究発表会，pp. 653-654, 2004.
13) 福武毅芳・堀内澄夫：種々の粒状体を充填した古タイヤ中詰地盤改良体の力学特性．第40回地盤工学研究発表会，pp. 247-248, 2005.
14) 土木研究センター：陸上工事における深層混合処理工法設計・施工マニュアル．pp. 35-38, 2000.
15) 龍岡文夫・内村太郎・舘山　勝・小島謙一：鉄道橋のプレローディド・プレストレスト（PLPS）補強土橋脚の挙動．土と基礎，46 (8), 13-15, 1998.
16) 福武毅芳・堀内澄夫：タイヤのフープ力を利用した積層改良体と地盤造成法．第12回ジオシンセティックスシンポジウム．pp. 153-158, 2006.

4.3　超電導磁気浮上式鉄道に関する建設技術

4.3.1　世界で唯一の超電導リニア技術

時速500 km の超電導磁気浮上式鉄道による中央新幹線の実現に向け，山梨リニア実験線において走行試験，技術開発が推進され，時速581 km の世界記録を樹立し，完成度の向上が着実に図られている．

超電導磁気浮上式鉄道は，従来の鉄道のように車輪とレールの摩擦を利用して走行するのではなく，車両に搭載した超電導磁石と地上に取付けられたコイルとの間の磁力によって非接触で走行する輸送システムである．低速度の駅近辺では車輪で走行し，高速になると浮上して走行する．推進原理は図 4.21 に示すように，地上の推進コイルに電流を流すことによって磁界（N 極・S 極）が発生し，車両の超電導磁石（N 極・S 極を交互に配置）との間で，吸引する力と反発する力が発生する．この力を利用して車両を前進させる．浮上原理は図 4.22 に示すように，地上ガイドウェイ（軌道）の側壁両側に浮上案内コイルが設置されており，車両の超電導磁石が高速で通過すると両側の浮上案内コイルに電流が流れて電磁石となり，車両を押し上げる力（反発力）と引き上げる力（吸引力）が発生し，これにより車両を浮上させることができる．

車両を浮上させて時速 500 km のスピードで走行するため，多くの困難な課題を克服する必要があった．主な課題は以下の通りである．

① 約 10 cm 浮上させて時速 500 km で乗り心地良く安定走行するために，従来の軌道に相当する地上コイルをガイドウェイ側壁に設置するため，ミリ単位の精度を確保した設計施工方法の確立

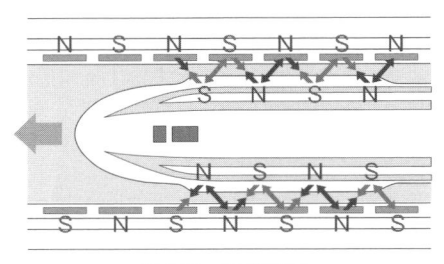

図 4.21　推進原理　　　　　　　　図 4.22　浮上原理

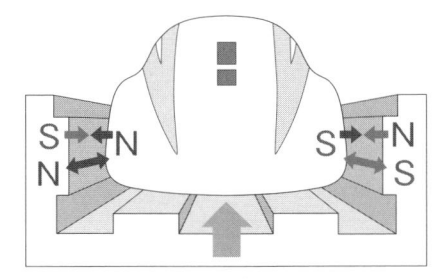

② トンネル延長の割合が多くなるので，超高速でトンネルに突入・退出・通過・すれ違いする場合の風圧およびトンネル覆工コンクリートの挙動把握

本節では山梨実験線の建設技術として，ガイドウェイの設計・施工と，トンネルの風圧の影響に関する2つの重要な技術について説明し，将来計画の中央リニア新幹線について述べる．

4.3.2　山梨リニア実験線の建設技術

山梨リニア実験線は山梨県に全長 42.8 km の路線として計画されており，都留市を中心とする 18.4 km の先行区間が 1997（平成 9）年 3 月に完成し，走行試験を実施している．建設に関わる主な技術基準は，最高速度は時速 550 km，最小曲率半径は 8,000 m，最急勾配は 40‰，ガイドウェイ中心間隔は 5.8 m となっている．全長 18.4 km のうち約 16 km をトンネルが占めており，主な試験設備としては山岳トンネル，橋梁およびガイドウェイのほか，変電所，車両基地，実験センター（司令室），試験乗降場などがある．超高速でのすれ違い試験，途中駅での追越しを想定した複数列車の制御試験，変電所渡り試験，駅設備試験など，営業線を想定した種々の試験を実施している．

山梨実験線では，後述する新しい建設技術を採用し，長期耐久試験やさらなるコスト削減に向けての実験を継続している．さらに，試乗走行も数多く実施し，試乗者数は 2007 年 12 月現在で 15 万人以上に達している．

4.3.3　ガイドウェイの設計・施工技術

ガイドウェイは従来の鉄道のレールや車両のモータの一部に相当する設備部分で，リニアモータカーの軌道の要である．ガイドウェイは側壁部と支持車輪走行路からなる U 字形で構成されている．この側壁部には上端に案内車輪走行路が

設けられ，その下に地上コイル（推進コイルおよび浮上案内コイル）が敷設されている．2つの走行路についても一定の精度が要求されるが，特に地上コイルについては，その狂いがリニアモータカーの乗り心地の悪化に直結するため，高い精度での取付けおよび保守が必要となる．この精度を確保するため，XYZ方向に調整機能を持ち，一定数の地上コイルを一括して管理するパネル方式，ビーム方式およびトンネル内でガイドウェイの狂いが少ない箇所に使用する直接方式の3種類のガイドウェイ（図4.23）が試験導入された[1]．

ガイドウェイに取付けられた地上コイルは，強い磁界を発生させるため，それを支えるパネルや側壁には通常の鉄筋コンクリート構造物とは異なり，いくつかの工夫が必要となる．ここでは3種類のうち，パネル方式の側壁について紹介する．側壁は4.3.1項で述べたように，リニア車両を推進して浮上させるコイルを精度良く設置することで，リニアモータカーの地上設備の重要な役割を果たすものである．そのために，ガイドウェイを高精度に施工するための新技術とコストダウンのための新型ガイドウェイの開発が必要となる．

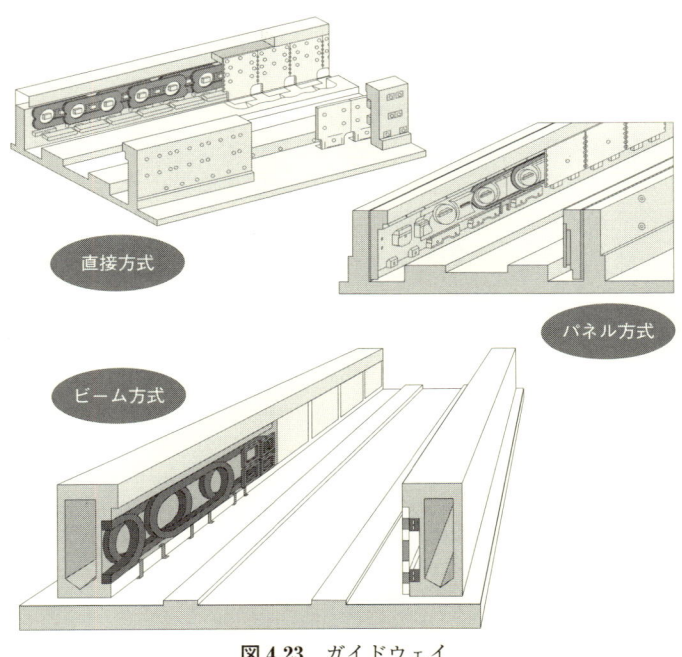

図4.23　ガイドウェイ

a. ガイドウェイの高精度施工のための新技術

パネル方式ガイドウェイの高精度施工は，複数の地上コイルの群管理・群施工を目的として，現地ヤードで製作した板状のコンクリートパネル（長さ 12.6 m，重量 12 t）に地上コイルを高精度で取付けた後，すでに施工した構造物上を運搬し，既施工の側壁（場所打ちコンクリート）に取付けるまでの一連の建設技術である．

パネル設置工事は，従来のコンクリート施工と比べて，側壁全線にわたって高精度施工（±1〜3 mm）を行うといった機械精度並みの技術開発が要求され，実物大モデルでの試験によって技術的な課題が解明されている．また，パネルを運搬・仮設するための施工条件は，既施工側壁により凹字形に構成された内側での作業空間が制約されるため，既存の建設設備による方式が採用できず，運搬・仮設を行う専用車両の開発も実施された．さらに，一定の精度で仮置きされたパネルを，高精度で設置する調整用測定器の開発を行うとともに，パネルを現地合わせで支持する方式も考案され，各種製作・試験により，高精度設置の実用化の見通しが得られた．

1997（平成 9）年 4 月から山梨リニア実験線において，時速 500 km での走行試験に伴い，パネル方式ガイドウェイの応力・変位などの測定が実施され，十分な精度と耐力があることが確認されている．

b. コストダウンのための新型ガイドウェイの開発

現在は，さらなるコストダウン，機能向上を目指し，新型ガイドウェイとして地上コイルの改良を図るとともに，自立方式の開発を進め，山梨実験線に設置している[2],[3]．ガイドウェイの形状を逆 T 字形にすることにより，自立が可能で建設，整正，取替えの作業性の向上を図る構造である．使用鋼材は，低磁性鉄筋のほか，非磁性で軽量な CFRP（Carbon Fiber Reinforced Plastics）も採用されている．

参 考 文 献

1) 本多　啓：山梨リニア実験線インフラ技術開発の現状と課題．レールウェイ，1994.
2) 峰　之久・山崎幹男・永長隆昭・上野　眞・浦部正男：新方式ガイドウェイの走行試験に伴う測定分析について．土木学会第 58 回年次学術講演会，pp. 477-478, 2003.
3) Mine, Y., Tamura, K., Kato, S. and Urabe, M. : The measurement and analysis of the new-type guideway. *Proc. of the 18th International Conference on Magnetically Levitated System and Linear Drives*, **1**, 515-519, 2004.

4.3.4 トンネル内の圧力変動対応技術

リニアモータカーのトンネルでは，新幹線トンネルの計画・設計・維持・管理などの経験を踏まえ，時速 500 km 領域での列車の高速走行に伴う空気力学的な現象を想定して，トンネル断面ならびに覆工構造が設定されている．従来は，建築限界，線路中心間隔，避難用通路などの物理的な所要内空断面およびトンネルの安定性，施工性が勘案された．さらに，リニアモータカーの場合は超高速走行に伴う空気力学的特性と経済性を考慮しなければならない．

列車がトンネルに突入・退出するときに発生する微気圧波の大きさは，圧力波（突入波・退出波）の波面の圧力勾配に比例し，圧力勾配は列車突入速度の 3 乗にほぼ比例すると言われており，時速 500 km で突入する場合，微気圧波を抑えるために，種々のトンネル緩衝工の検討が必要であるとともに，トンネル断面をできるだけ大きくする必要もある．また，トンネル断面積が小さいほど空気抵抗は大きくなり，電力設備投資と電力費が増大するので，できるだけ大きい方が望ましい．さらに，空気抵抗が大きくなるとトンネル内の温度上昇が高くなるので，この理由からもトンネル断面積は大きい方が良い．

従来のトンネル施工実績を見ると，内空断面積は $60 \sim 80$ m^2 以下が一般的であり，扁平率は 0.6 以上ある．80 m^2 以上の大断面トンネルの施工例もあるが，均質な地質が広く分布することが少ないわが国では，一つの目安として $60 \sim 80$ m^2 以下を標準とすることが望ましい．そこで，トンネル内空断面積を大きくするほど空気力学的な問題を緩和することができるが，トンネル工事費を増大させることになるので，総合的にバランスを勘案して，車両・トンネル断面積比は 0.12 を目標値として設定し，走行試験によって設計の妥当性を評価することになった．

山梨リニア実験線のトンネルは，大部分が一般的な地山（軟岩および中硬岩）であることから，山岳トンネルとして標準的な NATM (New Austrian Tunnelling Method) によって施工されている．トンネル覆工の施工は，内空変位が収束して安定が保たれた後，漏水対策とコンクリートのひび割れ防止対策のための防水シートと導水材を配置して，コンクリートを打設する．トンネルの漏水は，覆工コンクリートの耐久性の低下にとどまらず，トンネル内の施設の機能低下や環境の悪化をもたらし，維持管理上の大きな問題となる．そのため，防水シートは時速 500 km の高速走行による圧力変動を考慮し，覆工コンクリートの背面拘束や乾燥収縮などによるひび割れ発生を防止するため，覆工背面に配置することが不可欠である．トンネルの標準的な断面を図 4.24 に示す．

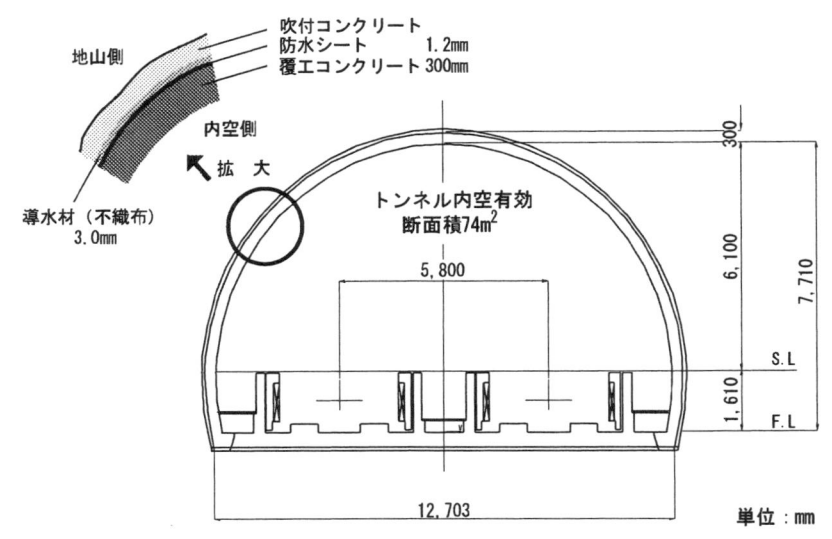

図 4.24 山梨リニア実験線のトンネル断面（標準区間）

　時速 500 km 領域での超高速鉄道トンネルの覆工構造を設計する上での重要なポイントは，
　① 列車走行に伴うトンネル内の圧力変動の評価
　② トンネル覆工コンクリートの応力状態の照査
の 2 点に要約できる．これらの点について，以下のような検討がなされている[1]．
　山梨リニア実験線トンネルの設計には，鉄道総合技術研究所が新幹線の長大トンネルや青函トンネルの設計のために開発した解析技術が用いられ，14 両編成相当の列車長を入力して，トンネル内の圧力変動を評価している．この手法はトンネル内の流れをポテンシャル流と見なして定式化し，等角写像を利用して導いた列車がトンネル内に突入・通過・退出する際の圧力変動に関する理論式を用い，特性曲線表示された基礎方程式を差分法で離散化する 1 次元的な解析手法である．
　現状の新幹線相当の速度域，すなわち時速 250 km 前後とマッハ数 0.2 のオーダーを対象としているため，時速 500 km を超える速度域（マッハ数＞0.4）では解析の対象範囲外となり，解析の評価については十分な注意が必要となる．
　そこで，山梨リニア実験線のトンネルにおいて，試験車両での圧力変動を測定し，その特性について列車の走行形態ごとに列車速度と圧力変動量の関係を求め

ている.同時に,3次元圧縮性流体解析を行い,数値解析結果と既往の研究で得られている理論解を組み合わせて,任意の列車速度と圧力変動の関係式を導いている.これらの結果を比較し,解析結果の妥当性を検証している.さらに,営業線を想定して,新幹線と同程度の列車長約 400 m に対し,設計条件として単独走行時速 550 km,2列車相対速度時速 1,000 km のトンネル内圧力変動を算定し,トンネル内に生じる最大・最小圧力変動を覆工構造に作用する設計荷重として評価がなされた.

トンネル覆工は無筋コンクリートで構成され,繰り返し圧力変動が作用するような場合,コンクリートの耐久性,すなわち疲労特性の検討も課題である[2].そのため,トンネル内走行によって生じる圧力変動と覆工コンクリートのひずみを測定し,これらの関係を求めている.次に,覆工コンクリートの応力を求めるために,地山は支保工により支持され,内空変位は収束して安定しているという条件の下,圧力変動による変形は覆工と導水材にのみ生じると仮定し,トンネル軸に垂直な断面での2次元平面ひずみ問題としてソリッド要素を用いた FEM 解析が実施された.測定によって得られた圧力変動を静的に作用させた解析を実施し,覆工コンクリートのひずみの解析結果と測定結果を比較して,解析モデルの検証がなされた.さらに,最大正圧と最大負圧の設計用圧力変動を作用させた解析を実施し,強度特性に対する検討を行い,トンネル内の圧力現象の重なりとその重複度に応じた圧力変動,ならびにその繰り返し回数の算定をしている.これらの応力状態を忠実に再現可能な疲労試験装置によって実験を行い,累積損傷度評価から覆工コンクリートの疲労特性の検討が行われ,十分な疲労耐力があることが確認された[3].

参考文献

1) 山崎幹男・若原敏裕・永長隆昭・上野　眞・藤野陽三:超高速鉄道トンネル内に生じる圧力変動評価.土木学会論文集,**738**/I-64, 171-89, 2003.
2) 山崎幹男・加藤　覚・若原敏裕・岡崎真人・上野　眞・藤野陽三:超高速鉄道トンネル内の圧力変動に対する覆工構造の設計.土木学会論文集,**752**/I-66, 119-131, 2004.
3) 山崎幹男・永長隆昭・嶋武正郎・峰　之久・斎藤正樹・木村克彦・吉田　順:圧力変動を受けるトンネル覆工の疲労試験に関する一考察.土木学会第58回年次学術講演会,pp. 83-84, 2003.

4.3.5 中央新幹線の計画

東海道新幹線の役割を代替補完することが望まれている中央新幹線は,全国新幹線鉄道整備法第4条の「建設を開始すべき新幹線鉄道の路線」として,基本計

画が定められている路線の一つである．そのルートは，起点を東京都，終点を大阪市，主な経過地を甲府市付近，名古屋市付近，奈良市付近と定められている．超電導磁気浮上式による中央新幹線は，21世紀の新しい時代にふさわしい国土基盤の構築に資する国家プロジェクトとして期待されており，1998（平成10）年に策定された全国総合開発計画「21世紀の国土のグランドデザイン」において，「中央新幹線について調査を進めるほか，科学技術創造立国にふさわしく超電導磁気浮上式鉄道の実用化に向けた技術開発を推進し，21世紀の革新的高速鉄道システムの早期実現を目指す」と記され，国家的プロジェクトとして，その推進がうたわれている．JR東海が1990（平成2）年2月の運輸大臣による調査を行う法人として指名に同意し，現在，JR東海と鉄道建設・運輸施設整備支援機構が，全国新幹線鉄道整備法第5条に基づく「地形，地質等に関する事項」について全線にわたる調査を行っている．

中央新幹線により東京・大阪間が約1時間で結ばれると，7,000万人を超える人口を有する巨大な都市エリアとなる．その都市エリアは，通勤・通学や買い物，レクリエーションなどの行動が共有できる巨大な日常生活圏・経済交流圏を形成する．このような巨大な都市エリアは世界に類を見ないものであり，きわめて魅力的な経済市場の出現を意味し，国内外からの投資を強く喚起することになる．

東海道新幹線は三大都市圏を結ぶ唯一の新幹線として，1日平均36万人，年間で1億3,000万人が利用し，日本の大動脈として経済を支えている．従って，地震などによって東海道新幹線が寸断された場合，社会・経済活動に与える影響はきわめて大きいものになると考えられる．また，1978（昭和53）年の大規模地震対策特別措置法の施行により，静岡県を中心に東海地震の地震防災対策強化地域が指定された．2002（平成14）年4月には，新たな強化地域として愛知県内などが加えられ，東海道新幹線は，およそ300kmにわたって地震防災対策強化地域に含まれることになった．また，2000（平成12）年から富士山の地下で低周波地震が観測され，2001（平成13）年7月に国と関係自治体により「富士山ハザードマップ作成協議会」が設置された．直ちに噴火などの発生が懸念されるものではないが，富士山が火山であること，およびその危険性が再認識された．

災害に強い安全な国土形成は国家としての大きな課題であるが，国土の大動脈である東海道新幹線については，災害時の代替補完方法の確保が国家的ニーズであると言える．そして，中央新幹線が実現すれば，東海道新幹線との二重系化に

よる危険分散が可能となり，万一の場合における，幹線鉄道の機能確保の上できわめて効果的であると言える．

　2000（平成12）年度から，経済波及効果・大深度地下利用などの整備に必要となる基礎資料を作成するための「中央リニア調査」や，整備方式・財源方式などを検討する「中央リニア新幹線基本スキーム検討会議」が実施され，2003（平成15）年4月には需要予測と建設費・車両費の試験結果が公表された．また，国土交通省の超電導磁気浮上式鉄道実用技術評価委員会において「超電導磁気浮上式鉄道は，その実用化のための基盤技術を確立している」との評価を得ている．JR東海，鉄道・運輸機構および（財）鉄道総研が一体となって進めてきた超電導磁気浮上式鉄道に関する技術開発の成果は，国際的な大競争時代における経済社会の発展を支え，災害に強い安全な国土形成に寄与し，エネルギー・地球環境保全に対する国家プロジェクトとして，中央新幹線への適用が早急に望まれている．

〔鈴木　誠〕

5
災害対策技術

5.1 災害対策の現状と今後必要とされる建設技術

5.1.1 災害対策の現状
わが国で被害を被る災害は以下のようなものである．
- 台風，洪水，高潮
- 地すべり，土石流，土砂災害
- 地震，津波
- 火山の噴火
- 雪崩
- 雷，雹
- 竜巻
- 火災

地すべり，土石流，土砂災害などは，台風などの豪雨によって発生する災害であるので，一次原因は台風にある．

雪崩は冬山に限定され，最近では登山者の遭難が問題であり，大規模な雪崩は発生していない．1930（昭和5）年代の黒部第三発電所建設中に，泡雪崩が発生して作業員宿舎が吹き飛ばされた大惨事が報告されているが，その後はこのような雪崩による災害はない．

雷，雹，竜巻による災害も，わが国ではあまり多くないが，2006（平成18）年には北海道で大規模な竜巻の被害があった．

火災は建築では消防法の観点からも大きな課題である．土木構造物では，地下構造物の火災が問題で，これについては 2.2.3 項で取り上げた．

従って，わが国における重大な災害は，台風などの洪水，地震および津波，火山の噴火であると言える．

この3つの災害に対して，それぞれに対策がとられてきたが，毎年のように発

生するこれらの災害によって生じた新たな被害に対して，従来とられた対策の見直しがなされている．

　台風などによる洪水は，発生から進路は予報が可能であるが，風速，雨量などは予報を上回る場合もあり，毎年，人命，財産が失われている．豪雨に対する対策は，山林部の植林，ダムの建設，河川の護岸・水制などが有効であるが，特に，ダムによる河川の水量の管理は高度なレベルまで整備されている．そのため，河川の氾濫による災害は，近年大幅に減少した．

　地震に関しては，昔から対策技術が発達してきたが，最近は地震の大きさが大きくなり，また，直下型の地震も発生してきたため，従来の対策技術の改善がなされている．近年では，地震の予知技術が発達してきたので，備えができるようになってきた．

　火山の噴火は，火山の位置が決まっているため，人命に関わる被害はなくなってきた．しかし，火砕流，火山灰による被害は大きく，特に火山灰による被害は対策が困難である．

5.1.2　災害対策に必要とされる建設技術

　台風などによる洪水，地震および津波，火山の噴火の3つの重大な災害に対する対策に必要とされる建設技術を以下で述べる．
　① 洪水対策技術
　② 火山の噴火対策技術
　③ 地震対策技術

5.2　洪水対策技術

5.2.1　洪水対策の課題と建設技術の方向性

　毎年のように，わが国には台風，大雨が襲い掛かり，多くの人命，国土・財産が失われている．記憶に新しいところでは，2004（平成16）年10月20日頃に西日本から本州を縦断して北海道まで襲った台風23号によって，新潟地方はがけ崩れなどの被害を受け，その直後の10月23日に，新潟県中越地震が襲ったので，被害が倍増した．

　有史以来，人類は人命，住居，農地などを守るために，治山・治水対策を行ってきた．武田信玄の行った「信玄堤」は有名で，河川の氾濫防止対策が，時の為政者にとって重要な課題であった．

第二次世界大戦が終わった後，わが国が復興し，経済成長を遂げるために，まずエネルギー確保が必要で，大規模なダムを建設して水力発電が行われた．このダムは，もちろん，治山・治水，水確保の目的も兼ね備えたものであった．その後，経済が発展するにつれて，エネルギーも多様化して，水力から火力，原子力発電に移っていき，ダムの目的も，水力発電から，飲料水・農業用水確保，治山・治水に変遷してきた．

洪水対策には，治山，治水，河川の氾濫防止，河口部の高潮防止など，多くの対策が含まれる．また，都市部の河川では，集中豪雨による増水対策として，地下に一時的に貯水する対策もとられている．この地下河川は都市部の地下に大空洞を建設するもので，2.2節で述べた都市内地下建設技術と類似の建設技術で対応している．

河川の氾濫防止対策などに対して，国土交通省は，河川の上流域での水源林の涵養，ダムの建設，下流域ではスーパー堤防，遊水地，親水性護岸などで対応している．親水性護岸は氾濫防止と言うより，都市再開発に伴って人が河川の水に触れて，憩いを与えることが主目的であるが，護岸を造り替えることによって，氾濫防止にも役に立っている．

このように，洪水に対しては河川の上流から下流まで様々な対策がとられている．本節では，洪水対策の中で最も話題が多く，多額の建設費を必要とし，多くの建設技術が開発されている河川の上流部のダム部に焦点を当てて論じたい．

一昔前は，ダムを建設する技術の開発が主であったが，最近は，地球環境問題がクローズアップされ，ダム建設には向かい風が吹いている．しかし，わが国には毎年，台風などによる風水害があり，国民の命や財産を守るために治山・治水対策が必要なことは自明の理である．

さらに，水源となる山も人の手が加えられなければ荒れ放題になるので，山を維持して水源を確保するためにも，手を加える必要がある．

つまり，自然生態系を維持できるようなミチゲーション（緩和措置）技術を活用して，人と自然が共生できる形での洪水対策を，今後進めていく必要がある．また，ダムの建設技術も発達して，自然をできるだけ保護し，自然と共生する建設技術も開発されてきた．

本節では，以上のような論点から，次の3つの技術について述べる．
① ダム建設に伴う環境保全技術
② 環境に配慮したダム用コンクリート運搬技術
③ コンクリートダムの新しい打込み方法

5.2.2 ダム建設に伴う環境保全技術
a. 環境保全の現状と新しい方向性

　山間部の森林の中を流れる河川に巨大なダムを建設すると，建設時に岩盤・地盤を掘削することによって地形を改変して自然を破壊するとともに，完成後に湛水することによって水没地域の自然を大きく変えてしまうので，最近は新たなダムを建設することが困難になってきた．

　もちろん，ダムは，洪水を防止し，生活に必要な水を供給し，電力を供給するという重大な使命を持っているので，国土保全の観点からのみではなく，生活環境整備の観点からも必要な施設である．

　従来の高度経済成長の時代には，水，電力の供給の観点からダム建設が推進されてきたが，第1章にも述べたように，安定成長の時代に入り，環境重視の時代に社会が変革したので，この時代に合致したダム建設が必要になってきた．

　2004（平成16）年にはわが国に多くの災害が発生し，風水害による被害も多かったので，国民を災害から守る観点から，ダム建設が見直されるようになると思われる．

　従って，ダムを計画する場合，その必要性を広範囲に検討し，代替案も検討した後に，生活環境および自然環境への影響と影響がある場合の対処としてのミチゲーションについて入念に検討する必要がある．

　その結果，ダムを建設しても生活環境への影響は環境基準内にあることは当然として，元にあった自然を保全し，かつ自然生態系と共生できる方策を見出して，周辺の住民の理解を得られる計画を策定することが重要である．

　このように，建設地を特定した後，1999（平成11）年6月に施行された「環境影響評価法」に従って環境アセスメントを行う．この中には，生態系も環境要素として入っているので，生態系については慎重な対応が必要である．ダムの建設中のみならず，完成後の影響についても評価しなければならない．

　本項では，ダム建設中に焦点を当てて，ダム建設に伴う環境保全に関する技術について述べる．

b. ダム建設中の環境影響とその対策技術

1）　ダム建設中の環境影響　　ダム建設中に生活環境および自然環境に影響を及ぼす原因は以下のようなものである．主として，コンクリートダムの建設を対象として考えている．

① 仮設備，工事用道路を設置するために掘削，盛土することによって生じる地形の改変および森林の伐採

② ダム本体工事のための岩盤掘削による地形の改変および森林の伐採
③ コンクリート用骨材に使用する原石を採取するための地形改変および森林の伐採
④ 発破および建設機械による騒音
⑤ 発破および建設機械による振動
⑥ 骨材製造プラント，建設機械などによる粉塵
⑦ 工事用排水（骨材製造プラント，コンクリートプラント，清掃など）
⑧ 夜間照明
⑨ 各種プラント，建設機械などによるCO_2の発生
⑩ 廃棄物の発生
⑪ 外来植生による植栽
⑫ 作業員などの活動に伴う生活廃棄物・生活排水

このような環境影響の原因があるが，騒音，振動，粉塵などのように工事中に限定される影響と，地形の改変や森林の伐採などのようにダム完成後にも影響が及ぶものとがある．

工事中に限定される環境影響については，工事現場で働く作業員，現場周辺の住民，現場周辺の植生，現場周辺に住む動物，特に猛禽類に対する環境影響について，「猛禽類保護の進め方」（旧環境庁，1996（平成8）年）の指針に準じて，事前に慎重に対策を検討する必要がある．

ダム完成後にも影響が及ぶ項目については，本書では扱わない．

このような環境影響に対して，ハード面，ソフト面からの対策が実施されているが，最も重要なことは，発注者，設計者，施工者および作業員まで含めたダム建設に関わる全員が，環境を保全することの意義，重要性を認識して，行動することである．そのための教育は必要であり，かつ，その現場で実施している環境保全活動を，地域住民や国民に情報発信し，住民とのコミュニケーションを図ることが大切である．

以下，環境影響の原因に対する対策について述べる．

2) 仮設備用の地形の改変および森林の伐採に対する対策　　コンクリートダムを建設する場合，本体工事に入る前に，既存の道路から工事現場まで資機材を運搬するために工事用道路を造り，骨材製造用プラント，コンクリート製造プラント，コンクリート運搬用設備，濁水処理プラント，作業員宿舎などの仮設備を建設する．

特に，コンクリートおよび資機材を運搬するためにダムの上部を走行するケー

ブルクレーンがよく用いられてきたが，最近では，ケーブルを固定するために，両岸に設置するアンカー工事で地形を改変したり，森林を伐採するので環境に良くないという指摘を受けて，他の方法を検討することが求められている．そのため，ケーブルクレーンを設置しないで，ダムの上流側にタワークレーン，テルハクレーン，5.2.3項に示すライジングタワーなどを設置する工法が採用されることが多くなった．

また，貴重な猛禽類の飛翔に対してケーブルクレーンは良くないとの指摘もあり，ライジングタワーの方が猛禽類に対して影響が少ないとの検討結果からライジングタワーが採用された現場もある．

一方，旧建設省を中心として，コンクリートダムの合理化施工に関する研究開発が1970（昭和45）年代後半から始まり，コンクリート打設を従来のブロック打設から，ダム全面を一気に打設するレヤ打設工法が開発され，コンクリート運搬設備も新たな工法が開発された．

5.2.4項に示す超硬練りのRCD工法では，ダンプトラックでコンクリートを運搬し，別の工法ではベルトコンベアで運搬する工法，コンクリートポンプで運搬する工法などが開発されて，ケーブルクレーンを使わないようになった．これらの工法は地形改変，森林伐採などには良い工法であるが，建設機械を多用するために，CO_2の発生など他の環境影響に問題がある場合があるので，環境影響を総合的に検討する必要がある．

他の仮設備を設置する場合，地形の改変が少なく，森林の伐採が少ない場所を選定する必要がある．工事用道路の路線の選定も同様な配慮が必要である．

3) **ダム本体工事用の掘削による地形改変および森林伐採に対する対策**　ダムの立地選定の段階で地形改変，森林伐採が少なく，自然生態系への影響の少ない場所を選定することが肝要であるが，工事の段階でも，計画位置より余分な掘削を避け，計画位置の外の植生に影響が及ばない掘削方法を採用する．

貴重な植生がある場合には，掘削前に植生を植え替えたり，工事前に自然生態系に対する対策を慎重にとる必要がある．

掘削した岩石を廃棄しないで，コンクリート用骨材としての利用を検討し，廃棄岩石を極力少なくすることも重要である．

4) **原石採取による地形改変および森林伐採に対する対策**　コンクリートダムの場合，ダムの容積と同程度の量の骨材をコンクリートに必要とするので，ダムの近くで，骨材に適する岩石を見つけて，その原石山を掘削するのが一般的である．もちろん，ダム本体の掘削時に発生する岩石も，できる限りコンクリート

用骨材として使用する．

　原石として使用する場所以外の地形を改変したり，森林を伐採することを避けるような掘削方法を採用する．

　また，原石掘削後，跡地としての活用，または斜面の崩壊，土砂の流出などが生じないような自然の保全をしなければならない．

　5) 発破および建設機械による騒音および振動に対する対策　　建設初期の岩盤掘削のための発破による騒音対策は，発破を使う時間を決め，住民の生活，猛禽類などへの影響を少なくすることが重要である．発破による振動対策は，火薬量を調整して振動を少なくしたり，一部には大型重機による掘削を採用する．

　騒音を多く発生する骨材製造プラント，コンクリート製造プラントには，吸音材などの防音装置をつけた室内に機械を設置したり，振動する機械の下にゴムなどの緩衝材を設置したりして，騒音・振動に対する対策を施す．

　建設機械は，低騒音，低振動タイプの機械を使用する．

　6) 骨材製造プラント，建設機械などの粉塵に対する対策　　骨材製造プラント，コンクリート製造プラントなどで粉塵を発生する機械には覆いをかけて，粉塵が外部に出るのを防ぐ．

　車両による粉塵対策としては，工事用道路を清掃し，散水することが効果的である．

　7) 工事用排水に対する対策　　工事用排水としては，骨材製造プラントからの汚濁水が多く，コンクリート製造プラントからの洗浄水，コンクリート表面のレイタンス除去に伴う汚濁水などが代表的なものである．

　これらの濁水処理には，現場内に濁水処理プラントを設置して処理するのが一般的である．

　8) 夜間照明に対する対策　　夜間照明は動物，特に猛禽類，昆虫類に対する影響が大きい．現場周辺に猛禽類の生息が確認された場合などは，夜間作業の中止に追い込まれることもあるので，注意が必要である．

　また，広い範囲の照明は，波長が昆虫類の可視領域からずれて，昆虫類を誘引しにくいとされている高圧ナトリウムランプを用いると効果的である．

　9) 各種プラント，建設機械などによる CO_2 の発生に対する対策　　ダムの立地，規模，環境影響対策などによって施工方法が決定されるので，その施工方法の中で，CO_2 の発生の少ない施工手順を選定する．

　その後，工事に要求される機能を発揮するプラント，建設機械の中で，CO_2 の発生の最も少ないものを選定する．同時に，建設機械の組み合わせも考慮して，

使用する建設機械の台数を極力少なくする.

10) 廃棄物の対策　近年,環境問題が叫ばれるようになってから,建設現場では建設廃棄物を極力出さない活動がなされて,4R活動が行われている.

4Rとは,廃棄物を現場に持ち込まない（Refuse）,減少する（Reduce）,再利用する（Reuse）,リサイクルする（Recycle）のことである.この結果,建設現場から出る廃棄物は,極端に減少している.

さらに,最近では,建設現場から廃棄物を一切出さない「ゼロ・エミッション」を目指した施工方法を採用している現場もある.

c. 猛禽類生息環境における環境保全対策の実例

最近,ダム建設現場で猛禽類の生息が確認されて,その環境保全対策を行っている現場が多いので,一つの事例として述べる.

1) 建設活動と生態系への影響および環境保全対策の抽出　生態系への影響は,動物については「クマタカ」の生活や繁殖活動への影響と餌となる他の動物への各種影響,人間活動（廃棄物など）で誘引されるカラスなどの天敵による影響などを考慮する.なお,クマタカは主に山地帯に生息し,翼長約1.5 mの大型の猛禽類で,絶滅危惧IB類（レッドリスト）希少種（種の保存法）に指定されている.

植物については,伐採や造成などによる植物自体や生育基礎（土壌）への影響や生育環境への影響,また,法面植栽などで持ち込まれる外来種による影響などを考慮する.

環境対策は生き物に対する直接的な対策と間接的な対策を,また,環境教育のように対策を実施する人への対策を考慮する.

2) 環境保全対策　環境保全対策を具体的にハード面,ソフト面でまとめる.

ハード面の対策：
① 工種・工程対策
② 大気汚染防止対策
③ 工事濁水対策
④ 騒音・振動対策
⑤ 廃棄物対策
⑥ 植物保全対策
⑦ 動物保全対策
⑧ 視覚的対策

⑨ 人の生活活動対策
ソフト面の対策：
① 管理体制
② 教育啓発活動
③ 情報公開
④ 人の生活活動対策

この中で，視覚的対策について述べる．

　猛禽類は視力が優れ，色彩を判別する能力が高い．特に繁殖期は過敏になることから，クマタカへの視覚的影響を軽減するため，対象地の植生や地面に合わせ，人工物のカラーリングに深緑，茶または低明度色を採用した．また，視覚的対策は，現場での作業員ほか関係者に対しても教育的効果や対策実施のアピールが期待できる．

　次に，代表的な事項である，工種・工程対策，管理体制，教育啓発活動について述べる．

3）　工種・工程対策　　基本的な考え方として，クマタカの生活サイクルの中で営巣期は特に敏感な時期であり，クマタカへの影響を少なくするために，営巣期における工事量を十分に検討する．このことは，事業の推進に対して根幹にも関わる問題であるため，発注者，設計者，施工者の現場に関わるすべての人が連携して対応する必要がある．

　そのために，営巣地と工事現場が近い場合[*1)]は営巣期間の工事中断を検討し，全体工程の中で調整する．

　営巣期間は営巣木から遠い所での工事を行い，営巣木に近い所は営巣期以外の期間に工事を行う．衝撃的な騒音を少なくし，営巣期には夜間の工事を中断することが必要となる．

　また，同時に稼働する建設機械の数を少なくするような工程・配置計画とする．

　発破の薬量を制限したり，制御発破を採用したり，営巣期には発破作業を中止する必要もある．

4）　管理体制　　各種の環境保全対策を推進するためには，環境保全管理体制を整備することが必要である．生態系保全を目指した環境保全管理体制として

[*1)] 「猛禽類保護の進め方」（旧環境庁指針，1996（平成8）年）では，繁殖期において営巣中心域の範囲では工事などの実施は避けることとされている．

は，現状組織として機能している安全管理，品質管理の組織体制の中にうまく組み込むと無理なく管理できる．

また，生態系保全管理担当者を選任し，環境保全委員会で情報を共有する．学識経験者などを入れたクマタカ検討会を開催して，対策の実施状況を検討する．

工事とクマタカの共存を図るために，クマタカに対するモニタリングを行う必要がある．モニタリングでは，営巣地方向に監視用ビデオカメラを設置して，常時監視するシステムも導入されることもある．

5) 教育啓発活動　　各種の環境保全対策を推進するためには，工事に関わる全員が正しく理解することが重要で，そのために，教育啓発活動によってレベルアップを図る必要がある．

環境教育としては，工事に関わる全員に定期的な集合教育を実施したり，OJTによる業務改善などによる直接的な方法と，イベントや出版物，情報提供などによる間接的な方法がある．

〔奥村忠彦〕

参 考 文 献
1) 林業と野生鳥獣との共存に向けて．日本林業調査会，1994.

5.2.3　環境に配慮したダム用コンクリート運搬技術
a.　ダム用コンクリート運搬設備の課題と新しい方向性

昨今，ダム建設事業を取り巻く状況は非常に厳しくなっており，特にコストダウンと環境保全対策については従来に増して一層の配慮が求められている．

コンクリートダムの施工法は，コンクリートの運搬方法そのものであると言っても過言ではない．運搬の良否が施工の成否を決定し，運搬の能率が工程を大きく左右する．運搬設備の変遷は打設方法に大きく影響されており，従来工法である柱状ブロック工法においては，堤体内の任意の箇所にコンクリートを供給しなければならないため，コンクリート運搬設備としてはケーブルクレーンによる方法が最適であった．

しかしながら，ケーブルクレーンを設置することは，堤体の両岸の地山を切り取ることとなり，環境保全面では必ずしも最適工法であるとは言えなかった．近年のコンクリートダムは，拡張レヤ工法やゼロスランプコンクリートによるRCD（Roller Compacted for Dams）コンクリート工法などのレヤ打設工法が主流になってきており，堤体内を自走できるダンプトラックなどの運搬車両を利用すれば，必ずしも堤体内の全範囲をクレーンのサービスエリアとしなくても良くなっている．

このような状況を踏まえて，コンクリート運搬設備の設置に付随して発生する大規模な地山の切り取りを避けるため，ダム堤体上流側にコンクリート運搬設備を配置して，その上で効率的な運搬方法とすることで経済性を追求する新しい技術について論じる．

b. 新しいコンクリート運搬設備の目標

新しいコンクリート運搬設備の目標は，以下のように設定した．

① ダム用仮設備設置のために，ダム天端より上部の地山掘削を必要とせず，自然の改変が小さいこと
② 猛禽類などの飛翔に影響が少ないこと
③ 経済的であること
④ 安全性が高いこと

① のダム天端より上部の地山掘削を必要としない運搬設備として固定式タワークレーンがあり，数多くのダム現場で使用されているが，他の運搬設備と比較して価格が高いのが現状である．そこで，低コストで，ダム天端より上部の地山掘削を全く行わない運搬設備を目標とした．

② の猛禽類などの飛翔に影響が少ない件は，ケーブルクレーンはワイヤーを天空高く設置することで猛禽類の飛翔への影響が懸念され，同様に固定式タワークレーンも75mと比較的長いブームが常時旋回することで猛禽類の飛翔への影響が懸念された．そのため，移動距離が短い運搬設備を目標とした．

③ の経済性については，現在ダム用運搬設備において，固定式ケーブルクレーンの価格が最も低コストである．そこで，固定式ケーブルクレーンと同程度の経済性を有する運搬設備を目標とした．

④ については，ケーブルクレーンおよび固定式タワークレーンは広範囲を移動または旋回することで，常に飛来落下などのリスクが懸念される．吊荷の移動距離を短くすることで飛来落下などの可能性のある範囲を限定し，安全性を高める運搬設備を目標とした．

c. ライジングタワーの概要

新しいコンクリート運搬設備としてライジングタワーが開発された．それに基づき，堤体積30～50万m^3の中規模ダムに対応する運搬設備として検討した．

① コンクリート運搬バケット容量を4.5m^3
② コンクリートバケットを外すだけで雑運搬が可能
③ 10tダンプトラックの搬出入が可能
④ ダム高さ75mクラスまで使用可能

表 5.1 ライジングタワーの仕様

吊上荷重	17.1 t
使用バケット	最大 4.5 m^3
水平ジブ長	19.0 m
巻上速度	実荷巻上 71 m/min
	実荷巻下 71 m/min
マスト	1.9×1.9 m　6 m/本

⑤ 延伸用のマストの取り込みおよび組み立てを設備本体で行い，特殊な補助設備を必要としない
⑥ マスト中央からの水平移動距離を 11 m 確保
⑦ 上下流の幅が狭くなる堤頂部の打設が可能
⑧ 組み立て・解体日数の短縮
⑨ 経済性

以上の項目を満足する運搬設備として，表 5.1 に示す仕様のライジンクタワーが開発された．

この運搬設備の特徴は，以下のようなものである．
① 吊荷は，垂直・水平方向のみに移動するので設備が簡素になり，軽量化が図れる．
② マストが 1 本である．
③ マストは建築などで多用されている汎用性の高いマストを使用．
④ 運搬サイクルについて，ダムの重心位置では同規模のケーブルクレーンと同等程度の能力を持つ．下方からの運搬となるので，ダムの上下流方向が大きい低標高部では，運搬距離が短くなり，その結果運搬能力は大きく，打設時間の短縮が可能．
⑤ マストの接続は，設備本体で取り込み後，組み立てが可能．補助設備を必要とせず，搬入・組み立て・ステージの上昇まで約 4 時間．
⑥ 中間支持金具を 2 箇所使用することで，ダム高 75 m 級まで使用可能．
⑦ 10 t ダンプトラックなどの大型重機の搬出入方法は，コンクリートバケットを取り外し，専用の台車に搭載する．
⑧ 組み立て日数が約 60 日間，解体日数が約 30 日間．
⑨ 吊荷は，垂直・水平方向のみに移動するので，飛来落下事故などのリスクが少ない．

ライジングタワーを採用するに当たっての最大の課題は，上下流が狭くなる堤

頂部の運搬および打設方法であった．これについては，不整池運搬車およびスプレッダベルトコンベアなどの検討を行った．

d. 岩手県鷹生ダムでの実績

鷹生ダムは，岩手県大船渡市に位置する岩手県発注のダムである．当ダムの周辺地域は，五葉山を中心として当ダム貯水池の一部を含む地域が「五葉山県立自然公園」に指定されており，多くの針葉樹林，広葉樹林に囲まれ，北限のニホンジカ，ニホンザル，ニホンツキノワグマ，ニホンカモシカ，アナグマ，テンなど，また，地名の「鷹生」からわかるようにイヌワシ，オジロワシなどの希少な猛禽類も多数生息している．

発注者である岩手県では，1997（平成9）年度からイヌワシなどの稀少猛禽類の生息実態調査を実施しており，その調査結果を基に猛禽類に関する学識経験者や有識者を中心とした鷹生ダム「自然との共生」検討会議を1999（平成11）年度から毎年開催し，その中でイヌワシの生息と鷹生ダム建設事業との関係や共生できるための工法の検討，「自然との共生」をダム建設最大のテーマの一つとしている．

これを受けて，企業体は「自然と共生する運搬設備」として，当初計画されていた固定式ケーブルクレーンによるコンクリート運搬に代えて，ダム上流河床部に設置する「ライジングタワー」を提案し，岩手県大船渡地方振興局鷹生ダム建設事務所との協議および指導を経て，経済性および運搬性能はケーブルクレーンと遜色なく，環境面で優れる「ライジングタワー」の採用に至った．

鷹生ダムの諸元を表5.2に，ライジングタワーによるコンクリートの運搬状況を図5.1に示す．

当設備を設置するに当たって以下の項目について詳細な検討を行った．

① 設置台数
② 設置位置

表5.2 鷹生ダムの諸元

形　式	重力式コンクリートダム
ダム高	77.0 m
堤体長	322.0 m
堤体積	328,000 m^3
集水面積	17.0 km^2
総貯水量	9,680,000 m^3
計画高水流量	330 m^3/sec

図 5.1　ライジングタワーによるコンクリートの運搬状況

③ 設置高さ
④ 上下流が狭くなるダム堤頂部の打設方法

① について，開発したライジングタワーの運搬能力であれば，1基で十分である．しかし，ライジングタワー設置ブロック箇所を打設した場合，コンクリートの若材齢強度の問題によって翌日の運搬作業に支障をきたす恐れがあり，特に気温が低い場合はコンクリートの若材齢強度が小さく，ダンプトラックの走行は望ましくなく，その結果，打設が不可能となる恐れがある．また，ダムに使用する資機材の搬出入は，コンクリート打設時間の 40％ 近くあり，雑運搬作業は重要と言える．以上を考慮して設置台数は 2 基とした．

② について，堤体内に設置される洪水吐き・取水設備・エレベータなどの構造物と運搬距離などを考慮して計画した．

③ について，コンクリートの製造設備およびバンカー線の高さによって設置高さを計画した．

④ について，堤体内の運搬をダンプトラックで行う工法において，上下流方向が狭くなる堤頂部は問題になり，過去にダム天端までダンプトラックで運搬・打設した事例は 1 件のみと非常に少なく，堤頂幅 5.0 m では事例がなく，発注者および現場担当者が一番懸念した項目であった．当初はスプレッダベルトコンベアなどを検討したが，新規に製作する必要があることから，もっと簡易な工法で

経済的な工法を検討した．

検討した結果，① 荷台が360度回転可能な大型の不整地運搬車（くるくるダンプ）での運搬・打設，② 橋梁の橋脚などは，ダム用コンクリートをライジングタワーで運搬後，堤体内を生コン車で運搬し，コンクリートポンプ車での打設が可能と判断して施工した．その結果，ケーブルクレーンの打設スピードとほぼ同じであった．ただし，資機材の搬出入などがやや煩雑化したが，ダム天端まで運搬・打設を行うことができた．

当ダムのコンクリートは，河床付近はダンプトラックの直送方式で打設を行い，河床から打設高さ11mほど打設後，ライジングタワーによる運搬・打設に切り替えた．堤体打設は2001（平成13）年3月から開始し，2004（平成16）年6月に完了した．

重力式コンクリートダムの形状は，三角形を基本としているので河床付近では上下流幅が広く，そのため打設量が多くなる．ライジングタワーは下方から運搬するので運搬距離が短くなり，固定式ケーブルクレーンと比較して最大で約35％運搬能力が大きくなる．その結果，コンクリートの打設工程は，当初計画より約4ヵ月短縮された．

マストを使用するクレーンは，自立で使用する高さは約30mである．30mより高い場合，中間支持金具が必要となる．

中間支持金具のアンカーは，堤体のコンクリート内に設置し，養生期間が28日以上になるように計画した．中間支持金具への取付けは，堤体内で型枠のスライドなどに使用しているレッカーを用いて行った．

設備本体の上昇は，延伸用のマスト1本（6.0m）を取付けた後，1回あたり1.5mの上昇を行い，4回繰り返すことでマスト1本分の上昇を完了する．1本あたりの上昇に要する総時間は約4時間程度であった．

鷹生ダムは，五葉山県立自然公園に隣接する景観と自然に恵まれた位置にあり，「自然との共生」が当ダム建設のテーマの一つとなっていた．このため，コンクリート運搬設備としてケーブルクレーンに代えて，工事による周辺環境への影響を軽減できる利点を持つ本設備が採用された．

頂部打設では，資機材の搬出入がやや煩雑化したが，ケーブルクレーンで計画した打設スピードを十分に満足し，ライジングタワーが最も得意とする重心付近では打設スピードが速く，工期短縮に大きく貢献し，十分な力を発揮した．

5.2.4 コンクリートダムの新しい打込み方法
a. RCD 工法

ダムの合理化施工については，環境保全やコストダウンが求められており，それらに対応した技術が開発されてきた．今までのダムは，人件費よりもセメントや鋼材などの材料コストが高いので，できるだけコンクリート量が少なくなるように支持岩盤の良好な建設場所が選定されてきた．その結果，黒部第4ダムのようなアーチ式コンクリートダムや中空式コンクリートダムが数多く建設されてきた．

近年，わが国のダムの技術力が向上してきたので，多少基礎地盤に問題があっても，コンクリートダムの建設が可能となってきた．そのため，基礎の地耐力の不足を補うためにダム堤体の下部が大きくなり，それに伴ってコンクリート量が増大し，建設コストが高くなってきた．

この問題に対して，1974（昭和49）年以来，旧建設省が中心となってコンクリートダムの合理化施工に関する研究・開発が続けられ，RCD（Roller Compacted for Dams）コンクリート工法が開発された．RCD 工法は，ダムに使用するコンクリートのコンシステンシーと締固め方法に特徴がある．一般のコンクリートダムに使用するコンクリートのスランプは，一般構造物よりもやや硬めであるが，大型棒状振動バイブレータで入念に締固めている．RCD 工法は，スランプ0 cm と超硬練りコンクリートを，ダンプトラックで運搬し，ブルドーザで撒出し，その後，土の締固めに使用されている振動ローラで締固める．大型ブルドーザや振動ローラを使用することで，棒状振動バイブレータによる締固め作業よりも相当速くなり，大量のコンクリート打設が可能となった．

また，RCD 工法に使用するセメント量は，従来工法より20～30％削減することが可能で，温度応力などによるひび割れ防止にもつながる．RCD 工法で建設された道平川ダムの施工状況を図5.2に示す．

従来のコンクリートの運搬方法は，スランプ3 cm 程度であったのでコンクリートバケットを使用する必要があったが，RCD 工法に使用するコンクリートはゼロスランプであるので，ベルトコンベアやダンプでの大量運搬による大幅なコストダウンが可能となり，環境保全にも効果的である．

これまでに，ダム高100 m 以上でコンクリート量100万 m^3 を超える超大型のダムをはじめ，RCD 工法を採用したダムは全国に30余ダムを数え，RCD 工法は一層の普及と技術の確立の段階へと移行している．

図 5.2　RCD 工法で施工中の道平川ダム

b. コンクリートダム建設の合理化技術

しかし，昨今の社会情勢および経済情勢の下では，さらなるコストダウンが要求され，そのためには，施工だけでなく設計および材料などを総合的に見直して，ダムの合理化施工技術を開発する必要性が生じてきた．

通常のコンクリートダムは，そのコンクリートに必要な骨材を山から採取し，骨材生産を行ってコンクリートに使用している．そのため，時によっては膨大な骨材の掘削が伴い，樹木の伐採などが行われて自然への改変が大きく，特に猛禽類への影響が大きい場合がある．このような場合，建設中に騒音，振動および埃などへ配慮を行い，施工完了後は骨材掘削した跡地を緑化するなどして，可能な限り当初の自然に戻そうとする努力と費用がかけられている．また，骨材生産を行うことで濁水処理が必要となり，骨材を洗浄したカスとして高含水比である汚泥が発生し，その処理などに莫大な費用をかけている．その結果，ダムの建設費が高くなっているのが現状である．

以上の諸問題を解決するために，極力現地で発生する材料を再利用する検討が行われてきた．

現在，ダム建設の合理化技術は，大きく3つに分類されて，開発が行われている．

① 設計の合理化：設計上の合理化は重力式コンクリートダムの形状を三角形から台形にすることである．台形にすることで，重力式コンクリートダム内に発生する引張応力を最小限に抑制することが可能となり，堤体内に発生する引張応力の変動を最小限に抑制することによって，コンクリートに要求される必要強度を小さくすることができる．

② 施工の合理化：堤体内に発生する応力を極力小さくすることによってCSG

（Cemented Sand and Gravel）の要求性能を低く抑え，その結果として CSG の製造方法，施工方法を簡素化する．

③ 材料の合理化：CSG に要求される必要強度を小さくすることによって，骨材を製造する原石の要求性能を低くし，原石の廃棄率を最小にすることで原石を最大限に有効利用する．

すなわち，現地の発生材料の特性を厳密に把握して，その特性を活用してダムの計画・設計・施工を行うことが重要である．

c. 台形 CSG ダム工法

設計，施工および材料について検討して，引張応力を最小にする「台形ダム」を新たなダム形式として，その基本的な考え方，応力解析および設計手法について検討されてきた．また使用材料については現地の発生材料を有効に利用する方法が検討された．その結果，台形 CSG ダム工法が開発された．

従来の重力式コンクリートダムの形状は，ほとんどが直角三角形である．そのため，設計条件によっては堤体内に引張応力が生じ，また，基礎地盤には大きな応力が働くので，転倒・滑動の危険性があった．ダムの規模や基礎地盤の特性によっては，下部の堤体部を大きくする必要があった．

台形 CSG ダムは，その形状を台形にすることで応力上有利になるが，ダム堤体の勾配が緩やかになることで堤体積は大きくなる．しかし，前述したように，河床砂礫や他の場所で発生した原石を有効利用し，さらに堤体に発生する応力が低く，高強度を必要としないことからセメント量を少なくすることが可能となって，コストダウンが可能となっている．特に，今までは廃棄処分していた原石まで使用可能となり，廃棄処分する土捨場が少なくてすみ，地山掘削が減少することによって，コストダウンが可能となる．

台形 CSG ダムで計画した場合の断面を図 5.3 に示す．

台形 CSG ダム工法はコンクリートの練りまぜ設備にも特徴がある．従来のダムコンクリートは強度を重要視するため，大規模なコンクリート製造設備を必要とし，1 バッチごとに精密に計量を行い，練りまぜを行う必要があった．しかし，台形 CSG ダムに使用するコンクリートは低強度で十分なので，ある程度の計量を行えば十分に目標強度を確保できるので，連続型の練りまぜ設備が開発されている．

現在，国内において低コストな練りまぜ設備が数多く開発され，材料を練りまぜ設備内に落下させるだけで混合可能な重力式や，省電力で練りまぜ可能な動力式の練りまぜ設備が 14 タイプ程度開発されている．

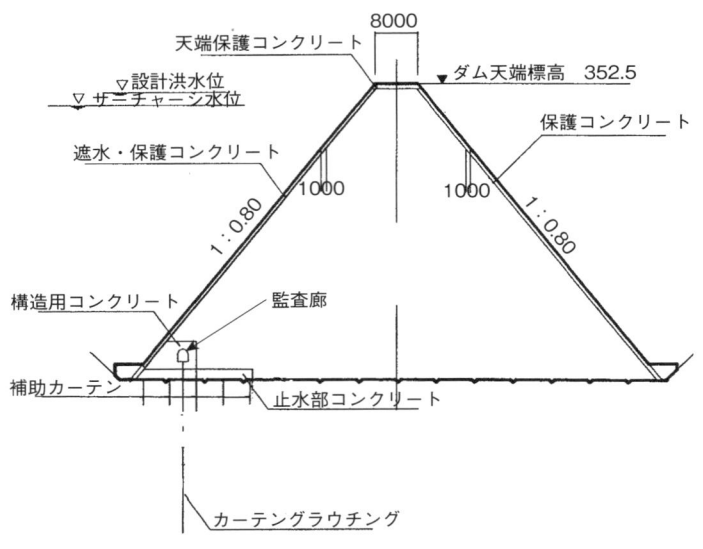

図 5.3 台形 CSG ダムで計画した場合の断面例

現在，河川の転流工としての上流締切りや貯砂ダムに数多く採用され，今後，大型のダムにも採用が計画されて台形 CSG ダムが多くなると予想される．

〔安河内　孝〕

5.3　火山の噴火対策技術

5.3.1　火山の噴火の課題と対策技術の方向性

日本列島は，海洋プレートが大陸プレートの下に沈み込むプレート境界に位置するため，プレート運動に伴う地震や火山活動が多く発生する．図 5.4 に日本列島周辺のプレート境界と過去に発生した地震および火山の位置を示す．溶岩や火山灰などの火山噴出物のもととなるマグマは，プレートの沈み込みに伴ってマントル物質が溶融することによって生じると考えられている[1]．マントル物質の溶融は沈み込んだ海洋プレートが深度 100〜150 km 程度に達した地点から生じるため，太平洋（海溝）側に最も近い火山の位置は海溝軸とほぼ平行な線上に並んでいる．この線は火山フロントと呼ばれ，日本列島では，この火山フロントより大陸側の地域に多数の火山が分布することになる．

日本において，第四紀（約 170 万年前〜現在）に活動した火山の数は 250 個を

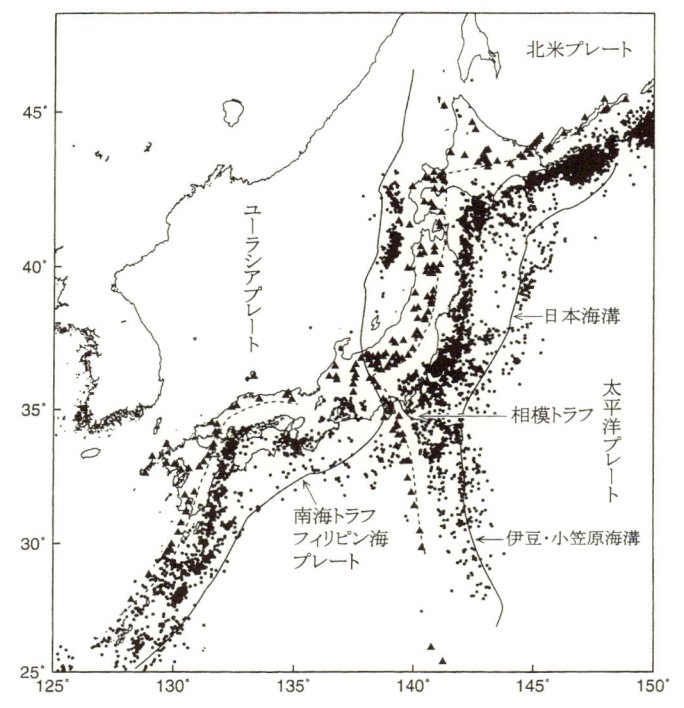

図 5.4 日本列島周辺のプレート境界と地震（●印）・火山の位置（▲印）[1]

超える．この中で，現在活火山と定義されているものは「おおむね過去1万年以内に噴火した火山および現在活発な噴気活動がある火山」であり，その数は108個である．これらの活火山には，現在も活発な噴火活動を繰り返しているものもあれば，有史以来，活動の記録が全くないものもある．火山噴火予知連絡会[*2]では，過去100年間の詳細観測結果と過去1万年間の噴火履歴に基づき，図5.5に示すようにAからCの3ランクを設けて活火山の分類を行っている[2]．この分類は，活火山の活動性に関する指標でもあり，噴火予知や火山災害への防災を考える際の目安となる．

わが国における過去最大の火山活動としては，約9万年前に発生した阿蘇山の噴火が挙げられる．この噴火では噴出量 100 km^3 に及ぶ大火砕流が発生し，九州

[*2] 旧文部省測地学審議会（現文部科学省科学技術・学術審議会測地学分科会）の建議により1974（昭和49）年に設立．気象庁を事務局とし，学識経験者・関係諸機関の専門家により構成される．

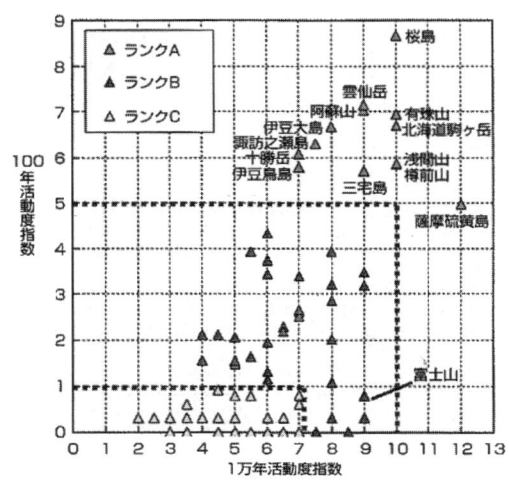

図 5.5 活動度指数に基づく活火山のランク[2]

地方や中国地方の一部が火砕流堆積物によって広く覆われた．また，噴出した火山灰は北海道東部の斜里付近にまで達したと推定されている[3]．明治以降の近代科学の導入以来最大の噴火は 1888（明治 21）年の磐梯山噴火である．この時には，大規模な水蒸気爆発により山体北側が大崩壊し，岩屑なだれが発生して 477 名の犠牲者をもたらした．

一方，最近の噴火事例としては，1990（平成 2）年から 1995（平成 7）年にかけての雲仙普賢岳，2000（平成 12）年 3 月の有珠山，同年 6 月の三宅島噴火が記憶に新しい．

雲仙普賢岳の噴火は，1989（平成元）年 11 月の橘湾における群発地震発生などの前兆現象を経て，1990（平成 2）年 11 月に山頂火口からの溶岩流出として始まった．噴火現象は前回の 1792 年から数えて 198 年ぶりであった．噴火活動はその後いったん衰退したものの，翌年 1 月下旬から火山性微動が再度活発化し，2 月には新たな火口を生じる噴火が起こった．噴火活動はその後も溶岩ドームの形成と崩壊を繰り返しながら継続し，6 月には大規模な火砕流が発生して，死者・行方不明者 43 名に上る惨事が生じた．噴火活動は，その後 1995（平成 7）年 3 月まで継続し，溶岩ドームは幅 1.2 km×0.8 km，高さ 230 m の平成新山となって活動を停止した．

有珠山は気象庁の常時観測対象火山であり，17 世紀以降 7 回の噴火を繰り返してきた．2000（平成 12）年の噴火は図 5.6 に示すように 3 月 31 日に発生した

図 5.6 2000（平成 12）年 3 月 31 日の有珠山噴火[1]
（手前は虻田町入江地区）

が，5日前の 2 月 27 日から火山性地震が観測され始め，2 月 29 日には数日内に噴火の可能性を示す緊急火山情報が発信された．噴火は主に山麓北西側で発生し，水蒸気爆発を繰り返し，小規模な火砕流も発生した．噴火に際しては，緊急火山情報の発信により住民の大規模な避難行動が開始され，人口集中域が近接していたにもかかわらず，人的被害は発生しなかった．

三宅島は，15 世紀以来 22 年の整数倍の間隔で噴火を繰り返しており[4]，気象庁の常時観測対象になるとともに噴火現象のシナリオも設定されていた[5]．2000（平成 12）年の噴火は，6 月 26 日 18 時 30 分頃からのマグマ移動に伴う群発地震と山体膨張の観測に始まり，翌 27 日には海底噴火が発生した．その後，いったん静穏期を経た噴火活動は 7 月に入り，山頂での小爆発に続く大規模火口陥没，8 月の数回にわたる山頂での大規模噴火と火砕流の発生，大量の火山ガスの発生と続き，過去の経験則では測れない展開となり，9 月には全島民避難に至る事態となった．火山ガスの噴出は，その後も現在に至るまで続いているが，2005（平成 17）年 2 月 1 日，4 年 5 ヵ月ぶりに避難指示が解除され，帰島への途が開かれることになった．

このように，火山噴火はその発生場所が既存の火山あるいはその周辺に限定されるという特徴を持つほか，噴火の時期についても，短期的なものに関してはおおむね予測可能な状態になってきている．しかし，噴火の規模・形態や持続期間については，まだ予測不可能な点も多い．従って，火山噴火に対する建設技術の展開としては，事前の対策工事をどの程度まで行うべきなのか，噴火発生後の緊

急対策を噴火の危険性の下でどのように行うのか，噴火終了後の復旧施策の一つとして噴出した膨大な火山灰をどのように処分するのか，などが挙げられる．

本節では，噴火現象に対する予測技術の現状と課題とともに，建設に関わる上記の問題に対する現状と課題について述べる．

参 考 文 献
1) 下鶴大輔：火山のはなし．朝倉書店，2000．
2) 山里　平：活火山の分類（ランク分け）と火山情報への火山活動度レベルの導入．土木学会誌，**89**(7), 40-41, 2004．
3) 地学団体研究会（編）：新版地学事典．平凡社，1996．
4) 宮崎　務：歴史時代における三宅島噴火の特徴．火山 第2集，**29**, 1-15, 1984．
5) 気象庁：火山噴火予知連絡会長期的予測に関するワーキンググループ第10回長期予測 SG 資料．1999．

5.3.2　火山の噴火予測技術

噴火現象の予測は，① データの集約，② 自然現象の評価と予測，③ 予測内容の発信の手順で進められる[1]．以下に，それぞれの内容について述べる．

a.　火山観測体制と観測内容

現在は，第7次火山噴火予知計画[2]に基づいて，前述した108個の活火山を対象に，気象庁をはじめ旧国立大学（北海道大，弘前大，東北大，東京大，東京工業大，名古屋大，京都大，九州大，鹿児島大），防災科学技術研究所，国土地理院，海上保安庁によって常時観測体制が敷かれている．火山監視・情報センターでは，交代制で24時間データ監視・処理が行われるとともに，緊急時に対する機動観測班，データ解析を行う解析担当者が配置されている．また，常時観測以外にも期間を限定して実施される実験観測が，上記の機関に加えて産業技術総合研究所や海洋技術センター，その他大学において実施されている．これらの体制に基づいて実施される観測内容は，常時観測が主に予知・防災の観点から実施され，実験観測はマグマ活動や噴火過程の解明を目的に行われている．

b.　噴火現象のモデル化とシミュレーションによる現象予測

噴火現象は多様であり，一つの火山においてもいくつもの噴火様式を示す場合も少なくない．従って，噴火現象のモデル化は，個別の火山において複数の条件設定の上に成立するものであるが，基本的な現象としては図5.7に示すように，次のように考えられている[3],[4]．

① プレート境界近傍の深度100～150 km付近で，海洋プレートの沈み込みに伴うマントル対流や海洋プレートから搾り出された水による融点の降下な

5.3 火山の噴火対策技術

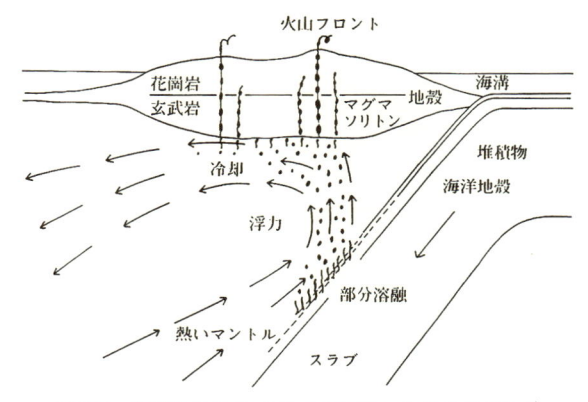

図 5.7 島弧におけるマグマの生成と上昇のモデル[3]

どによってマントル物質が溶融し，初生的なマグマ（玄武岩質マグマ）が形成される．
② この初生的マグマがダイアピル（部分溶融した塊）などの形態をとり，結晶分化作用によって組成を変えながらマントルおよび地殻内を上昇する．
③ 上昇したマグマは，周辺の岩盤と比重がつりあう地殻内の深さ数 km〜10数 km の位置で滞留してマグマ溜りを形成する．
④ 地殻応力によってマグマ溜りの体積が変化したり，深部から新たに高温のマグマが混入してきたりするとマグマに発泡現象が生じ，浮力によってマグマはさらに上昇して噴火に至る．

噴火が発生した後の溶岩流・火砕流の流下現象や火山灰の到達範囲に関しては，数値シミュレーションによる予測が行われている．例えば桜島の大正溶岩における検討では，溶岩流を擬塑性流体とし，2次元浅水流方程式によって溶岩流の分布を計算し，実際の分布との比較を行った結果，両者がよく一致したことが示された[5]．また，雲仙普賢岳の火砕流分布についての検討[6]も行われている．さらに，火山堆積物の土石流・泥流や火砕流は固相（岩塊，土砂）・液相（水）・気相（ガス，水蒸気）からなる多相混合体であるため，これらを不連続体と見なして離散要素法などにより，その流下挙動をシミュレーションできる可能性も示されている[7]．また，火山灰に関しては，噴煙柱内の粒子の分布モデルを用いた3次元移流分散方程式によって，その分布到達範囲が予測されている[8]．

c. 予測結果の配信

上記の観測結果・予測結果は防災に役立てる情報として，関係機関あるいは広

く一般大衆に向けて発信されることになる.

　気象庁の火山監視・情報センターで集約・解析された観測結果は，火山噴火予知連絡会などの検討結果を踏まえ，火山情報として地元の気象台を通じて自治体，警察，消防などの防災機関，報道機関に伝達される．気象庁では個々の火山における過去の活動履歴も加味した活動レベル表を作成しており，現時点では樽前山，北海道駒ヶ岳，岩手山，吾妻山，草津白根山，浅間山，富士山，伊豆大島，阿蘇山，雲仙岳，九重山，霧島山（新燃岳・御鉢），桜島，薩摩硫黄島，口永良部島，諏訪之瀬島の16火山において活動レベル表が公表されている[9]．また，これら以外の火山に関してもレベル表の作成が順次進められる予定である．

　火山情報に応じて実際の警戒・避難体制を実施する際に用いられるのが火山ハザードマップである．

　日本で最初の火山ハザードマップは，1983（昭和58）年に北海道駒ヶ岳周辺自治体による駒ヶ岳火山防災会議協議会によって作成された．その後，1991（平成3）年の雲仙普賢岳火砕流災害を契機に，1992（平成4）年，当時の国土庁防災局による「火山噴火災害危険区域予測図作成指針」，建設省河川局による「火山災害予想区域図作成指針（案）」がとりまとめられ，火山ハザードマップ整備が急速に進められるようになった．2007（平成19）年現在は，37火山において作成・公表されている[10]．また，2000（平成12）年の有珠山噴火の際には，国土庁や周辺自治体により作成・公表されていたハザードマップに従って住民の避難行動，および噴火終息に伴う避難区域の縮小などが進められた[11]．

　噴火現象は多様であり，一つの火山における一連の噴火においてもその様式が刻々と変化する場合がある．従って，多彩な噴火様式による災害を1枚の図に表示することには困難が伴う．小山[12]は，公表されている火山ハザードマップにおいて想定されている噴火現象に基づき，① 最大実績想定型，② 特定現象着目型，③ 典型的噴火ケース想定型，④ 現行噴火対応型の4種に区分してその得失を述べている．また，防災計画として設定されている避難経路や避難箇所の位置・個数に関して，交通渋滞や徒歩移動による遅延を考慮した避難シミュレーションを行い，最適な経路の評価などを行う例もある．

参 考 文 献

1) 井田喜明：火山噴火予知の最前線．月刊地球，**23**(11), 745-748, 2001.
2) 科学技術・学術審議会：第7次火山噴火予知計画の推進について（建議）.
 (http://www.mext.go.jp/b_menu/shingi/gijyutu/gijyutu0/toushin/03072402.htm)
3) 下鶴大輔：火山のはなし．朝倉書店，2000.

4) 井田喜明：マントル・ウェッジの構造と島弧の火山活動．火山 第2集，**31** (1), 1-13, 1986.
5) 山下伸太郎, 宮本邦明, 大原正則, 緒続英章, 水山高久：溶岩流の数値シミュレーション．水工学論文集，**34**, 391-396, 1990.
6) 宮本邦明, 鈴木 宏, 山下伸太郎：火砕流の流動モデルと流下・堆積範囲の予測に関する研究．水工学論文集，**36**, 211-216, 1992.
7) 土木学会火山工学研究小委員会：活火山地域の防災対策の課題と展望．土木学会論文集，**666**/III-53, 1-20, 2000.
8) 鈴木建夫：有珠山1977年降下火砕堆積物の渦動拡散モデルによる解析．火山 第2集，**30** (4), 231-251, 1985.
9) 気象庁ホームページ
 (http://www.seisvol.kishou.go.jp/tokyo/keikailevel.html)
10) 防災科学技術研究所：火山ザードマップデータベース
 (http://www.bosai.go.jp/library/)
11) 宇井忠英：ハザードマップの整備と活用．火山，**48** (1), 117-181, 2003.
12) 小山真人：噴火想定からみた日本の火山ハザードマップ．月刊地球，**23** (11), 811-820, 2001.

5.3.3 噴火対策技術

　噴火に伴う災害は，噴火現象そのものに起因する一次災害（例えば，山体崩壊や溶岩流・火砕流などによるもの）と，火山堆積物がそれ自身の重力不安定や降雨などにより崩壊・流出して発生する二次・三次災害に分けられる[1]．これらの災害に対する対策技術（防災技術）としては，一次災害に関しては，噴火現象そのものを防止することは困難であるため，災害発生への警戒と適切な避難を行うために，前述した噴火予測技術が用いられる．

　一方，二次・三次災害に関しては，基本的には砂防の技術（火山山麓における砂防は，特に火山砂防と呼ばれる）により対処することになる．さらに，より広義の防災関連技術として，火山災害に関する教育・啓蒙活動や土地利用規制に関する法整備など，社会科学的なものも含まれる[2]．ここでは，噴火対策技術として，火山砂防の内容について述べる．

　火山砂防とは，火山山麓における土砂災害の防止軽減を目的に，流出土砂量の低減，流下方向の変更などを行う構造物を建設することである[3]．表5.3に一般的な砂防施設の種類と機能を示すが，火山砂防の特徴としては次の3点が挙げられる．すなわち，① 通常の砂防施設と比較して大規模な構造物が要求されること，② 計画対象土砂量が，一次災害（噴火対応）と二次・三次災害（降雨対応）の複数に設定されること，③ 土砂移動形式が多種に及ぶため，施設の計画・設

表 5.3 砂防施設の種類と機能 [3]

砂防施設の機能 \ 砂防施設の種類	土砂生産制御	流出土砂調節	流出土砂捕捉	流路固定	流向制御	氾濫防止
山腹工	○	—	—	—	—	—
床固工	○	○	△	○	—	—
砂防ダム	○	○	○	○	○	△
遊砂地	—	△	○	○	△	○
流路工・導流工	—	—	—	○	○	○
導流堤	—	—	—	—	○	○

○：主たる機能，△：場合によって期待される機能

計に際してのターゲットが絞りにくいこと，である．このような点から，火山砂防施設は単一の火山山麓においても土砂移動現象の内容・発生箇所・規模に応じた複数の施設を組み合わせて配置することとなる．図5.8に火山砂防施設の配置概念図を示す [4]．

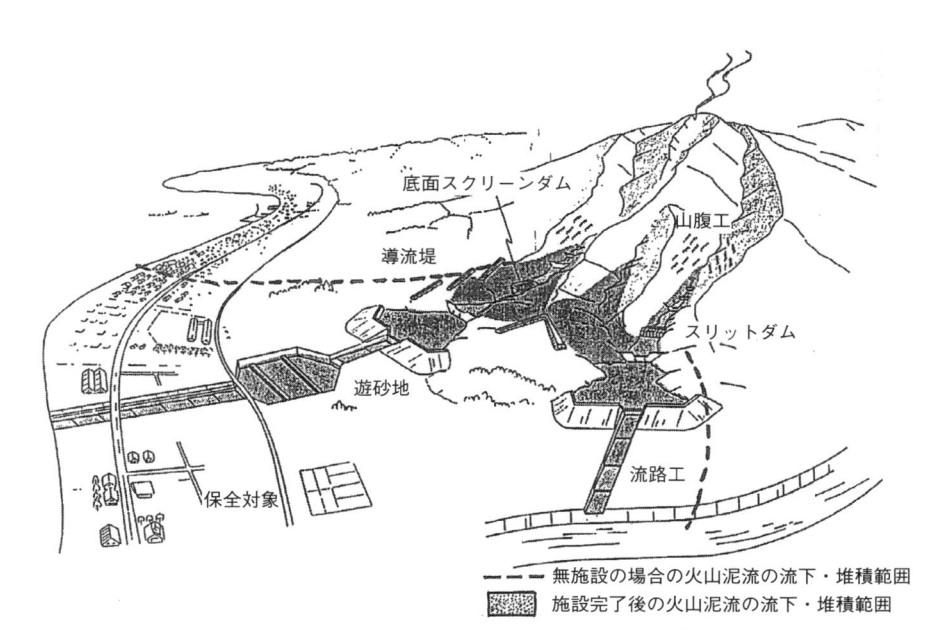

図 5.8 火山泥流対策砂防施設の配置概念図 [3]

5.3.2項でも述べた通り，噴火現象の規模・持続期間を事前に予測することは難しい．従って，防災対象となる噴出物の総量把握が困難となり，火山砂防はどうしても噴火後の復旧対策という形式をとらざるを得ないのが現状である．人的・物的損害を早い段階からできる限り低減させるために，事前の対策がどの程度行えるかは，噴火予測技術の精度向上と関連して今後の重要な課題である．また，噴火後の復旧対策として行われる防災施策についても，より低コスト・効率的に，かつ環境や地域との共生を配慮した公共事業としてのあり方が問われる．火山砂防に直接関わる課題をまとめると以下の通りである[3]．

① 火山砂防施設は複数の土砂移動現象に対応するため，構造物の設計外力設定手法が未確定．
② 火山噴出物を構造材料として用いる際の技術基準が未確定．
③ 噴火現象が長期にわたる場合など，あらかじめ計画した土砂捕足容量が不足する場合，応急の除石工などを追加する必要があり，その際の施工効率を上げるための工法が必要なこと．
④ 緊急時あるいは恒久的な土捨て場の確保．
⑤ 火山防災施設は大規模になる場合が多いが，火山周辺地は風光明媚な名勝地が多く，環境や景観に配慮が必要．
⑥ 砂防施設および危険区域の設置と地域振興（復興）との関連性．

以上の課題に対する対応の一つとして，雲仙普賢岳における噴火災害からの復興事業が挙げられる．雲仙普賢岳復興事業では，火山砂防施設の建設とともに，砂防指定地域内での学習体験パークの設置や市民参加型の緑化促進運動，復興フェスティバルの開催，災害遺構の保存，土砂埋立地での災害記念館の建設などが進められ，火山防災と地域振興（復興）が図られている．

参 考 文 献

1) 中筋章人，向山　栄，河相祐子：空中写真による雲仙岳の火山防災調査．応用地質，**34** (6), 40-48, 1994.
2) 石川芳治：火山防災学研究の現状と課題．砂防学会誌，**51** (2), 78-81, 1998.
3) 土木学会火山工学研究小委員会：活火山地域の防災対策の課題と展望．土木学会論文集，**666**/III-53, 1-20, 2000.

5.3.4　噴火処理技術

前項の火山防災技術は，基本的には噴火が終了した後の復旧対策として行われるものが多いが，噴火現象は通常数日以上は持続し，時には数年にわたって継続

する場合もある．この点で他の自然災害（地震，台風など）とは異なっている．従って，噴火現象が続く中で緊急的な対策工事が必要となった場合は，噴石・溶岩流・火砕流などによる一次被害や，土石流・泥流による二次被害の危険を避けながらの施工が必要となる．このために，遠隔操作機付き建設機械による無人化施工が実施[1]されている．

無人化施工は，近年の建設業における自動化・ロボット化の流れの中で研究開発されてきた遠隔操作技術を組み合わせたもので，噴出した火山堆積物を掘削・運搬し，構造物の建設までも行う一連のシステムである．1990（平成2）年の雲仙普賢岳噴火による災害復旧工事において初めて導入された[2]．図5.9に無人化施工による掘削，運搬システムの概念を示す．遠隔操作の方式は，一部に有線での操作もあるが，大半は無線により行われ，操作対象に応じて使用無線種別を変えて行われている．

無人化施工による施工性は，雲仙普賢岳での実績として有人施工に対する効率と比較して約50％（試験施工時）〜約80％（本施工時）となっており，土砂の掘削・運搬に関してはほぼ実用域に達していると評価される[2]．ただし，転石の破砕作業が困難であること，建設機械の運転が有人時に比べて荒くなり，損傷が

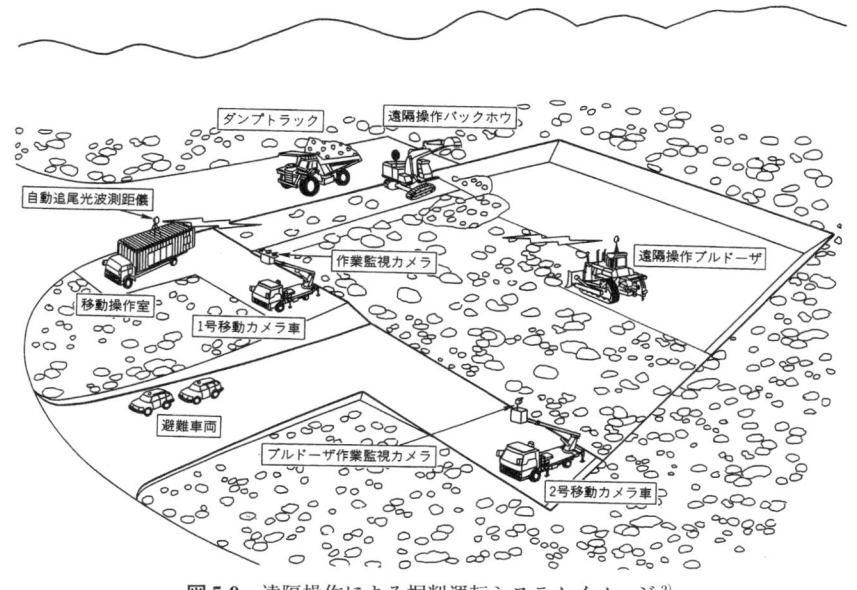

図 **5.9** 遠隔操作による掘削運転システムイメージ[2]

多いこと，施工量や施工ヤードの増設に伴って，操作・モニタリングを行う無線使用回線数が不足すること，などの課題も浮き彫りになった．これらの課題に対しては，今後，車両振動などの細かな情報と運転制御（ギヤの変更）の高度化，無線伝送の大容量化・高速化などによって解決が望まれる．

現在までに実施された無人化施工による火山災害復旧工事には，雲仙普賢岳をはじめ有珠山，三宅島がある．有珠山噴火の際には，施工地域の地形が複雑で，かつ市街地に近接していたため，雲仙普賢岳で実施されたような中継局を介した無線遠隔操作が困難であった．このため，当時の建設省と郵政省の特例として専用電波回線による「建設無線」が導入され，遠隔操作機器を搭載した車両から直接に建設機械を操作する方式がとられた[3]．また，三宅島における無人化施工では，亜硫酸性の火山ガスが充満する中での復旧工事であったため，遠隔操作室（有人）自体をクリーンルーム化する必要があった．このように，無人化施工は火山ごとの噴火様式，施工環境の特性に応じた方法がとられている．

無人化施工は，噴火処理技術としてだけではなく，建設作業に対する省力化という大きな流れの中で，今後も改良が加えられていくと考えられる．現在，多数の機械類の運転制御・施工管理のための統合ディジタル無線を用いたデータ伝送方法が研究されているほか，人工知能による自律的運転制御や共同作業の研究，ヒューマノイドロボットによる運転制御など，新たな建設技術の潮流を生み出す研究が進められ，今後の発展が期待されている[1]．

参 考 文 献
1) 三村洋一，間野 実，森 利夫：火山災害と無人化施工．建設の機械化，**1**, 2003.
2) 松井宗広：火山噴火災害に威力——無人化除石システム．土木学会誌，**2**, 18-20, 1995.
3) 西尾正巳：有珠山の泥流対策工事．月刊建設，**9**, 14-16, 2001.

5.3.5 火山灰の有効活用技術

噴出した膨大な量の火山性堆積物は，多くの場合，産業廃棄物と同様の扱いで土捨て場などに廃棄されている．しかし，一方で，火山堆積物中に含まれるガラス成分やその他の鉱物・金属類に着目し，その特性を利用した有効活用法も研究され，一部では実用化されているものもある．

火山灰に関しては，鹿児島県の「しらす」や桜島火山灰の利用が古くから行われており，最近では雲仙普賢岳火山性堆積物，三宅島火山灰の利用例が挙げられる[1]〜[3]．表5.4にこれらの火山灰の利用内容を示す．また，その他の火山（北海道駒ヶ岳，伊豆半島，青森県のしらす）でも骨材としての利用例がある．

表 5.4 火山灰の有効利用事例

	種　別	利　用　例
工業製品	ガラス材	ガラス原料，ガラス製品
	研磨剤	クレンザー，研磨剤
	試　料	標準粒度粉体
	多孔質素材	フィルター，多孔質タイル，園芸土壌
	陶磁器材	粘土生地，釉薬
	染色・触媒材	染色剤，顔料，触媒，融雪剤
	セラミック材	タイル，パネル，れんが，ブロック
建設用資材	骨　材	軽量骨材，コンクリート骨材
	混合固化材	ソイルセメント材，裏込め・埋め戻し材，路盤材，漁礁
	土材料	盛土材，土地改良土壌
その他		廃棄物処分場の硫化水素発生抑止剤

表 5.4 に示すように，火山灰の有効利用例は，主に工業製品（ガラス材〜セラミック材）と建設用資材（骨材〜土材料）に分けられるが，処理せざるを得ない火山性堆積物の量を考えると，大量消費が可能な建設用資材への適用をさらに進めるべきとの考えもある．建設用資材として見た火山堆積物の利用として注目されるものには，雲仙普賢岳における仮設導流堤の施工に，現地の土石を原料とした CSG（Cemented Sand and Gravel）工法（5.2.4 項参照）が用いられている例[4]や，三宅島の火山灰を道路盛土や開削溝などの埋め戻し・裏込め材用に流動処理材として利用する方法の提案[1]などがある．これらは，現地の復旧作業に現地発生材を用いるきわめて合理的な利用法と言えよう．

また，工業製品への利用としては，火山ガラスを原料とした多孔質材料（人工ゼオライト）の製造が注目される．人工ゼオライトは吸着剤，イオン交換材，触媒として高い機能を持つ新素材であり，火力発電所から排出される石炭灰などの有効利用法として近年脚光を浴びつつある．東京都立産業技術研究所（現：東京都立産業技術センター）は，民間と共同で三宅島の火山灰を用いた多孔質材料により屋上緑化用土壌を開発している[2]．

このような事例は，自然災害の副産物を環境問題改善に利用するものであり，今後，我々が目指すべき循環型社会構築に向けての有効な取り組みの一つと考えられる．　　　　　　　　　　　　　　　　　　　　　　　　　　〔西　琢郎〕

参 考 文 献

1) 柴田英明，田中正智，小林一雄，清水英樹：三宅島火山災害の復旧に関する提案．土と基礎，**51**(9), 16-19, 2003.

2) 本阿弥忠彦：三宅島火山灰を利用した技術開発．平成13年度産技研セミナー資料（インターネット公開），東京都立産業技術研究所，2001．
3) 山中　稔，後藤恵之輔：火山性堆積物の有効利用に関する研究レビューと二，三の考察．土木構造・材料論文集，**12**, 129-135, 1996.
4) 松井宗広，井原邦明，城ヶ崎正人：火山噴火対策における無人化工事．土木施工，**36**（4），65-71, 1995.

5.4　地震対策技術

5.4.1　地震対策の課題と対策技術の方向性
a.　濃尾地震以降の地震被害

わが国は世界有数の地震国である．日本およびその周辺（地球表面積の0.1%）で放出される地震のエネルギーは，地球全体の10%にも及ぶ．大きな地震が足元で発生し，繰り返し大きな災害に見舞われてきたわが国では，地震災害の軽減が最大の課題であり，地震に対していかに構造物を強く建設するかといった研究が盛んに行われてきた．

地震工学の原点となったわが国における地震は，死者7,273人を出した1891（明治24）年の濃尾地震（M（マグニチュード）8.0）である．表5.5は，わが国を襲った濃尾地震以降の被害地震について示したものであるが，数年～十数年に1回といった割合で死者の出る大きな地震に見舞われていることがわかる．また，明治以降，地震災害で亡くなった人は20万人にも及んでいる．

濃尾地震は岐阜県内の根尾谷断層が活動したことによって発生した内陸型の巨大地震であり，濃尾平野の北部を中心に甚大な被害が発生した．濃尾地震は大断層が地表に現れたことで知られており，断層の最大変位は垂直および水平でそれぞれ6mと8mであった．被害は木曽川，長良川，揖斐川の下流部の沖積地において激しく，また断層付近においても集中的に発生している．木造建物をはじめとして，れんが造りの洋風建物などが大きな被害を受けた．この地震がきっかけとなって，文部省内に震災予防調査会が設けられ，地震学ならびに耐震工学の研究がわが国で組織的に始められた．

b.　関東地震（関東大震災）の被害
1923（大正12）年の関東地震（M7.9）の震源地は相模湾北部のプレート境界である．死者数は142,000人と驚異的な数値である．震度の最も大きかった地域は，相模川下流および酒匂川下流の沖積地，ならびに房総半島の南端部で，これ

表 5.5 濃尾地震（1891（明治 24）年）以降の主な被害地震 [1〜5]

地震発生日	地震名	マグニチュード (M)	死者数	地震ならびに被害の特徴など
1891.10.28 （明治24）	濃尾地震	8.0	7,273	内陸で発生したわが国最大の地震．家屋全壊142,177，半壊80,324，全焼7,000以上．断層，山崩れ，液状化などの被害が発生した．
1923.9.1 （大正12）	関東地震（関東大震災）	7.9	142,072	海溝型の巨大地震．死者の多くは火災によるもの．家屋の全半壊約25万，焼失約45万．れんが造りや石造りの建築物が大きな被害を受けたが，鉄筋コンクリート造りの建物に被害は少なかった．
1944.12.7 （昭和19）	東南海地震	7.9	1,223	熊野灘から遠州灘に至る海域のフィリピン海プレートの沈み込みに伴う海溝型地震．家屋全壊17,600以上，半壊36,500以上．最大波高10mの津波が発生．
1946.12.21 （昭和21）	南海地震	8.1	1,330	海溝型の大地震．地震被害は中部地方から九州までの広範囲にわたって発生した．家屋全壊11,000以上，半壊23,000以上，流出約1,450，焼失2,600である．
1948.6.28 （昭和23）	福井地震	7.1	3,769	福井平野の直下で発生した内陸型の地震．家屋全壊36,000以上，半壊11,000以上，焼失3,800．震央付近での木造家屋の全壊率は100%であった．
1964.6.16 （昭和39）	新潟地震	7.5	26	新潟県北部の沖合いにある粟島付近のプレート境界付近で発生した逆断層型の浅発地震．砂地盤の液状化に起因して，鉄筋コンクリート造りの建物が倒壊した．また，昭和大橋の落橋や，石油タンクの炎上などの被害が発生．
1968.5.16 （昭和43）	十勝沖地震	7.9	49	海溝型地震．木造民家の被害が比較的少なかったことに対して，耐震設計された鉄筋コンクリート造りの建物の短柱がせん断破壊する被害が発生した．
1978.6.12 （昭和53）	宮城県沖地震	7.4	28	海溝型地震．仙台市を直撃し，震度5．ライフラインの被害が市民生活に重大な影響を及ぼした．28人の死者のうち，18人はブロック塀や門柱の下敷きによる犠牲者であった．
1983.5.26 （昭和58）	日本海中部地震	7.7	104	逆断層型の浅発地震．秋田市，むつ市，深浦町で震度5を記録．津波が発生し，日本海沿岸の各地に来襲．その津波で100人が亡くなった．
1993.7.12 （平成5）	北海道南西沖地震	7.8	230（行方不明を含む）	奥先発地震．最大で高さ30mの津波が数度にわたって奥尻島に来襲した．199名は奥尻島での死者．家屋の全壊は594戸である．

1995.1.17 （平成7）	兵庫県南部地震（阪神・淡路大震災）	7.3	6,436	内陸型地震．震度7を記録した．この地震で長さ10.5 kmの野島断層が出現した．家屋全壊104,906，半壊144,274，住家全半焼約6,000以上である．神戸市内の死者の大部分は，家屋の倒壊や家具の転倒などによる圧死である．
2004.10.23 （平成16）	新潟県中越地震	6.8	40	逆断層型の内陸地震．最大震度は7である．家屋全壊817，半壊・一部損壊17,992．土砂災害，地盤災害が多発し，442ヵ所で崖崩れ，道路被害が6,000ヵ所，河川被害が229ヵ所で発生した．また新幹線が脱線した．
2007.7.16 （平成19）	新潟県中越沖地震	6.8	11	新潟県柏崎市に近い日本海沿岸のひずみ集中帯で発生した内陸地震．震源断層は新潟県中越沖にある海底断層．5地点で震度6強が観測され，柏崎市西山町での加速度記録の最大値は1,019 cm/s^2．建物の全壊1,118，半壊・一部損壊36,866．東京電力柏崎刈羽原子力発電所では運転中の4つの原子炉が自動停止し大災害には至らなかったが，重要度の低い設備や機器で損傷が見つかった．

らの地域での木造家屋の倒壊率は50％を超えている．東京および横浜の両市での建物の被害に関する考察から，硬質地盤では木造家屋の被害は比較的少なく，軟弱地盤では逆におびただしいことが指摘され，一方，土蔵や鉄筋コンクリート造の建物被害は，下町よりも山の手の方が大きいことが認められるなど，地盤と構造物の特性の違いで被害の程度が大きく異なることが，関東地震の重要な教訓になっている．

c. 新潟地震の被害

1964（昭和39）年の新潟地震（M7.5）は，わが国の高度成長が本格的にスタートし，都市の近代化が日本で始まった頃に発生した地震である．新潟市の震度は5，所によっては6であった．新潟地震による被害の特徴は砂地盤の液状化であり，マンホールや水道管などの地中埋設物が浮き上がり，ビルは傾斜・沈下し，竣工間もない昭和大橋が落橋し，また電気，ガス，水道の管路などにも大きな被害が発生した．

d. 宮城県沖地震

都市化がかなり進んだ1978（昭和53）年に発生した宮城県沖地震（M7.4）では，ライフライン，つまり電力，ガス，水道などの管路の遮断が，都市域で生活する人々に非常に不便な生活を強いることが明らかになった．将来大きな地震が大都市を襲った場合，ライフラインの被害が市民生活に及ぼす影響がきわめて甚

大で，近代化した都市に対する新たな地震対策の必要性が指摘された．

e．兵庫県南部地震（阪神・淡路大震災）

1） 兵庫県南部地震の教訓　1995（平成7）年の兵庫県南部地震（M7.3）は，日本の近代化された大都市を直下から襲った初めての地震であり，地震工学者を含め，多くの建設技術者はこれほどの大災害はもう日本では発生しないだろうと考えていた頃に発生した地震でもある．この地震はわが国の地震対策の問題点を端的に示すものとなった．これまで安全であると言われてきた日本の高速道路やビルが無残に倒壊し，鉄道や護岸などが大きな被害を被った．また，地震直後の政府ならびに地方自治体の対応が迅速さに欠け，危機管理にも大きな問題があることも露呈した．この地震によって示されたすべての問題が，今後の日本の地震対策を考える上で緊急を要する課題であると言えよう．

兵庫県南部地震は，過密な人口を抱え，種々の土木建築のインフラ構造物を有する近代都市を襲った大地震災害．また1970（昭和45）～1990（平成2）年に建設された多くの構造物が，非常に強い地震動を経験したという2つの点で，地震工学の歴史の中でたいへん大きな意味を有している[6]．

日本およびその他の国々で，これまでに構築されてきた広範囲にわたる地震工学研究の成果が，これほどまでに厳しい目にさらされたことはかつてなく，日本だけでなく，世界中の国々が耐震設計基準の改定に駆り立てられた．兵庫県南部地震から学んだことは，地震工学研究に大きな変革をもたらすものであるが，まだ，その研究の多くは進行中の段階にある．

2） 地震振動　地震と地盤振動の問題に関して言えば，断層近傍からの揺れがどれほど強いかを，我々はこの地震で鮮明に学ぶことができた．最大加速度だけでなく，最大速度や構造物に大きな影響を及ぼす0.5～1.5秒の周期帯域の加速度スペクトルに関しては，非常に貴重なデータを得ることができた．また，地質構造の変化に伴う地震動増幅の影響は，今後の土木建築構造物の耐震設計基準に積極的に活かしていく必要がある．阪神地区の構造物の建設において，これまでに用いられてきた設計震度（0.15～0.25）は不十分であることが今回の地震で証明された．

3） 橋梁の被害と教訓　阪神地区には様々な形式の橋梁が数多く存在する．兵庫県南部地震は，これらが強震動下においてどのように応答するかを観察する非常に良い機会となった．被災した橋梁は，旧基準で設計されたものが多かった．

しかし，建設年代の比較的新しい橋梁にも大きな被害が見られた．特に，海岸

の埋め立て地盤に建設された橋梁は，地盤の液状化ならびに流動化によってその基礎部分が被災し，結果的に落橋あるいは落橋寸前といった被害が発生した．

　復旧の観点からは，落橋と落橋寸前の被害とでは非常に大きな違いがあり，復旧に要する時間と費用には相当の差が生じる．橋梁の上部および下部工に関してだけでなく，基礎の耐震設計においても，じん性の向上を図るために，じん性設計の考え方を導入することが今後強く求められる．

　4） 液状化による被害と教訓　埋め立て地域における埋め戻し土の大規模な液状化の発生は，その土質特性からして理解できることではあるが，やはり大きな驚きであった．護岸が水平に変位した所ではそれに伴って地盤の側方流動が発生し，様々な被害を生じさせた．護岸から100 mまでの範囲にある杭基礎やケーソン基礎に，地盤の側方流動の影響が及ぶことが，今回の地震で初めて明らかにされた．今後の研究成果に負うべきところが大きいが，このような地盤の側方流動に対しても抵抗できる杭基礎の研究開発は，きわめて現実的な課題として緊急を要するものである．

　ケーソン形式の護岸は強震動に対して脆弱であることが今回の兵庫県南部地震で証明された．ケーソン基礎は，その底面で水平方向に移動・回転し，そのためにいくつかのケースでは，頂部の水平変位は5 mにも及んだ（平均では3 m）．しかし，一，二の例外はあるが，ケーソン基礎が転倒したという報告はない．

　地盤の液状化がこれらの大変位に大きな影響を及ぼしていることは明白であるが，しかし，地盤が液状化しない場合でも，大きな慣性力がケーソン基礎に作用することによる滑動が，ケーソン基礎の安定に大きな影響を及ぼしている．ケーソン基礎の応答特性によって，ケーソン近傍の地盤が液状化しないことも報告されているが，その範囲がどれほどかなど，まだケーソン基礎の耐震研究には多くの研究課題が残されている．一方，神戸で用いられた護岸の耐震補強工法は，強震動下における港湾施設の耐震設計に対してきわめて意義のある回答を提供したと言える．

　5） 地下構造物の被害と教訓　兵庫県南部地震までは，鉄筋コンクリートトンネルなどの地下構造物は，甚大な地震被害を被る可能性は低く，一般に地震には強いと信じられていた．これは経験的な概念に基づくものであり，地中構造物には小さな慣性力しか働かないということがその概念を正当化するものであった．しかし，神戸高速鉄道大開駅をはじめとする地下構造物の被害は，それらを再検討するものとなり，地下構造物の耐震安全性に関する一層の研究の必要性が指摘された．

f. 今後の対策技術の方向性

地震工学の歴史は，地震被害の歴史でもある．地震による災害の様相は，時代によって変化し，大きな地震が発生すると，常に新たな地震被害に遭遇するといったことが繰り返されている．地震工学の進展は，新たな地震被害の教訓によって図られてきたとも言える．

兵庫県南部地震からすでに10年以上が過ぎ，地震工学を専門とする研究者ならびに建設技術者は，断層近傍の揺れのはかり知れない強さを，現実感を持って感じ取れるようになった．しかし，我々はそのような強い揺れに対して，構造物がどのように応答するかについて，もっと真剣にさらに深く理解する必要がある．耐震補強技術の再構築が必要であり，地震被害軽減のための一層の努力が求められている．

〔田蔵　隆〕

参 考 文 献

1) 片山恒雄：東京大地震は必ず起きる．文藝春秋，2002.
2) 岡田義光：日本の地震地図．東京書籍，2004.
3) 小野徹郎：地震と建築防災工学．理工図書，2001.
4) 山田善一：耐震構造設計論．京都大学出版会，1997.
5) 土木学会，地盤工学会，日本地震工学会，日本建築学会，日本地震学会：2007年新潟県中越沖地震災害調査報告会資料．2007.
6) 田蔵　隆：ギリシャ地震工学会会長 George Gazetas 教授が語る．土木学会誌，**90**, 49–50, 2005.

5.4.2　リアルタイム地震防災技術

被害をもたらすような地震が「いつ」起こるかがわかれば，人的被害にとどまらず，物的な被害や経済的被害も劇的に減らすことが可能となるので，地震予知に対する期待は大きい．台風の予測技術の進歩によって，台風による人的被害が大きく減少したことを見れば，被害軽減に対する地震予知の有効性は明白である．

わが国における組織的な地震予知の計画は1965（昭和40）年に始まった．基本的な地震予知の考え方は，地震直前の前兆現象を検知して，いつ地震が発生するかを短期的に予測することであり，そのための観測体制の整備や地震の前兆現象に関する研究に多くの努力が傾注されてきた．しかし，現時点での認識として，地震の予知は想定東海地震を除いて困難であると言わざるを得ない．

一方，地震観測網の整備，ならびに通信技術の進歩に伴って，震源近くでとらえた地震情報をいち早く伝達することにより，大きな揺れが到達する前に防災対

5.4 地震対策技術

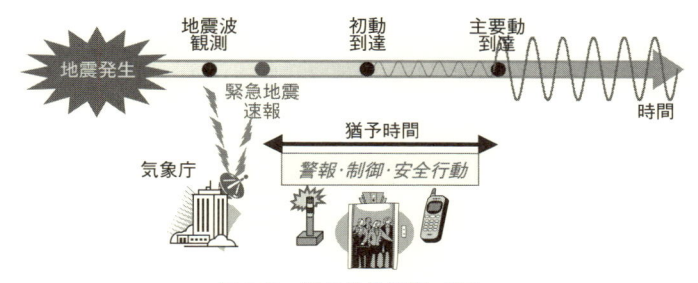

図 5.10 緊急地震速報の概念

策を稼働させようとする技術が進展を遂げてきた．このようなシステムは「地震の早期検知・警報システム」あるいは「リアルタイム地震防災システム」と呼ばれている．

こうした考え方は新幹線をはじめとする鉄道システムを緊急停止させることを目的に研究が進められてきたが，気象庁でも関係機関の協力を得て，全国に独自に展開した地震計による早期検知・警報システムの技術開発を進め，実用化の水準に到達するに至った．気象庁より配信される情報は「緊急地震速報」と呼ばれ，特定利用者向けの先行配信を経て，2007（平成19）年10月より一般向けにも提供が開始されるようになった．

緊急地震速報による猶予時間のイメージを図5.10に，緊急地震速報を活用した防災システムの例を図5.11に示す．緊急地震速報の活用対象としては，鉄道や車の早期停止，エレベータや生産設備などの緊急制御，建設現場や工場における危険作業の早期回避，などが想定されており，一部はすでに実用化されてい

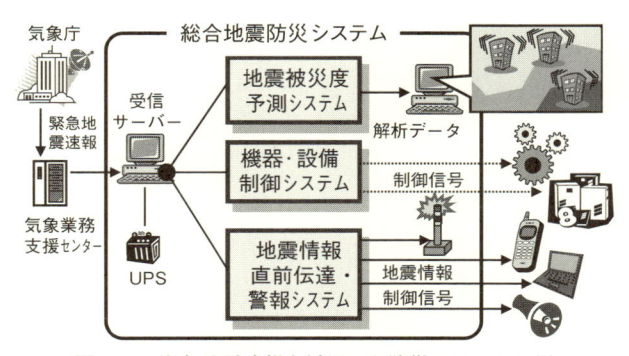

図 5.11 緊急地震速報を活用した防災システムの例

る．また，一般市民を対象としても，早期避難行動の支援，ガス栓の自動閉塞，玄関のオートロックの自動開錠などへの活用が今後進展していくと期待されている．また，緊急地震速報に基づいて広域での被災度を即時に予測することにより，地震後初動体制の立ち上げを支援しようとする試みも始められている．

緊急地震速報は情報が伝達されてから主要動が到達するまでの時間はたかだか数秒から数十秒であり，突発的で，かつこのような短時間に有効に機能するシステムをいかに実現するかには課題が残されている．また，阪神・淡路大震災や新潟県中越地震のようないわゆる直下型地震では時間の余裕がほとんど得られないことや，震源や震度情報の推定における誤差，誤報の可能性など，技術的な限界も有しており，このような特徴を理解した上での利用が必要とされている．

しかしながら，わが国の被害地震の多くは海域で発生しており，こうした地震に対してはそれなりの猶予時間も期待できる．緊急地震速報を活用した防災システムの意義は大きく，技術の一層の進展と種々の防災システムへの活用が期待されるところである．　　　　　　　　　　　　　　　　　　　〔石川　　裕〕

5.4.3　津波予測技術
a. 津波予測の役割

2004（平成16）年12月26日午前8時（現地時間）にスマトラ島西岸沖で起きたM9.0の地震による津波の被害は，世界中の人々を震撼させた．死者・行方不明者の数は，当初の予想をはるかに超えて25万人以上にも上り，1700年以降の津波による犠牲者数の記録[1]を大幅に塗り替える大惨事となった．環太平洋での津波警報システムが整備される中，環インド洋についてはそのようなシステムがなく，まさに不意打ちの津波の来襲を受けたことも，被害を大きくした一因であると考えられる．

さて，「津波予測技術」の最終的な目的が津波による被害を低減することにあるのは当然であるが，ここではまず，津波予測技術が具体的にどのような形で活用できるか（されるべきか）という観点から，津波来襲前後のステージにおける主要な役割を述べる．

①　津波来襲前の"備え"：津波防災では，堤防，護岸，水門といったハード面での施策と，ハザードマップに代表されるソフト面での施策を一体化した総合的な防災体制[2]が求められる．これらの施策を実施する上で，どの程度の波高の津波が来襲するかをあらかじめ推定しておく必要がある．もちろん，このような予測計算の結果は，仮想の断層モデルに対する「参考値」にすぎないが，沿岸地

形や水深変化などによって津波の遡上高さが高くなる弱点部はどこにあるかを把握して，ハード面での施策に反映させるとともに，ハザードマップを作成する上でも非常に有用な情報が得られる．

② 津波発生直後：わが国においては，気象庁が津波警報に関する責任機関であり，地震発生後わずか数分間で震源位置とマグニチュードを決定するとともに，図 5.12 に示す津波予報図[3]により，津波の有無と規模を判定する．また，過去の津波被害のデータベースから津波災害の予測も行っている[4]．一方，津波伝播のリアルタイムシミュレーションが可能になれば，津波の到達時間（これは震源位置と海底地形から即座に予測できる）とともに来襲波高が予測できる．さらに，地震発生後の時間の経過とともに入手できる観測データを利用して，予測精度の向上がなされるようなシステムになれば，津波警報システムの有効性と信頼性は現状よりも格段に向上され，少なくとも遠隔津波に対する人的被害はかな

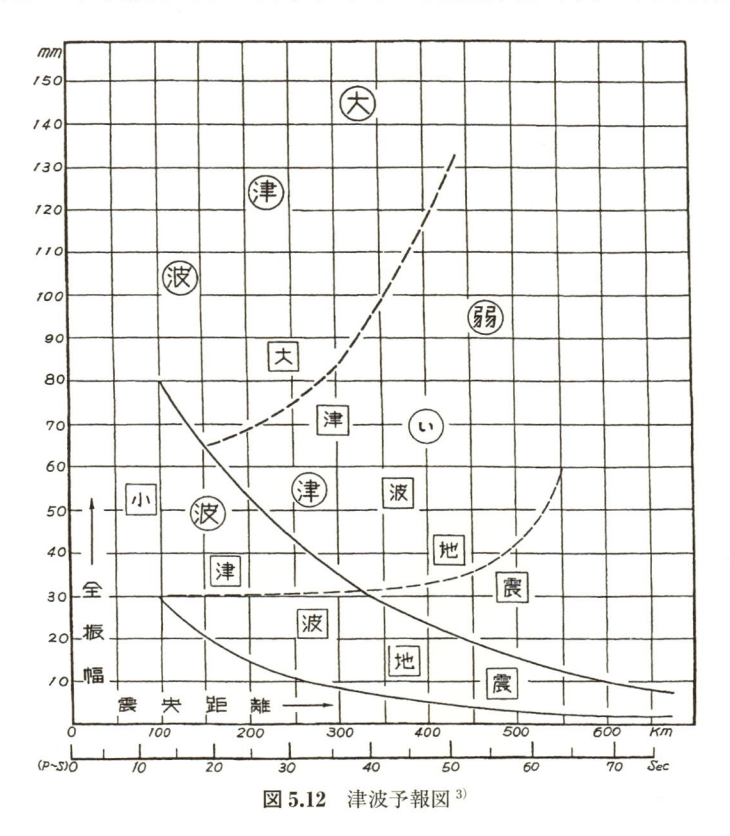

図 5.12 津波予報図[3]

り低減できると考えられる．

③ 津波被災後：津波による被災後の救援活動は，被害を低減させる上で非常に重要である．救援隊や救援物資をどこに，どの程度送り込めばいいのかを即座に判断する上で，津波のシミュレーションから得られる津波遡上高さや浸水域などは，貴重な情報となる．

b. 津波の発生と伝播の予測技術

津波の発生要因には，海底火山噴火や海底地すべりもあるが，その発生頻度は低く，ほとんどが地震による海底地形の変動に起因している．一般に，津波の初期条件としては，断層モデル[5]から推定される地盤の鉛直変動量と同量の水位変化が与えられる[6],[7]．しかし，実際の地盤変動は瞬時に起こる訳ではなく，断層の破壊速度で進行し，地震が発生してから変形が収まるまでには有限な時間が経過する．このような動的な変形過程[8],[9]や断層パラメータの影響[10]についての検討もなされている．

一般に，津波の伝播の解析に用いられる波動方程式は，線形長波方程式，非線形長波方程式，非線形分散波方程式である．線形長波方程式モデル[11]は，水深が深く，波高水深比の小さい領域に適用範囲が限定されるが，非線形モデルに比べて計算時間が圧倒的に少ないことから，津波発生直後のリアルタイムシミュレーションへの展開が期待されている．図5.13には，東海・東南海・南海地震（想定地震）の津波に対するシミュレーションの一例を示す．

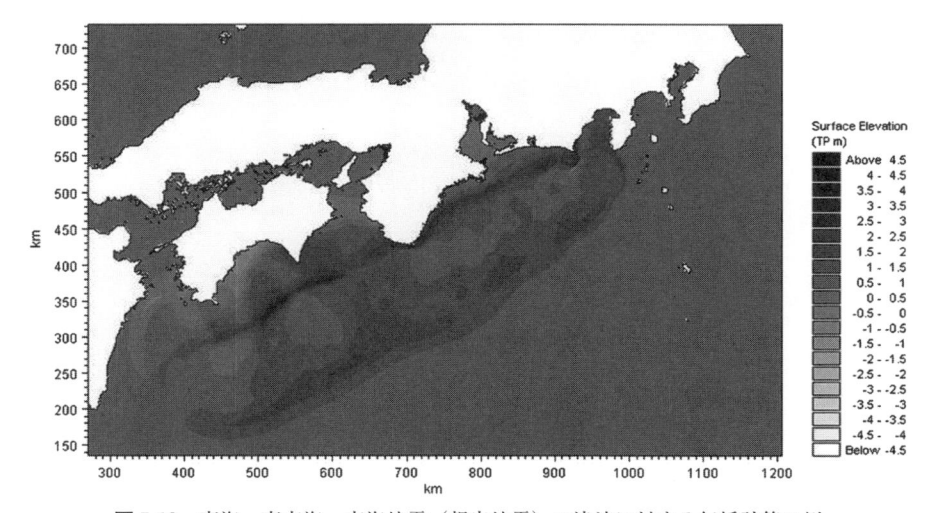

図5.13　東海・東南海・南海地震（想定地震）の津波に対する伝播計算の例

深海域での津波の伝播は線形の波動伝播モデルでも十分な精度で予測が可能であるが，津波が海岸線に近づいてくると，波高水深比が大きくなり，波の非線形性の影響が顕著に現れてくる．波峰の先鋭化およびその後に起こる砕波現象は，最も特徴的な非線形現象であり，海底地形によってそれらの形態は異なる．さらに，陸棚を伝播する際には非線形分散性の影響によってソリトン分裂[*3]を起こす場合もある．このような陸棚上および海岸線付近での複雑な伝播過程を予測・再現するためには，非線形長波あるいは非線形分散波モデルを用いる必要がある[12),13)]．

c. 陸上遡上の予測技術

津波の陸上遡上の予測技術は，近年発展を遂げている分野である．従来の典型的なモデルは，非線形長波方程式を基礎式として，陸上部分に粗度係数を与え[14)]，波先端条件[15)]の下に津波の発生から陸上への遡上を一括して計算するものであり，建物の規模などの条件を粗度係数に反映させる手法が主流であるが，ネスティングにより建物の形状をある程度再現した計算も行われている[16)]．図5.14にその一例を示す．一方，最近では，鉛直積分型の水平2次元場の方程式ではなく，ナビエ-ストークス方程式を基礎式とした多相流3次元モデルによる詳細計算も行われている[17)]．この種のモデルでは，構造物の形状や地形を詳細に再現できることから，分解能の高い遡上現象の予測が可能になる．現状では解析領域が限定されているが，今後はコンピュータ処理能力の向上に伴って，防災計画上，非常に有用なツールになることが期待される．

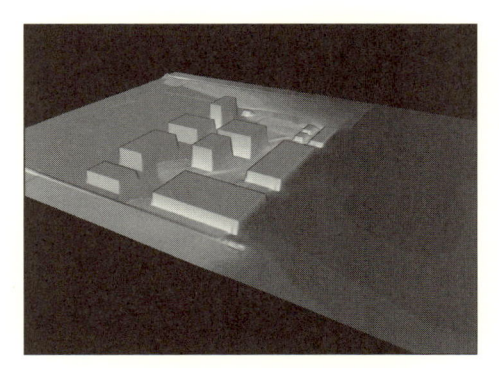

図5.14 津波の陸上遡上の計算例

[*3)] 波の非線形性と分散性によって，1つの波の峰が複数に分かれる現象．

d. 今後の方向性

2005（平成17）年1月17日の阪神・淡路大震災の10周年に合わせて神戸で「国連世界防災会議」が開催された．この会議の中で，今後，環太平洋で行われている津波警報システムを拡大して，環インド洋にも津波の早期警報システムを構築することが決められた．

わが国では，以前から津波予測に関するシステムの整備が進んでおり，今後，環インド洋の津波警報システムを構築する上で，わが国の技術を展開することが期待される．

国内においても，東南海地震による津波が予測されているので，警報システムの向上とともに，津波対策および津波後の復旧対策について準備することが望まれている． 〔大山　巧〕

参考文献

1) 今村文彦，越村俊一，河田恵昭：スマトラ地震による甚大な津波被害．土木学会誌，**90** (2), 5-7, 2005.
2) 例えば，須野原豊，田所篤博，山田哲也：海岸行政における津波対策について．海洋開発論文集，**20**, 5-9, 2004.
3) 首藤伸夫，今村文彦，越村俊一，佐竹健治，松冨英夫編：津波の事典．朝倉書店，2007.
4) 館畑秀衛：津波数値計算技術の津波予報への応用．月刊海洋，号外 No. 15, 23-30, 1998.
5) 例えば，佐藤良輔編：日本の地震断層パラメター・ハンドブック．鹿島出版会，1989.
6) 相田　勇：地震の断層モデルによる津波の数値実験．地震 II, **27**, 141-154, 1974.
7) T. Yamashita and R. Sato : Generation of tsunami by a fault model. *J. Phys. Oceanogr.*, **21**, 766-781, 1974.
8) 今村文彦：数値計算による津波予警報の可能性に関する研究．東北大学博士論文，1989.
9) 大町達夫，松本浩幸，築山　洋：震源断層の破壊過程が津波に及ぼす影響．海岸工学論文集，**48**, 331-335, 2001.
10) 今村文彦，首藤伸夫：津波高さに及ぼす断層パラメータ推定誤差の影響．海岸工学論文集，**36**, 178-182, 1989.
11) 例えば，松山昌史，今村文彦，首藤伸夫：1992年ニカラグア地震による津波の解析．海岸工学論文集，**40**, 196-200, 1993.
12) 後藤智明：アーセル数が大きい場合の非線形分散波の方程式．土木学会論文集，**352**, 193-202, 1985.
13) 土木学会海岸工学委員会編：波・構造物・地盤の調査・設計手法　調査・研究報告書．1993.
14) 相田　勇：陸上に溢れる津波の数値実験――高知県須崎および宇佐の場合．地震研究所彙報，**52**, 441-460, 1977.
15) 岩崎敏夫，真野　明：オイラー座標による二次元津波遡上の数値計算，第26回海岸工学講演会論文集，70-74, 1979.

16) 油屋貴子,今村文彦:合成等価粗度モデルを用いた津波氾濫シミュレーションの提案.海岸工学論文集, **49**, 276-280, 2002.
17) 安田誠宏,平石哲也,長瀬恭一,島田昌也:流体直接解析法による臨海部の浸水リスク解析.海岸工学論文集, **50**, 276-280, 2003.

5.4.4 阪神・淡路大震災後の耐震設計技術
a. 阪神・淡路大震災後の耐震設計法

阪神・淡路大震災の被害を教訓にして耐震基準のさらなる向上を図るために各機関で行われた設計基準の見直しには,① 想定地震動の引き上げ,② 強度とねばり強さのバランスを図った設計,③ 耐震設計法の動的解析を用いた高度化,が挙げられる.

地震動の引き上げに関しては,レベル1より大きなレベル2地震による構造物の安全性評価も必要と考えられた.レベル1地震動は構造物の耐用年限中に1～2度の発生を想定した地震で,従来から行われている設計震度で対応する.レベル2地震動は,きわめて稀に起こる地震である.道路橋示方書では,2種類のレベル2地震動,タイプⅠ(海洋性の大規模な地震で,例えば関東大震災などを想定)とタイプⅡ(内陸直下型地震で阪神・淡路大震災などを想定)を想定して,設計震度の大幅な引き上げが行われた.

ねばり強さに関しては,レベル2地震動の下での構造物の耐力とじん性の向上を図るため,道路橋示方書では,破壊形態を判定(曲げ破壊,曲げ損傷からせん断破壊移行,せん断破壊)し,それぞれの破壊に応じた保有水平耐力,許容塑性率の評価,コンクリートのせん断耐力の新たな評価式の導入,じん性を向上するための配筋のあり方などが明確化された.レベル2地震動の下での構造物の耐震性能照査は,非線形性を考慮した静的震度法あるいは後述する動的設計法により構造物の耐震性能に応じた設計が行われている.

動的設計法に関しては,従来の震度法と併用して,動的設計法が積極的に設計基準に取り入れられた.そもそも動的設計法の根幹となる動的解析法は,1950(昭和25)年代中頃からアメリカで始まり,わが国はその影響を大きく受けた.初期の段階では,アナログコンピュータを使い,きわめて小規模なモデルと強震観測により得られた地震波形を用いて構造物の地震時の揺れが計算された.震度法と異なる点は,固有周期の短い構造物では従来の設計震度より大きな地震力が,固有周期の長い構造物は小さな地震力が構造物に作用することがわかり,動的な耐震設計の機運が,特に高層建物を扱う建築の分野で起こった.その成果が

超高層ビルの出現である．

　その後，コンピュータ技術の進歩によって，部材の塑性（ねばり強さ）を考慮した弾塑性動的解析法の研究が始まった．近年の動的解析では大規模な構造モデルを短時間で検討できるようになり，弾性領域から塑性域そして破壊に至る過程までを正確に追える手法が開発されている．例えば，図 5.15 の解析事例のように，阪神・淡路大震災によって被災した道路橋橋脚の基礎杭の破壊メカニズムを 3 次元有限要素法により評価している．動的解析が初めて日本で行われた 1950（昭和 25）年代頃の，アナログコンピュータを用いた小規模な構造モデルによる弾性的な揺れの計算を思うと，近年の動的解析技術は格段の飛躍がある．

　このような動的解析技術の向上と阪神・淡路大震災の甚大な被害を背景に，動

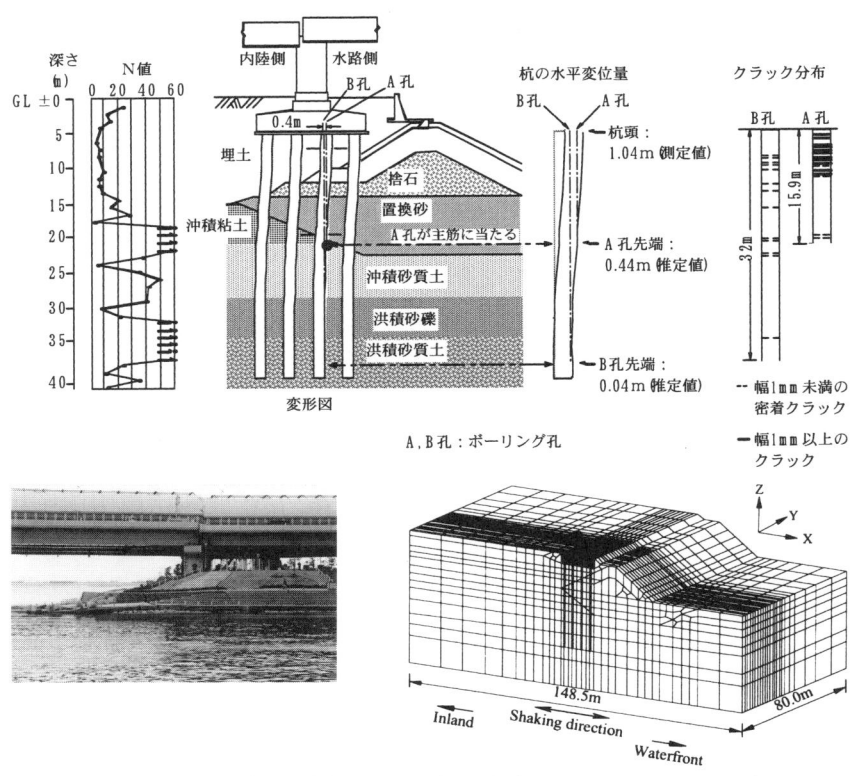

図 5.15　3 次元有限要素法を用いた液状化解析ならびに側方流動解析[1]
（阪神・淡路大震災によって被災した道路橋橋脚の基礎抗の破壊メカニズムの検証）

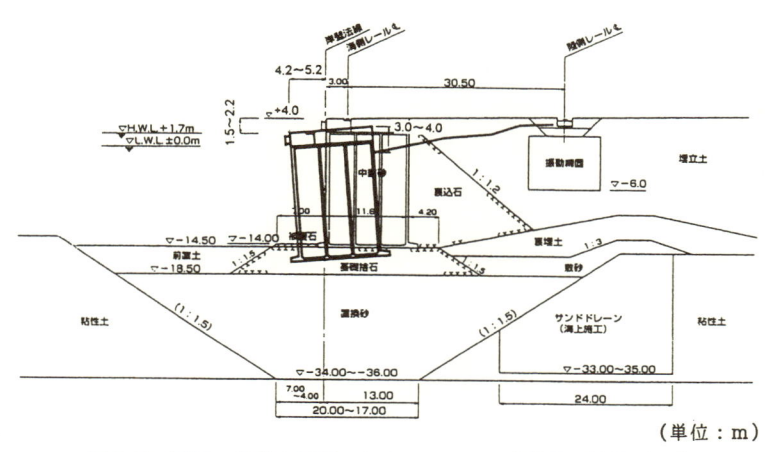

図 5.16 阪神・淡路大震災におけるケーソン式岸壁の被災断面[2]

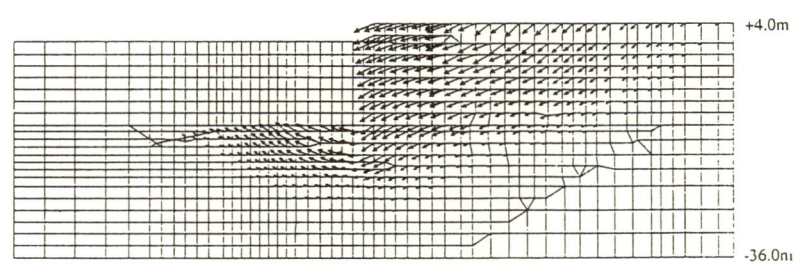

図 5.17 阪神・淡路大震災におけるケーソン式岸壁の2次元有限要素法を用いた残留変形解析[2]

的設計法は阪神・淡路大震災以前の道路橋示方書でも示されていたが,今回の地震で,その位置付けが明確になった.

同様な動きが港湾施設である岸壁の設計に認められる.1983(昭和58)年の日本海中部地震(M7.7)における秋田港岸壁の被害を教訓にして神戸港の摩耶埠頭に耐震強化岸壁が建設されていたが,阪神・淡路大震災ではほとんど被害を受けなかった.これに対し,旧基準で設計されたコンクリートケーソン岸壁は数m海側へ移動して破壊した.新基準では,重要な岸壁は耐震強化型と位置づけ,設計震度の引き上げ,設計地震波として兵庫県南部地震波の使用と動的解析の一つである液状化解析による岸壁の変形照査が行われるようになった(図5.16および図5.17).

b. 今後の課題

高度な動的解析手法は必ずしも万能ではなく，動的設計法として現状ではまだ限界もある．例えば，コンクリート部材や鋼材に比較して，盛土や堤体など，いわゆる土構造物の「ねばり強さ」を評価することは一般的に難しい．これは，大地震時の土の塑性や破壊領域の特性を正確に数学モデルに置き換えることができないためであるが，近い将来には土構造物の大きな残留変形量を正確に評価できる手法が確立して，設計にも取り入れられると考えられる． 〔大槻　明〕

参 考 文 献

1) 南荘　淳，安田扶律，藤井康男，田蔵　隆，大槻　明，淵本正樹，中平明憲，黒田兆次：道路橋橋脚基礎杭の地震時被災解析とその対策工に関する研究．土木学会論文報告集, 2000.
2) 一井康二，井合　進，森田年一：阪神・淡路大震災におけるケーソン式岸壁の挙動の有効応力解析．港湾技術研究所報告, **36** (2), 41-87, 1987.

5.4.5　地震被害調査技術

a. 地震被害調査方法

土木構造物の地震被害調査は，現状では目視点検を中心に行われている．例えば，阪神・淡路大震災の場合，都市内の高速道路が未曾有の被害を受けたが，この時に行われた点検は，① 被災状況の把握，② 初期構造物点検，③ 詳細構造物点検，④ 維持管理点検の4段階で行われた．初期構造物点検完了までに2～3日，詳細構造物点検完了までに約1ヵ月を要したと報告されている[1]．

詳細構造物点検では，倒壊・崩壊を表す A_S から，A，B，C，無損傷を表すDまでの5段階にランク分けされた被災度を判定している．A_S およびAランクとなった部分については，基本的に撤去して再構築が行われている．例えば，鉄筋コンクリート橋脚の場合には，コンクリート剥落の状態，主筋座屈の状態など，目視点検の結果を用いて5段階にランク分けできるような判定表が作成され，これをもとに調査が行われている．

b. 構造ヘルスモニタリングシステム

前述のように，地震被害調査にはかなりの時間を要するが，これによる経済的な損失や復旧に与える影響は甚大である．建築分野では，センサをあらかじめ構造物に取付けておき，地震後に直ちに構造物の健全性を診断できる「構造ヘルスモニタリングシステム」の適用が進められている．複数の建物にセンサを取付けた場合，図5.18に示すように，インターネットを活用したデータ管理システム

5.4 地震対策技術

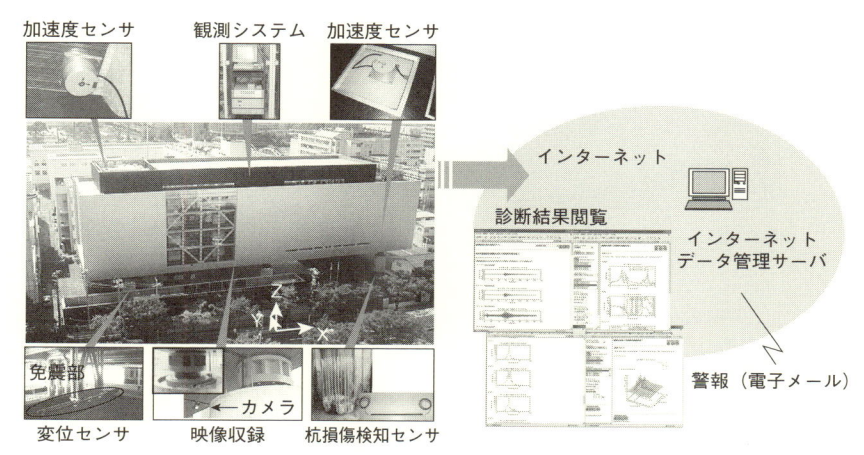

図 5.18 構造ヘルスモニタリングシステムの例（清水建設技術研究所新本館）

で群管理している．個々の構造物に設置された加速度計，変位計，ひずみゲージなどのセンサの信号は，個々の構造物の観測システムに収録された後，データ管理サーバに自動転送され，サーバ上で建物ごとに分析され，データベース化されている．管理者などのユーザは，必要な診断結果をインターネットブラウザを用いて容易に確認できる．

地震時には，時々刻々の観測値が直ちに管理サーバに自動転送され，あらかじめ設定しておいた許容値と比較し，許容値を超えた場合にはブラウザ上の画面表示を変えて警報を発し，さらに電子メールによって管理者などに自動通報する仕組みとなっている．

このようにして，従来は地震後，直接建物に出向き，時間をかけて目視点検によって把握していた構造物の健全性が，遠隔地から瞬時に診断できるようになってきている．

土木構造物は建築構造物に比べて広がりを持っているため，このようなやり方で「構造ヘルスモニタリングシステム」を適用すると，膨大な数のセンサが必要となってしまう．そこで数 km にわたるひずみ分布を計測できる「分布型光ファイバセンサ」が注目されている．

図 5.19 は BOTDR（Brillouin Optical Time Domain Reflectometry）と呼ばれる分布型光ファイバセンサを用いた鉄筋コンクリート床版の実験例である[2]．この例では，主鉄筋とコンクリート上面に光ファイバケーブルが設置されており，連続的なひずみ分布の計測を行っている．また，ひずみ分布から計算したた

184   5. 災害対策技術

光ファイバーセンサ

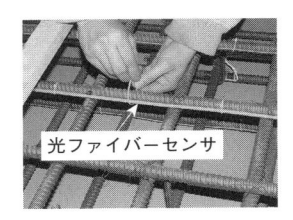

鉄筋に結束して，コンクリートを打設

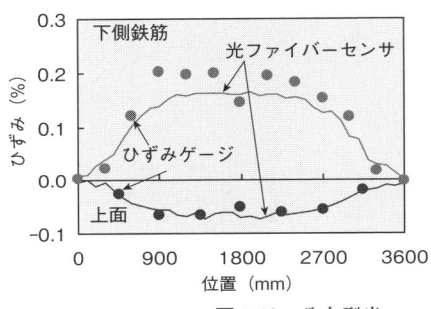

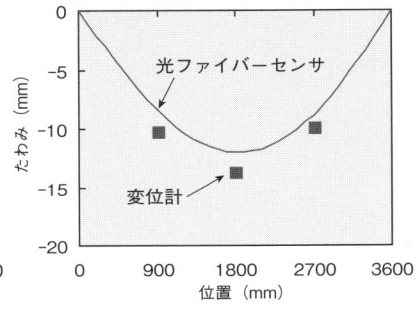

載荷試験

図 5.19 分布型光ファイバーセンサの実験例

図 5.20 分布型光ファイバーセンサの設置例：バイチャイ橋（ベトナム）
（世界遺産に登録されている，ベトナム国内でも有数の観光地ハロン湾．そこに造られたバイチャイ橋は，一面吊りPC斜張橋では世界最長の支間長435 m を誇る（2006年11月竣工））

わみ分布と変位計による計測値はほぼ一致しており，図5.20に示すようなPC斜張橋の施工時の変位管理にも応用されている．

c. 今後の方向性

光ファイバーセンサは長距離にわたって計測が可能であるほか，耐久性が良くて寿命が長い，電気を使わないのでノイズの懸念される高電磁場でも安心して使える，火花が出ないので引火性ガスのそばでも使える，などの優れた性質がある．現在，センサ・計測器の高性能化（高速サンプリングや高分解能）と，計測データから対象構造物の健全度を迅速簡便に判断する評価診断システムに関する研究開発が引き続き進められており，今後土木構造物へも幅広く適用されていくものと思われる． 〔柴　慶治〕

参 考 文 献

1) 日本コンクリート工学協会：コンクリート診断技術 '07.
2) Kumagai, H., *et al.*: Fiber optic distributed sensor for concrete structures. *Proceedings of the 1st fib Congress*, Vol. 2, pp. 39–40, 2002.

5.4.6 液状化対策技術

a. 液状化対策

1964（昭和39）年に発生した新潟地震やアラスカ地震における被害の特徴は，図5.21に示すように，砂地盤の液状化現象によって地盤や構造物に大きな被害

図5.21 新潟地震の液状化によるアパートの転倒

を与え，耐震工学上きわめて大きな出来事になったことである．これらの地震を契機にして，日本，アメリカが中心となって液状化の発生メカニズムを解明し，液状化発生の予測や対策工が構築されてきた．しかしながら，1995（平成7）年の阪神・淡路大震災や2000（平成12）年の鳥取県西部地震など比較的規模の大きな地震が起こるたびに，液状化の被害が報告されている．わが国には砂地盤が多数存在しており，液状化対策が施されていない自然地盤やその対策が十分でない地盤に建つ構造物には，当然のことながら程度に差はあるが，液状化に伴う被害が生じる．

阪神・淡路大震災以来，各方面の耐震基準の改訂の中で，入力地震動の引き上げ，いわゆるレベル2の地震が盛り込まれたことで，新設および既設の重要構造物である石油備蓄タンクやプラントあるいは大都市圏の中高層ビルでは，砂地盤の液状化を防止することが急務となっている．これまで液状化対策[1]は多数提案されているが，採用実績が多く，その効果の信頼性が明確な対策には以下のような方法がある．これらは，土の性質を改良して液状化の原因となる過剰間隙水圧の発生を抑制する工法である．

① 締固め工法にはサンドコンパクション工法，バイブロフローテーション工法などがあり，新潟地震以降多用されている．地盤の密度増加だけでなく拘束圧も増加するため，液状化強度が確実に高まる．しかし，施工時に騒音・振動が発生するために，都市部や既設構造物が近接する場合には適用が困難な場合がある．

② 固化工法は，セメントミルクや薬液などを地盤に注入することで土粒子を固結する方法である．締固め工法と比較して騒音・振動問題は起こらないが，対策費が高価になる傾向にある．

③ 置換工法は，地盤を砕石などの大きな径の土質材料で置き換える方法で，砂地盤より水を透しやすいグラベルドレーンや採石ドレーンを設置し，地震時に発生する過剰間隙水圧を消散しやすくする方法である．想定以上の大きな地震が発生すると，ドレーンからの過剰間隙水圧の排水が許容量を超えるため，対策が効かない場合がある．

④ 地下水低下工法には，ディープウェルを用いて地下水を汲み上げる，あるいは盛土を対象に，法尻に排水溝や暗渠を設けて，自然流下によって地下水位を低下させる工法などがある．長期間，地下水を低下させた場合や，下部に軟弱な粘性土がある場合は，圧密現象による地盤沈下が生じたり，対象範囲外において地下水位が低下する弊害，排水設備の目詰まりなどの問題があって，注意が必要

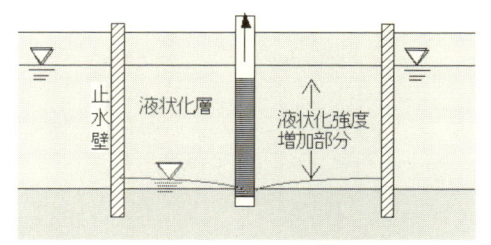

図 5.22 不飽和化による液状化抑制対策の原理
（中央に配置したドレーンから水を吸い上げ，水位面を強制的に下げることで不飽和状態を自然地盤内に作る）

である．

一般に，上述した液状化防止対策工はコストが高い傾向があることから，① 地盤に対して最小限の液状化防止あるいは抑制対策を施す技術と，② 地盤の性質を変えないで，構造体基礎に対して，液状化が生じても安全な構造とする技術が，近年提案・実用化されている．それらの代表的な技術について，以下に述べる．

b. 地盤の性質を変える液状化対策技術

1) 地盤の不飽和化による液状化抑制対策技術[2]　地下水低下工法の一種であるが，従来と大きく異なる点は，① 地盤飽和度の低下に伴って液状化強度が大きくなることが知られているが，この原理を発展させて，地盤の飽和度を積極的に低下させて液状化を抑制する考え方，② 常に水位を下げておく必要がなく，地盤の飽和度がある値以上になったときに水位を下げればよい点である．具体的には，液状化の発生が予想される砂地盤に気泡を取り込むことで，飽和度を低下させて液状化抵抗を増強する液状化対策技術である（図 5.22）．

これは，現在提案されている他の液状化対策工法と比較し，改良材料が空気であるために，非常に安価な方法である．ライフライン，堤防，沿岸構造物などの広域にわたる施設に有効である（図 5.23）．

実証実験が実地盤で実施されているが，設計法，飽和度の保証方法などを確立する必要がある．

2) 既存タンク基礎の複合地盤改良工法による液状化対策技術[3]　固化工法の一種であるが，タンク直下の地盤をセメント系地盤改良と薬液注入で限定的に改良する点が工法上の大きな特徴で，図 5.24 に示すように在来の薬液注入工法に比べて，改良範囲を大幅に縮小できるために，工事費の低減や工期の短縮が可

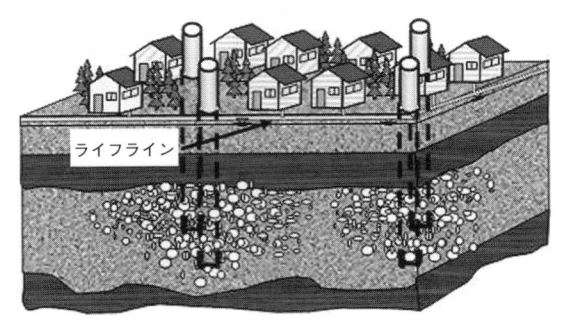

図 5.23　都市部における不飽和化工法のイメージ

能である.

　この工法では，地盤の液状化を許容することを前提に，タンク底部の改良地盤の剛性を格段に大きくし，基礎の不同沈下を低減することを設計で評価することが必要になる．このために基礎の沈下予測技術が重要となる．例えば，図 5.25 に示すように，液状化が生じた地盤において，タンク基礎に有害な沈下が生じないかどうかを評価することが重要となる．図 5.24 に示した薬液注入工法より，複合地盤改良工法の方が，不同沈下量が小さいことが図 5.25 からわかる.

　現在，液状化対策を施工していない旧法タンクが全国に数多くあるので，本技術の適用が望まれている.

　3) 液状化現象を利用した地盤免震技術[4]　　液状化すると地盤内には一種の免震層ができ，その層以浅の加速度が小さくなることはよく知られている事実である．この現象に着目して，基礎地業を施工する際に，基礎形式や地盤改良範囲を工夫して，構造物に入力する加速度を低減する「液状化免震工法」の考え方を述べる.

　加速度が問題となるような構造物にとって液状化は構造物の挙動に有利に働く

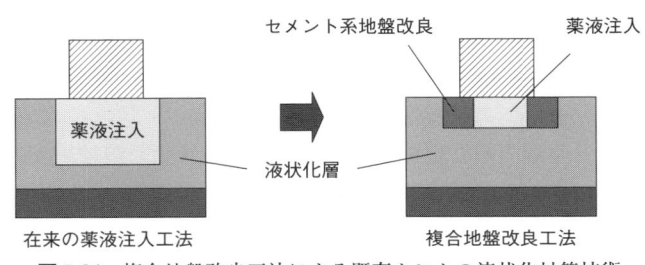

図 5.24　複合地盤改良工法による既存タンクの液状化対策技術

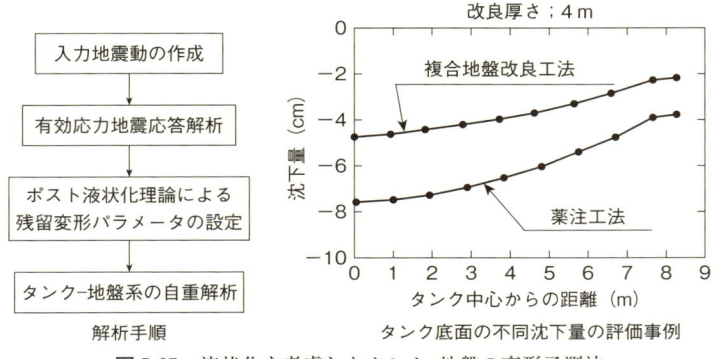

図 5.25 液状化を考慮したタンク−地盤の変形予測法

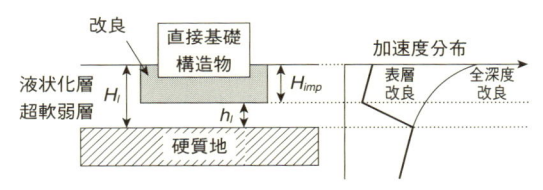

図 5.26 液状化免震の基本パターンの概念図

場合がある．これは，液状化層の剛性低下と履歴減衰によって，液状化層が一種の免震層として働くためである．この現象を積極的に利用して，図 5.26 のような工法が考えられた．液状化層を全深度 H_l にわたって改良するのではなく，図のように未改良部分 h_l を残す．

地震時には，その未改良層が液状化し，構造物への入力加速度が低減する．

この工法が適用できるのは低層の建物で，建物重量が小さく，液状化層が均一に分布していることが重要である．地盤の液状化のみに建物の揺れや沈下量を委ねることになるので，前述した「複合地盤改良工法による液状化対策」の地盤変形予測技術や，地震時の建物の揺れについて詳細な検討が必要になる．

実際の適用事例としては，加速度によって倒壊しやすい石積構造物に関して，図 5.27 に示すモデルについて種々の安全性の検討が行われた．

c. 地盤の性質を変えない液状化対策技術

b の事例は地盤の性質を変えることで液状化被害を軽減することを経済的に行う最新の工法について述べたが，以下では，地盤に液状化対策を施さないで，構造物の基礎に工夫を施した事例について述べる．

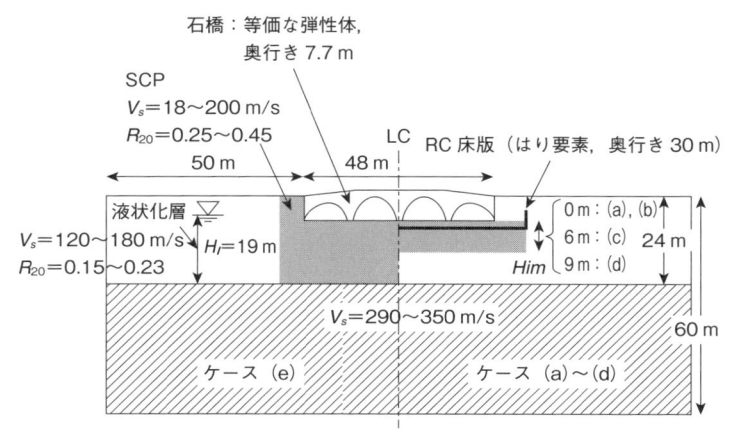

図 5.27 石橋の解析モデル（半分を表示）

1) ねばり強い杭と杭頭剛接合によって液状化対策を不要とする杭基礎技術[5]

阪神・淡路大震災や新潟県中越地震など過去の大きな地震では，地盤に大きな変形が生じることで変形性能の小さい既製コンクリート杭の杭頭部や地中部に重大な損傷が起こった．杭の損傷は，不同沈下や建物を支える杭の支持力不足につながることから，杭基礎の高価な補修なしに建物の継続使用は困難となる場合が多い．

このような杭基礎の被害を避けるためには，杭断面を大きくして耐力を増大させる方法が一般的に用いられているが，大きな地盤変形には有効ではない．地盤の大きな揺れに追随する変形性能の高い杭と杭頭接合部の損傷を低減できる杭頭接合部構造を用いることがよいと考えられる．

最新の対策案の一例を挙げると，変形性能の高い杭（じん性杭：柳のように復元力のある構造の杭，例えば鋼管杭，SC 杭，コンクリート充填鋼管杭）を用いることが解決策の一つであるが，杭頭の損傷を防ぎ，杭の特性を最大限に引き出すには，基礎の杭の接合部に高い変形性能を持たせた杭頭接合法が必要となる．

施工事例を図 5.28 に示すが，杭頭径を杭軸径よりも大きくした新しい杭頭接合構造[5]を用いることで，杭頭部の応力集中を緩和することができ，液状化対策なしで震度 7 の大地震にも耐える合理的な杭基礎が構築できる．

今後，このようなじん性杭と杭頭補強した新しい杭基礎によって，建物の基礎のコストダウンが期待される．

図 5.28　靱性杭の施工状況

2) **遮水壁を用いた地中構造物の浮き上がり防止技術**[6]　地中構造物の建設時に用いられる山止め壁を残置するだけで地盤液状化時の構造物の浮き上がり被害を抑止しようとする技術で，4.2.4項で述べた．

一般に，地中構造物を建設する場合，山止め壁を造るので，本技術は液状化対策を経済的に施工できる．今後の地下高速道路などの建設に活用されることが期待される．　〔大槻　明〕

参考文献

1) 地盤工学・実務シリーズ，液状化対策の調査・設計から施工まで．地盤工学会，1995．
2) 高坂信章，三宅紀治，石川　明，今井紀和：正圧不飽和地盤における揚水試験結果と飽和度の推定．第37回地盤工学研究発表会，No. 626, 2002．
3) 風間広志，社本康広，天利　実，桂　豊：特殊シリカ系薬液注入改良土の液状化強度特性．第39回地盤工学研究発表会，2005．
4) 福武毅芳：液状化現象を逆手に取った地盤免震技術．土と基礎，**51** (3), 2003．
5) 大槻　明，木村　匠，中西啓二，磯田和彦：高い変形性能を有する杭の終局挙動評価（その1，その2）．第39回地盤工学研究発表会，2005．
6) 後藤　茂，浜田信彦，小林　寛，吉村敏志，福武毅芳，真野英之，清水文夫，竹束正孝：遮水壁による地中構造物の液状化時浮き上がり防止効果の評価方法．第48回地盤工学シンポジウム，2004．

6
エネルギー関連技術

6.1 エネルギーの現状と今後必要とされる建設技術

6.1.1 わが国のエネルギーの現状

わが国のエネルギー消費（需要）[1]は，1950（昭和25）〜1970（昭和45）年代の高度経済成長時代に急増したが，オイルショックを転機として産業部門で省エネルギー対策などエネルギーの有効利用を積極的に推進した結果，1980（昭和55）年代のエネルギー消費は抑制された．しかし，1980年代後半から，石油価格が低下したり，快適さ・利便性を求めるライフスタイルなどが変化したことによって，民生部門（家庭，商店，事務所ビルなど）や運輸部門（自動車保有台数増加など）でのエネルギー消費が増加した．わが国の長期エネルギー消費（需要）見通し[2]によれば，人口の減少，産業構造の高度化・成熟化などによって伸びは鈍化し，2020（平成32）〜2030（平成42）年以降は減少に転じると推定されている．

エネルギーの供給はオイルショック以前は約8割を石油に頼っていたが，1973（昭和48）年に発生した第一次オイルショックを契機として，石油依存からの脱却を図り，原子力や天然ガスの導入，新エネルギーの開発を加速させてきた．このように，エネルギー源の多様化が図られてきたが，わが国は天然ガスも原子力の燃料となるウランも輸入しており，エネルギー自給率は諸外国と比較して原子力を国産とした場合は約20％，しない場合は4％程度と低いのが現状である．

一方，世界のエネルギーは，中国を含むアジアの急速な経済成長に伴って，石油，石炭，天然ガスなどの化石燃料の需要が急増しており，この傾向はますます顕著になるものと予想されている．また，主エネルギー源である石油は政情不安定な中東地域に偏在しており，日本は世界のエネルギー情勢の変化に大きく影響される危険性がある．

地球規模の環境問題である地球温暖化問題においては，温室効果ガス排出の低

減・抑制が大きな課題となっており，1997（平成9）年に京都議定書が採択され，2005（平成17）2月16日に発効された．わが国は，2008（平成20）～2012（平成24）年の平均値で1990（平成2）年に比べてCO_2を6％削減することになっている．エネルギー消費に伴うCO_2が温室効果ガスの約9割を占めており，排出量抑制が大きな課題となっている．地球温暖化対策推進大綱においては，エネルギー消費に伴うCO_2の排出量を2010（平成22）年度までに1990（平成2）年度と同じ水準に抑制することとしている．

以上のようなわが国のエネルギーの現状を受けて，経済産業省資源エネルギー庁では，次の3項目をエネルギー施策の基本方針としている．
① 安定供給の確保
② 環境への適合
③ 市場原理の活用
この基本方針に沿って，具体的には以下のような取り組みがなされている．
① 省エネルギーの推進
② 石油の安定供給の確保
③ 多様なエネルギーの開発・導入
④ 市場原理の活用

2006（平成18）年5月に経済産業省は「新・国家エネルギー戦略」を策定し，① 国民に信頼されるエネルギー安全保障の確立，② エネルギー問題と環境問題の一体的解決による持続可能な成長基盤の確立，③ アジア・世界のエネルギー問題克服への積極的貢献，を目標としている．また，総合資源確保戦略の中で，石油自主開発比率を2030（平成22）年までに取引量ベースで40％程度とし，新エネルギーの開発を進める方針も示している．

参 考 文 献
1) 経済産業省資源エネルギー庁：日本のエネルギー2005．資源エネルギー庁，pp. 5-6, 2004.
2) 経済産業省資源エネルギー庁総合資源エネルギー調査会需給部会：2030年のエネルギー需要展望．資源エネルギー庁，pp. 79-126, 2004.

6.1.2　今後必要とされる建設技術

これまで，石油備蓄やLNG地下タンクなどの一次エネルギーの貯蔵施設や導管などのインフラ施設の調査，設計，施工および運用に関して様々な建設技術の研究開発が精力的に行われ，その実現に大きく寄与してきた．また，水力，火力，原子力発電所の建設に際しても，大規模な地下空洞構築技術や耐震設計技術

などの建設に関わる技術が大きな役割を果たしてきた．そして，今後とも，エネルギーの安定供給，多様なエネルギーの開発・導入の観点から，エネルギー供給に関して新たな建設技術が必要不可欠である．以下に今後必要となるエネルギー施設・分野について概観する．

a. ガス体エネルギーの貯蔵

LPG は酸性雨の原因となる SOx の排出がほとんどなく，CO_2 の排出量も少ないクリーンエネルギーとして，家庭，産業，自動車，化学原料など幅広く使用されている．8 割を輸入に頼っているため，石油と同様，安定供給確保がきわめて重要であり，民間備蓄（50 日分）に加えて国家備蓄（40 日分）を推進している．これを受け，現在，石油備蓄の水封式貯蔵技術をベースに，さらに高圧水封方式による LPG の国家備蓄基地の建設が行われている．

天然ガスは埋蔵量が豊富で世界各地に分布し，かつ，石油・石炭と比較して地球温暖化の原因となる CO_2 の排出量が少ないことから，火力発電所の燃料の石油や石炭から天然ガスへの転換，および天然ガスを改質して液体燃料にする方法も検討されている．それは，GTL（ガス・ツー・リキッド）や DME（ジメチルエーテル，6 気圧以上または −25℃ 以下で液化）と言われる新燃料であり，輸送用・産業用燃料としての利用が期待されている．また，サハリンには大規模な天然ガスが埋蔵されており，エネルギー安定供給，供給選択肢の拡大の点から大きな期待が寄せられている．

このような状況下，より効率的で経済的なガス体エネルギーの貯蔵技術（地下を利用した常温高圧でのガス貯蔵や低温液化状態での貯蔵など）の確立や供給システム（パイプラインなど）の着実な整備が必要となっている．

b. 原子力発電と核燃料サイクル・放射性廃棄物処分

原子力発電は，供給の安定性に優れ，発電過程で地球温暖化の原因となる CO_2 をほとんど排出しないなどの利点を有し，安全確保を前提に，今後ともわが国の電力供給において基幹電源として大きな役割を果たすものと想定されている．

その中で，核燃料サイクルは供給の安定性をさらに改善するものと位置付けされ，安全確保と核不拡散を前提に推進されている．一方，原子力発電に伴う放射性廃棄物のうち，量的に大部分を占める低レベル放射性廃棄物については，その一部が低レベル廃棄物埋設センター（青森県六ヶ所村）において処分されている．使用済燃料から残る高レベル放射性廃棄物の処分については，ガラス固化した後，30〜50 年程度冷却のために貯蔵したのちに，厚い金属と粘土（ベントナイト）で周囲を囲んだ上で，地下 300 m より深い地層に処分する計画になって

いる．操業開始は2028（平成40）年代後半を予定しており，現在，地下1,000 mの地質試験用の立坑が施工中である．地層処分技術の信頼性向上，安全評価手法の高度化に向けた調査研究が行われることになっており，建設技術はもちろんとして，安全性評価，計測技術などに関わる技術の高度化が求められている．

c. 新エネルギー

地球温暖化対策の一環として，太陽光，風力，廃棄物およびバイオマスの発電や各種熱利用の導入が推進されている．表6.1に新エネルギーの供給サイドの2010（平成22）年度目標値（一次エネルギー総供給の3％）を示す．2002（平成14）年度比で太陽光は7.5倍，風力は6.5倍，廃棄物は3.0倍，バイオマスは1.7倍を目標としている．また，2003（平成15）年5月には，電力会社に対して一定の割合で新エネルギーの導入を義務付けた法律であるRPS（Renewable Portfolio Standard）法が施行された．

太陽光，風力，バイオマスともに導入段階から普及段階に移行し，コスト競争力など高効率，低コスト化に関する建設技術が求められている．

また，将来の水素社会に向けた分散型エネルギー源を効率的に運用するシステムに関わる技術も重要な課題である．

現在，新たな国産エネルギー資源としてメタンハイドレートが注目されている．メタンハイドレートは低温・高圧の条件下で水分子の結晶構造の中にメタン分子が取り込まれた氷状の固体物質であり，わが国の周辺海域にわが国の天然ガス消費量の約100年分に相当する量が埋蔵しているとの試算もあり，将来の有望な一次エネルギー源として期待されている．現在，国が主導して調査研究が開始

表6.1 新エネルギーの導入目標[1]

		2002年度	2010年度目標
発電分野	太陽光発電	15.6万kL（63.7万kW）	118万kL（482万kW）
	風力発電	18.9万kL（46.3万kW）	134万kL（300万kW）
	廃棄物発電	152万kL（140万kW）	552万kL（417万kW）
	バイオマス発電	22.6万kL（21.8万kW）	34万kL（38万kW）
熱利用分野	太陽熱利用	74万kL	439万kL
	廃棄物熱利用	3.6万kL	14万kL
	バイオマス熱利用	—	67万kL
	未利用エネルギー	6.0万kL	58万kL
	黒液・廃材など	471万kL	494万kL
合計（対一次エネルギー総供給比）		764万kL（1.2％）	1,910万kL（3％程度）

され,今後,新たな採取技術や資源量把握など中長期的な取り組みが必要なエネルギーである.

以上のような視点から,本章では以下の3つの技術について述べる.
① エネルギー貯蔵技術
② 放射性廃棄物の処分技術
③ 新エネルギー開発技術

参 考 資 料

1) 経済産業省資源エネルギー庁：新エネルギーの導入拡大に向けて.資源エネルギー庁,2004.

6.2 エネルギー貯蔵技術

6.2.1 エネルギー貯蔵の現状と建設技術の方向性
a. エネルギー開発の歴史

わが国のエネルギー開発の歴史は,1887（明治20）年に東京都日本橋茅場町に完成した石炭火力発電所,宮城県（三居沢発電所,1889（明治22）年）と京都府（蹴上発電所,1892（明治25）年）に完成した水力発電所に始まる.わが国は豊富な水資源に恵まれていたため,その後は水力発電が,安価でかつ再生可能・純国産・クリーンな電源として電源開発の中核を担ってきた.

しかし,第二次世界大戦後の日本経済の復興とともに急激な電力需要の増加が起こり,水力発電は大規模化が図られたが,水力発電だけでは急速な需要増加に対処しきれなくなった.このため,比較的短期間に大容量化が図れる火力発電が脚光を浴び始めた.1951（昭和26）年度には水力発電が67％,火力発電が33％であった比率が,1962（昭和37）年度末には火力発電が50％を超える火主水従へと移行している.

これは,石油開発の世界的な発展によって,低廉で運搬でき,貯蔵に適した液体燃料が大量に供給される状況となったことが,石炭に比べて燃焼面でも有利な重油専焼火力発電所が次々と建設された背景である[1].

b. オイルショック

また,石油は自動車から暖房など国民生活に広く使われ,1977（昭和52）年度のピーク時にはわが国の一次エネルギー供給量の約75％を占めたが,その99.8％を海外に依存しており,わが国のエネルギー供給構造は非常にぜい弱な状況にあった[2].

このような状況下で，1973（昭和48）年秋に第四次中東戦争が引き金となった第一次オイルショック，1978（昭和53）年秋はイラン政変によるイラン原油の供給ストップを契機とした第二次オイルショックに見舞われた．石油不足によって原油や石油製品価格が急上昇した結果，石油・石油製品の節約や省エネルギー化が促進されるとともに，石油代替エネルギーとして原子力発電の増加や石炭，LNG発電の開発・導入が進められた．

その結果，石油依存度が低下してきたが，石油が最大のエネルギー源であることに変わりはなく，石油の安定供給のための石油備蓄への重要性が認められた[2),3)]．

c. エネルギーの備蓄技術

1975（昭和50）年12月の「石油備蓄法」で90日間の民間備蓄が義務付けられ，1980（昭和55）年度末には目標を達成した．一方，1978（昭和53）年6月の「石油公団法」の改正で，石油公団による国家備蓄として1988（昭和63）年度末までに3,000万kLの備蓄を完了した．

また，1981（昭和56）年度からは石油備蓄法の一部改正で，液化石油ガス（LPG）も国家備蓄の対象となり，その積み増しがスタートした．石油の国家備蓄については，地上タンク方式4基地（苫小牧東部，むつ小川原，福井，志布志），地中タンク方式1基地（秋田），洋上タンク方式2基地（上五島，白島）および地下岩盤タンク方式3基地（久慈，菊間，串木野）が建設されている．また，LPGの国家備蓄についても，現在，愛媛県・波方と岡山県・倉敷の2地点で国家地下備蓄基地の建設が進行している．この石油とLPGの国家地下備蓄には欧米で実績のある新備蓄技術が導入されており，岩盤中の地下水流の効果を利用した横穴式水封貯蔵方式が採用されている[3)]．

d. 電力負荷平準化技術

第一次，第二次オイルショックは，石油などの備蓄ばかりでなく，電力エネルギーの開発動向にも大きく影響し，石油代替の原子力発電や石炭火力発電などの開発・導入が進められることになるが，並行して「電力負荷平準化」の要請が強くなった．すなわち，発電設備の規模を左右するのは，夏期昼間の数時間におけるピーク負荷（年間最大電力負荷）であり，ピーク負荷を小さくできれば新規電源開発が節減できることになる．負荷平準化の主な方法として「ピークシフト」が挙げられるが，この方法は，夜間に貯えた電力，エネルギーを昼間のピーク時に放出して，昼間のピーク時の消費電力の一部を担うものである．ピークシフトの具体的技術として揚水発電が挙げられるが，研究開発中の技術として地下揚水

発電や CAES（圧縮空気貯蔵）[4],[5]などがある．

揚水発電は，落差のある河川に上ダムと下ダムを造り，夜間の余剰電力で下ダムから上ダムに水を汲み上げ，昼間ピーク時に水を地下発電所に落として発電するものであるが，地形や環境面から新規揚水発電所の立地場所は少なくなりつつある．このため，地下空間を利用して立地場所の増大を図ることを目的に，下部調整池を地下空洞とする淡水地下揚水発電と，上部調整池を海水とする海水揚水発電の2方式の地下揚水発電技術の可能性が検討されている．

また，CAES は夜間の余剰電力で作った圧縮空気を岩盤内貯蔵施設に貯め，昼間ピーク時に取り出してガスタービン発電に利用しようという一種の火力発電であり，わが国ではライニング貯蔵方式と水封貯蔵方式の2つが提案されている．ライニング貯蔵方式については，旧通商産業省が北海道砂川町に実証プラントを建設し，2001（平成13）年度に実証運転を実施している[4]．ライニングはゴムシート＋コンクリートであり，貯蔵圧力は4〜8 MPa であった．一方，水封貯蔵方式では，岐阜県神岡鉱山内で，地下水面下約190 m の深部岩盤に新たに掘削したトンネル形式の無覆工地下貯槽を用いて，（財）電力中央研究所が 2001（平成 13）年に高圧空気貯蔵（約2 MPa）の水封機能の実証試験を行っている[5]．

e. 新しいエネルギー貯蔵技術

さらに，最近では，電力負荷平準化の新しい方法として，原子力発電所や火力発電所の夜間運転時の蒸気を高温熱水（5 MPa, 260℃）として岩盤空洞に貯蔵し，昼間の需要ピーク時に専用蒸気タービンに供給して，主タービンと並列運転するという「熱水貯蔵システム」が研究段階にある．

また，天然ガスのパイプラインの負荷平準化を目的とした天然ガスの岩盤貯蔵も研究開発中である．経済産業省から委託を受けた日本ガス協会は 2004（平成16）年度から実証プラントを建設し，2006（平成 18）年度下期から1年間の実証試験を実施している．これは，貯蔵圧 20 MPa でライニング貯蔵方式である．

以上，わが国のエネルギー開発や研究の流れを概説したが，石油地下備蓄，LPG 地下備蓄，地下揚水発電，CAES（圧縮空気貯蔵），熱水貯蔵，天然ガスの岩盤貯蔵など，エネルギーの岩盤地下貯蔵が増加していることがわかる．また，LNG は環境にやさしいクリーンエネルギーとして注目され，－162℃という超低温で貯蔵する地下貯槽が数多く建設されており，エネルギーの地下貯蔵の主要なものである．

以下に，今後もわが国で建設が期待されるエネルギーの地下貯蔵技術について述べる．

〔石塚与志雄〕

参 考 文 献

1) （社）電力土木技術協会：火力・原子力発電所土木設計物の設計. 山海堂, 1977.
2) 石油備蓄技術集成委員会：わが国の石油備蓄（岩盤・地中タンク）技術資料. 1983.
3) 蒔田敏昭：地下石油備蓄基地建設の概要. 資源・素材学会誌, **107** (13), 224-235, 1991.
4) 中北智文, 小林英夫, 奥原　巌, 高橋克行, 安田友芝：圧縮空気エネルギー貯蔵ガスタービン（CAES-G/T）の開発. 石川島播磨技報, **43** (3), 102-107, 2003.
5) 中川加明一郎, 志田原巧, 池川洋二郎, 末永　弘, 宮本由紀：水封式圧縮空気貯蔵の実証——横坑での気密試験. 電力中央研究所報告, 研究報告 U02050, 2003.

6.2.2　石油の地下岩盤備蓄技術
a.　地下備蓄技術の開発の経緯 [1), 2)]

オイルショックによる石油不足や石油類の価格高騰などを契機に，石油の民間備蓄とともに国家備蓄の必要性が認識され，1976（昭和 51）年には資源エネルギー庁内に新石油備蓄技術研究会が発足した．わが国の石油備蓄の大半を占める地上タンク方式は良港に近い，広大な平坦地を必要とするため，立地場所の確保が困難になりつつあり，地下備蓄方式（横穴式水封貯蔵方式）も新備蓄技術として取り上げられた．

この地下備蓄方式は，海外では 1950（昭和 25）年代にスウェーデンで実用化され，北欧，アメリカ，フランス，ドイツ，韓国などで実用プラントが稼働していた．わが国の岩盤は断層や変質帯などの劣化部が多く，広領域（平面的・深度的）に良好な岩盤が得られることは稀であり，大規模な地下石油備蓄基地を建設するには技術的・経済的な課題があると考えられていた．

このため，建設会社を中心に北欧などの水封貯蔵技術をわが国へ導入することが進められていたが，資源エネルギー庁も横穴式水封貯蔵方式のわが国への導入の可能性を検討するため，石油公団に委託して 1979（昭和 54）年～1981（昭和 56）年度に図 6.1 の菊間実証プラントを建設して，実証試験を開始した．同プラントは水封トンネル・水封ボーリングを持つ人工水封方式であり，加圧貯蔵下（最大常用圧力 2.2 kg/cm²G）における原油受払い貯蔵運転や気密試験などの実証試験を行った後，1990（平成 2）年まで自然水封方式における常圧貯蔵下（-0.1～0.4 kg/cm²G 程度）での実証試験が行われた．

その結果，人工水封方式および自然水封方式下での貯槽の安定性，水封機能の確認，環境への影響および操業上の安定性や実用性が実証され，わが国の自然条件下でも大規模な地下石油備蓄基地の建設が技術的に可能であると評価された．また，地上タンク方式に比べて，火災および地震に対する安全性が高く，維持管

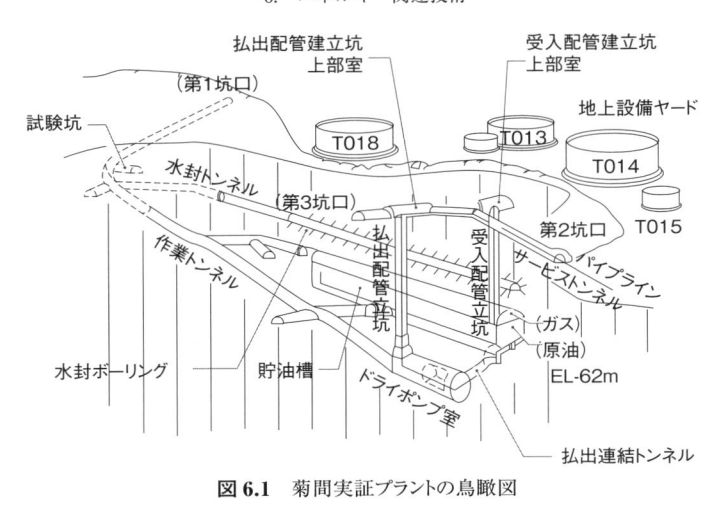

図 6.1 菊間実証プラントの鳥瞰図

理が容易であり，土地の有効利用や環境保全の点からも優れていることが示された．

これにより，石油地下備蓄の国家備蓄基地建設への動きが本格化し，1981（昭和 56）年から岩手県・久慈，愛媛県・菊間，鹿児島県・串木野の 3 地点を対象とした立地可能性調査，地質調査，水文調査，原位置試験および基本設計が実施され，1986（昭和 61）年 4 月までの間に順次立地決定がなされた．

その後，日本石油地下備蓄（株）によって 3 基地の建設が開始され，鹿児島県・串木野（備蓄量 175 万 kL）で 1992（平成 4）年度に，愛媛県・菊間（備蓄量 150 万 kL）と岩手県・久慈（備蓄量 175 万 kL）で 1993（平成 5）年度から備蓄が開始されている．3 基地の地下石油備蓄基地の概要[2),3)]を表 6.2 に示す．3 基地とも常圧貯蔵であるが，久慈・菊間基地では人工水封方式，串木野基地では自然水封方式が採用されている．

以上，わが国における石油の地下備蓄技術（横穴式水封貯蔵技術）の開発経過を述べてきたが，同技術の特徴である「水封貯蔵技術」と「大規模空洞の建設技術」に論点をしぼって，開発技術と内容や成果を以下に述べる．

b. 水封貯蔵技術

地下水面下に設置した無覆工な岩盤内空洞（貯槽）に石油などの燃料類を貯蔵する技術が水封式貯蔵技術であり，貯槽の力学的安定性を岩盤の強度に担わせ，貯蔵燃料の漏洩防止機能（水封機能：気密性，液密性）には岩盤地下水流を利用

表 6.2 地下石油備蓄基地の概要 [2), 3)]

項目	久慈基地	菊間基地	串木野機基地
地質	花崗岩	花崗岩	安山岩
建設時期	1986～1992 年	1986～1992 年	1986～1991 年
敷地面積（地上部）	約 6 ha	約 10 ha	約 5 ha
（地下部）	約 26 ha	約 15 ha	約 26 ha
全備蓄容量/ユニット数	175 万 kL/3 ユニット	150 万 kL/2 ユニット	175 万 kL/3 ユニット
岩盤タンク	横穴式水封貯蔵	横穴式水封貯蔵	横穴式水封貯蔵
水封方式	人工水封	人工水封	自然水封
水床方式	固定水床式	固定水床式	固定水床式
貯蔵圧力	$-0.1～0.4$ kg/cm^{2}G	$-0.1～0.4$ kg/cm^{2}G	$-0.1～0.4$ kg/cm^{2}G
被り（地表から）	100～190 m	65～100 m	100～260 m
（海面から）	約 20 m	約 35 m	約 20 m
空洞断面形状	卵形	変形食パン形	卵形
（幅×高さ×長さ）	(18×22×540 m)	(20.5×30×230～460 m)	(18×22×555 m)
空洞数, 離間距離	10 本, 50 m	7 本, 60 m	10 本, 50 m

するものである．図 6.2 に水封式地下備蓄の原理[4)]を示したが，地下水面下の無覆工な貯槽に石油を貯蔵すると貯槽全周から地下水が湧出するが，湧水を排出すると石油は貯槽底部の水床に浮き，かつ貯槽全周から地下水湧出が続くため，湧水に押し包まれて漏洩することなく石油を貯蔵できるというものである．

この水封機能の確保については，限界地下水位（最低の設計地下水位）から貯槽天端（または配管立坑プラグ下端）までの必要な深度 H_w（m）の確保が，菊間実証プラントの建設に際して，消防法で規定されている[5)]．

$H_w = 10P_a + a$　　ここに，P_a：最大常用圧力（kg/cm^{2}G），a：余裕深さ 5 m

貯槽の設置深度 H を $H \geq H_w$ に設定すれば，貯槽周辺の地下水の水圧 P_w は $P_w \geq P_a$ を満足することにより，水封機能が確保されるという考え方である．これに対し，気密性の確保には地下水流の動水勾配の確保が必要であり，鉛直動水勾配 I_0 を $I_0 \geq 1.0$ を気密性の判定条件とする考え方もあった．

菊間実証プラントの水封機能は，加圧貯蔵条件下を対象に，$H \geq H_w$, $I_0 \geq 1.0$ をともに満足する設計がなされており，貯槽完成後，最大常用圧力 2.2 kg/cm^{2}G での気密試験が行われ，$I_0 \geq 1.0$ における水封機能性が実証されている．その後，最大常用圧力 3.4 kg/cm^{2}G での気密試験が行われ，$I_0 \geq 0.8$ における水封機能性が実証されている．その成果を受けて，地下石油備蓄 3 基地の水封設計においては，$I_0 \geq 0.8$ を気密性の判定条件とされた[1)]．

水封機能の確保の判定条件となる地下水位と動水勾配，ポンプなどの設備設計の基本となる湧水量は地下水解析（浸透流解析）で算出されるため，解析技術の

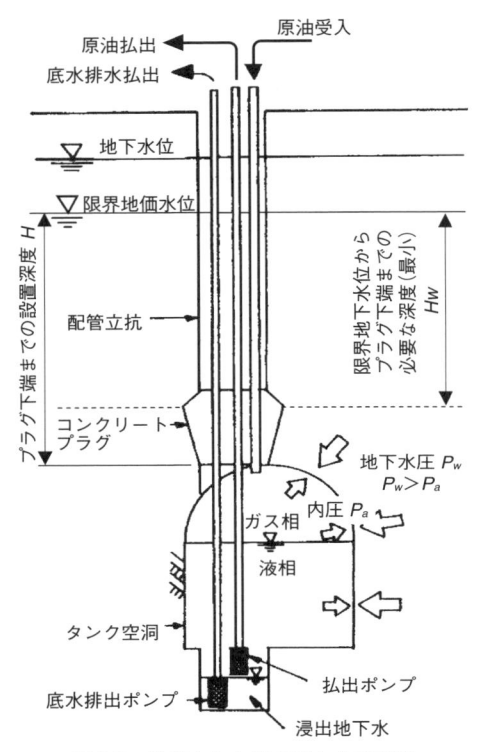

図6.2 岩盤タンク模式図と水封原理

適用性や解析による岩盤水理挙動の再現性も実証試験の中で検討されている．一例として，加圧貯蔵条件下の原油受払い運転における貯蔵圧力 $-0.36\ \text{kg/cm}^2\text{G}$ と $1.83\ \text{kg/cm}^2\text{G}$ の2時点の定常状態に対して，実測流量と鉛直2次元地下水解析による流量計算値[6]を表6.3に示す．湧水量計算値が実測値の1.2倍程度，人工水封水供給量の計算値が実測値の1.30〜1.43倍程度であり，計算値は実測値と

表6.3 人工水封方式下の流量算出結果[6]

貯蔵状態		貯槽湧水量			人工水封水供給量		
内圧 ($\text{kg/cm}^2\text{G}$)	原油液面高 (m)	実測値 ($\text{m}^3/$日)	計算値 ($\text{m}^3/$日)	計算/実測 (%)	実測値 ($\text{m}^3/$日)	計算値 ($\text{m}^3/$日)	計算/実測 (%)
-0.36	0.25	41.8	49.7	119	23.0	29.8	130
1.83	14.5	22.4	27.2	121	11.2	16.0	143

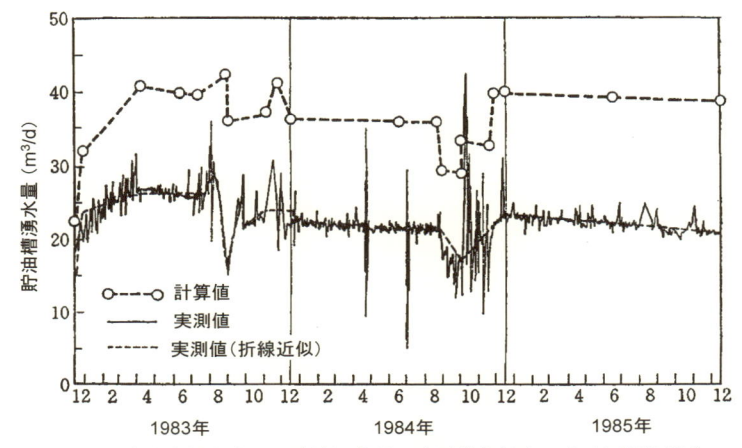

図 6.3 自然水封方式下の貯槽湧水量の実測値と鉛直2次元解析結果[7]

良好な対応を示している．これは，貯槽内圧の変化に対応した間隙水圧変動が解析により的確に再現されることを意味しており，貯槽周辺の間隙水圧実測値と解析結果が良い対応を示すことも確認されている[6]．また，自然水封条件下については，降雨の影響を考慮して，鉛直2次元解析（非定常）では図6.3の貯槽湧水量の経時変化，準3次元解析（非定常）では地下水位変動が解析されており，おおむね現象を再現できていることも確認されている[7]．

このように，実証試験における地下水位や間隙水圧と湧水量などの計測および解析により，水封機能性や岩盤水理挙動が把握されるとともに，地下水計測技術と地下水解析技術の実現象への適用性が確認されている．

c. 大規模空洞の建設技術[1),2),4),8)]

国家備蓄3基地の岩盤タンクは吹付けコンクリートとロックボルトで支保されたNATM（New Austrian Tunnelling Method）工法による大断面空洞であり，表6.2に示すように，特に，菊間基地の空洞断面は，海外の大規模地下空洞（幅19〜21 m，高さ32〜35 m程度．断面積は600 m^2 超）と同レベルの規模であることが認められる．なお，国内にはさらに大断面な空洞として，揚水発電における地下発電所空洞（最大で1,500 m^2 程度）があるが，吹付けコンクリートとロックボルトに加えて「PSアンカー」と「コンクリートライニング」などが支保部材に用いられており，岩盤タンクよりかなり重装備な支保構造である．

岩盤タンクの掘削はNATM工法により行われており，串木野基地ではアーチ部と3段ベンチに分割して施工している．串木野基地の各掘削段階ともに中央部

を 20 m 程度先行掘削し，土平部を後方から並進して掘削した．これは，先進する中央部で地質状況の確認と土平部壁面への発破の影響の低減を目的としている．なお，掘削には，スムーズブラスティング工法を用い，発破・ズリ出し後，一次吹付けコンクリートおよびロックボルトを施工し，その後ファイバーメッシュ（FM）および二次吹付けコンクリートを施工している．FM は従来の金網の代替として新規に開発された新素材（グラスファイバー製）で錆びず，重量も金網の約 1/4 で，コンクリート用ステープル（ホッチキス）で吹付け面に効率的に固定できるものである．工事の最盛期には 1 日あたり 3,000～4,000 m^3 の岩盤を掘削するために，大規模な機械化施工を行っている．

NATM 工法では，計測は安全管理や施工管理上，きわめて重要である．今回の岩盤タンクにおいては，掘削ステージごとに空洞の安定性をチェックし，変状がある場合はその都度対策を施した．計測の中心は内空変位であるが，標準 30 m ごとに計測断面が設定されている．また，ロックボルト軸力，岩盤内変位および吹付けコンクリート応力を測定する埋設計器が串木野では各岩盤タンクに 2 断面設定され，それぞれ坑外の計測室で任意の時間に測定，記録することが可能であった．

特に，内空変位計測については，通常は内空変位計（コンバージェンスメジャー）が用いられているが，大断面掘削のため，高所作業が多くなり，安全性や施工性に問題があることから，トータルステーション（光波測距儀）を用いる計測システムが開発された．この内空変位計測は，各計測点のアンカーボルトにミニプリズムを設置し，底盤部に設置した光波測距儀により各点の相対座標から 2 点間距離を算出するもので，光波測距儀を据えれば複数断面の計測が一度に行えることが特徴である．

d. 今後の研究開発動向

菊間実証プラントの実証試験や国家備蓄基地の建設などを通じて，石油の地下備蓄技術はおおむね完成されたが，二，三の技術課題に対して，さらなる研究開発が進められている．

1) 岩盤地下水挙動や水封機能管理への統計解析手法の適用　菊間実証プラントの自然水封条件下の非定常の地下水解析結果について，湧水量の経時変化の再現精度や個々のボーリング孔水位の変動の再現精度を詳細に見ると課題もあり，地下水解析による精度向上もかなり困難なものと予想される．このため，自然水封条件下の地下水挙動に統計解析（多変量自己回帰モデル）を導入する試みがなされており，実測値の経時変化を高精度に再現した研究成果が発表されてい

る[9]．また，菊間国家石油備蓄に対して，状態空間モデルと多変量自己回帰モデルを適用した研究が行われており[10]，統計解析手法を用いた水封機能管理モデルの可能性も示唆されている．

今後も，水封機能などの事前設計には，物理モデルとしての地下水解析などを用いる必要性があるが，統計解析手法は操業時などの地下水挙動の要因分析や異常値の検出に威力を発揮する可能性があり，水封機能管理モデルとして発展する可能性がある．

2) 岩盤空洞の健全性評価に対するトモグラフィー技術の適用　岩盤タンクは，原油を貯蔵した後は内部に入ることができないため，メンテナンスフリーとする考え方で設計されているが，長期間にわたって安全な貯蔵を行う上で，岩盤タンクの健全性を的確に把握する必要がある．このため，岩盤の状況を推定かつ可視化する技術として，弾性波トモグラフィーと比抵抗トモグラフィーの適用と評価方法に関する研究が進められている[11],[12]．いわゆるトモグラフィー技術を用いた内部点検技術であり，今後，石油の国家備蓄基地への採用が期待される．

3) 経済的な設計施工法の適用　岩盤に大断面の空洞を建設するので，コストダウンの技術が求められる．設計，施工の両面から従来よりコストダウンする技術を今後も開発していく必要がある．

〔百田博宣〕

参考文献

1) 蒋田敏昭：地下石油備蓄基地建設の概要．資源・素材学会誌，**107** (13), 224-235, 1991.
2) 土木学会岩盤力学委員会：大規模地下空洞の情報化施工．丸善，1996.
3) 時政　宏ほか：完成間近な地下石油備蓄プロジェクト．土木学会誌，**78** (8), 10-13, 1993.
4) 情報化施工技術総覧編集委員会：情報化施工技術総覧．pp. 350-361, 新協，1998.
5) 消防庁危険物技術基準委員会：岩盤タンク貯蔵所（菊間方式）の規制に関する基準等についての報告書．1980.
6) 地盤工学における数値解析の実務編集委員会：地盤工学における数値解析の実務．土質工学会，1987.
7) 百田博宣，藤城泰行，青木謙治，花村哲也：降雨浸透を考慮した岩盤中の地下水挙動に関する解析的検討．土木学会論文集，**379**/VI-6, 74-82, 1987.
8) 谷　利一，古賀雄三：大規模機械化施工による日 4,000 m^3 の地下掘削——串木野地下石油備蓄基地．トンネルと地下，**21** (11), 162-169, 1990.
9) 本多　眞，鈴木　誠，百田博宣：地下水挙動への多変量自己回帰モデルの適用．土木学会論文集，**529**/III-33, 93-102, 1995.
10) 植出和雄，岡本明夫，本多　眞，長谷川誠，鈴木　誠：気象・潮汐を考慮した水封式岩盤タンク周辺地下水位の変動評価．土木学会論文集，**729**/III-62, 157-168, 2003.
11) 西　琢郎，奥野哲夫，宮下国一郎，長谷川誠，岡本明夫：比抵抗探査結果の評価法に関する考察．土木学会第 55 回年次学術講演会概要集 3-A, pp. 558-559, 2000.

12) 多田浩幸，長谷川誠，宮下国一郎，岡本明夫：岩盤空洞の健全性評価に対する弾性波トモグラフィーの適用性に関する検討．第31回岩盤力学に関するシンポジウム講演会論文集．pp. 181-184, 2001.

6.2.3　LPGの地下貯蔵技術
a.　LPGの地下貯蔵技術の概要

　石油の地下備蓄技術と平行して，LPGの地下備蓄技術に関しても技術的課題を究明して実用化する研究がわが国で進められた．

　LPGは，ガス田や油田の随伴ガス，原油などから生産されるが，においやススが出ないクリーンなエネルギーとして位置付けられる．現在，わが国においては，全世帯の約55％に当たる約2,500万世帯の一般家庭用燃料として，また自動車燃料や工業用としてLPGが用いられている．LPG使用量は年々増加し，年間消費量としては2010年には約2,300万tになると予測されている．

　表6.4に示すように，LPGの蒸気圧は20℃においてプロパンで8気圧，ブタンで2気圧と，同じくクリーンなエネルギーとされるLNG（メタン）の293気圧に比べて大幅に低く，また沸点もプロパンで－42℃，ブタンで－0.5℃と，メタンの－162℃に比べて高くなっており，メタンと比較して取扱いが容易であることが大きな特徴となっている．

　すなわち，プロパンの場合には8気圧の高圧に圧縮するか，または－42℃に冷却することにより，またブタンの場合には2気圧に圧縮するか，－0.5℃に冷却することによって液化することができ，貯蔵はこのいずれかの状態で行うことに

表6.4　LPGおよび主な燃料の物性

		プロパン	n-ブタン	メタン	DME	原油	軽油
化学式		C_3H_8	C_4H_{10}	CH_4	CH_3OCH_3	—	—
低位発熱量	kcal/kg	11,040	10,930	12,180	6,880	9,850	10,150
	kcal/L（液）	5,450	6,230	5,180	4,600	8,370	8,530
	kcal/Nm³	21,800	28,300	8,700	14,200	—	—
液密度	kg/L	0.490	0.570	0.425	0.668	0.85～	0.840
ガス比重	空気＝1	1.52	2.00	0.55	1.59	—	—
蒸気圧	気圧 0℃	4.70	1.03	176	2.63	—	—
	20℃	8.00	2.00	293	5.83	0.50 ※	—
沸点	℃	－42	－0.5	－162	－25	—	180～360
発火点	℃	504	430	537	350	—	250
爆発限界	vol%	2.1～9.4	1.9～8.5	5～15	3.4～18	1～16	0.5～7.5

※　原油の蒸気圧はイラニアン・ライトの37.8℃の値．

なる．

　LPGの地下貯蔵技術は，6.2.2項に示した地下石油貯蔵技術と同様に地下の有効利用の有力な方法の一つであり，地下の良好な岩盤を選定し，大規模な空洞群を構築してLPGを貯蔵するものである．LPGの地下貯蔵技術は，地下石油貯蔵技術と同時期の1950（昭和25）年代に欧米で開発され，今日まで広く世界で用いられてきている．わが国においても，現在，愛媛県波方町（現今治市）および岡山県倉敷市の2地点において，2010（平成22）年度までの完成を目標に国家地下備蓄基地の建設工事が行われている[1],[2]．

b. LPG地下貯蔵方式

　LPGの地下貯蔵方式には，上述のように高圧（常温）で貯蔵する方式と，低温（常圧）で貯蔵する方式の2種類がある．LPGの地下貯蔵タンクとしては，現在計画中のものまでを含めると，表6.5に示すように世界の18ヵ国において145の地下タンクがあり，貯蔵（空洞）容量は総計で12,677,000 m^3 に及ぶ．これらの貯蔵施設のほとんどは高圧貯蔵方式のものとなっており，わが国における波方基地および倉敷基地においても高圧貯蔵方式を採用している．低温貯蔵方式については，スウェーデンとノルウェーにおいて6タンク計867,000 m^3 が建設されている．

1）常温高圧貯蔵方式　　図6.4（a）に貯蔵システムの概念図を示す[3]．本貯蔵方式は，基本的には石油地下貯蔵と同様の水封システムにより貯蔵物の漏洩を防止するものであり，貯蔵空洞周辺の地下水圧をLPGの貯蔵圧力より高くすることによって，空洞内への地下水の流れを生じさせ，この地下水流の動水勾配に

表6.5　世界におけるLPG地下貯蔵施設の状況（計画中のものも含む）※

	貯蔵タンク数	貯蔵容量（千 m^3）	備　考
北欧3国	27	2,155	フィンランド，スウェーデン，ノルウェーの3ヵ国
北欧を除くヨーロッパ	18	1,194	フランス，ドイツ，イギリスなどの7ヵ国
アメリカ	71	3,234	
カナダ	5	565	
韓国	10	2,354	
中国	8	1,139	
その他	3	310	台湾，オーストラリア，インド
日本	3	1,726	波方基地，倉敷基地
計	145	12,677	

※　タンク数はユニット単位で計数．
※　北欧では6タンク867千 m^3 は低温常圧貯蔵方式で，それ以外はすべて常温高圧貯蔵方式による．

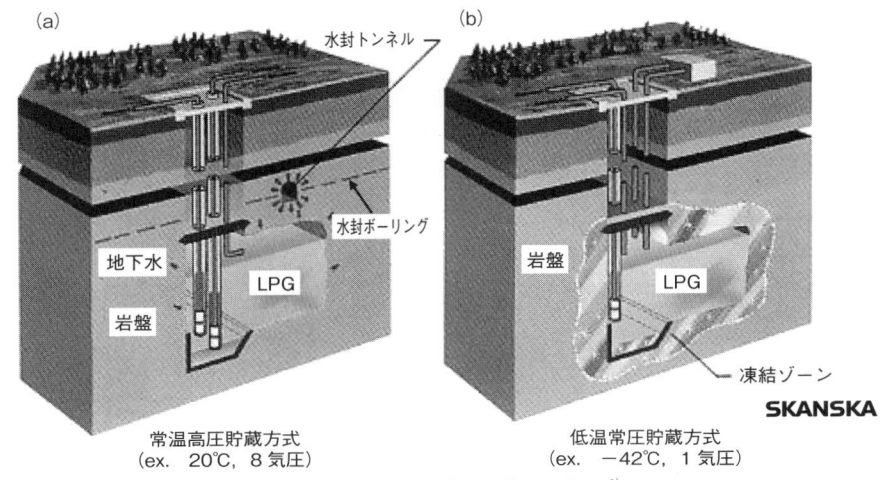

図 6.4　LPG 地下貯蔵方式の概念図 [3]

よりLPGを封じ込めるものである．

　貯蔵ベーパーの空洞外への漏洩を防止する気密構造を構築するために必要な空洞天端付近における地下水流の鉛直方向動水勾配 I_0 は，石油地下貯蔵の実績や海外における高圧貯蔵施設の実績を踏まえ，倉敷，波方両基地では I_0 が 0.5 以上となるように設計されている [2]．この天端部のベーパー下部の貯液部に対しては，空洞方向へ向かう地下水流があることで液密状態は保たれる．

　水封方式には，自然地下水のみによる自然水封方式と，図 6.4 (a) に示したように，貯蔵空洞の上部に水封トンネルを設置し，これから水封ボーリング孔をシステマティックに配置して水封のカーテンを構築し，これらに人工的に水封水を供給して必要水圧を確保させる人工水封方式の 2 種類がある．表 6.4 に示したように，LPGは石油よりもベーパー圧が高いことから，石油の場合に比べて設置深度は深くなり，また高圧貯蔵ということで，通常は，自然地下水を補強する方式である人工水封方式により建設されることが多い．

　このような貯蔵空洞，水封トンネルなどの配置や設置深度，水封ボーリングの配置，間隔などの水封構造に関しては，石油地下貯蔵の場合と同様な考えに従って，設置場所の降雨などの水文状況や地下水位状況，岩盤の透水性などの水理地質データなどをもとに，解析的な検討を行って設計される．本貯蔵方式においては，プロパン貯蔵の場合には，貯蔵圧力は約 8 気圧（20℃）と高圧になることから，設計，施工に当たっては，このような高圧状態における周辺岩盤の安定性や

割れ目の状況，水封機能性などに関する十分な検討が必要となる．

2) 低温常圧貯蔵方式　図6.4 (b) に貯蔵システムの概念図を示す．本貯蔵方式は，貯蔵空洞周辺岩盤を冷却して凍結ゾーンを形成し，LPGを低温で貯蔵するものである．すなわち，空洞周辺に形成される岩盤の凍結ゾーンによって貯蔵するLPGの気密・液密構造を構築する．

本システムにおいては，岩盤内の水を凍らせるため，1) に示した常温高圧貯蔵方式と同様に，地下水位以下に貯蔵空洞を設置する必要があるが，貯蔵圧力は大気圧とほぼ等しいことから，常温高圧貯蔵方式のような深い設置深度は必要としない．また，このような常圧での貯蔵ということで，ガスの漏洩などに対する安全性はさらに高いものとなる．

本方式では，プロパンの場合には−42℃以下の温度に岩盤を冷却することになるが，貯蔵空洞の気密・液密構造に関しては，この温度における凍結岩盤の熱応力に対する空洞の安定性の検討などが必要となる．すなわち，岩石は一般に低温になると収縮し，また水は凍結することによって凍結膨張することから，このような低温下における岩盤の挙動と引張応力による亀裂の進展状況などに関する検討が重要になってくる．

岩盤の低温下の挙動に関しては，これまでにいくつかの室内実験や解析的な検討が行われている[4),5)]．各種の岩盤の低温下における熱的特性に関しては，今後さらに実験などにより蓄積し，検討していく必要があると考えられるが，花崗岩盤を対象に行われた解析による検討事例によれば，−42℃に冷却した低温岩盤の挙動に関しては，設置深度が100 m程度であれば低温により発生する引張応力による破壊は凍結領域内にとどまり，周辺岩盤は安定状態を保つことが示されている[5)]．

図6.5にはスウェーデンのKarlshamnにおける低温貯蔵施設の概要図を示す[6)]．この事例では，水封（給水）トンネル・ボーリングを貯蔵空洞上部に設けているが，このようなシステムにすることにより，掘削に伴う空洞周辺岩盤の不飽和域の生成を防ぎ，凍結ゾーンを確実なものとして構築することができるとともに，凍結ゾーン周辺に仮にクラックが発生しても，その外からの水封水が浸透，凍結して新たな凍結ゾーンを形成することによってクラックを塞ぐことができ，万一の漏洩に対しても安全なものとすることができる．また，水封トンネルおよび水封ボーリングには常温の水封水が常に供給されていることから，これが温度境界となって地表部への冷熱の伝達を防ぐ効果が得られる．縦水封ボーリングは隣接する貯蔵空洞間の移流防止を目的に設置されている．

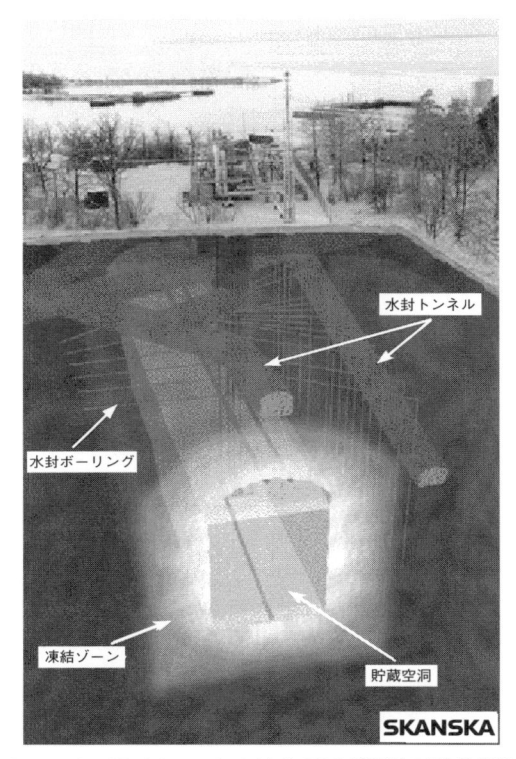

図 6.5　スウェーデン Karlshamn における LPG 低温地下貯蔵施設概念図例[7]

　本低温貯蔵システムは，現在までのところ世界においても事例は少ないが，常圧貯蔵ということで貯蔵圧力が低いことから安全性の高い方式と考えられ，岩盤条件や温度条件などの立地条件によっては，今後さらに普及していくことが考えられる．

c.　実証プラントの建設

　わが国においては，現在建設中の波方，倉敷の LPG 国家地下備蓄基地の立地に先立って，1989（平成元）年～1994（平成 6）年に，倉敷基地の近傍において，水封式 LPG 地下備蓄方式による水島実証プラントの建設および実証実験が行われた[7]．図 6.6 に実証プラントの構造図を示す[7]．同図に示すように，実証プラントは幅 3.5 m，高さ 3.5 m，長さ 33.5 m，貯蔵容量 390 m^3 の小規模のものであったが，これを用いて貯槽の気密性や LPG の受払いに係わる操業性，安全性，品質などに関する実証実験が行われ，これらに関する問題は全くないことが

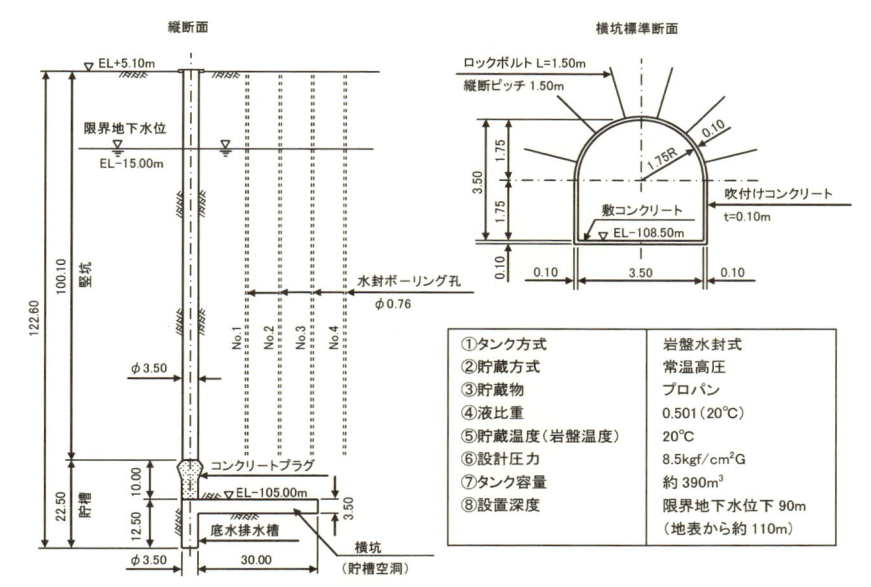

図 6.6 LPG 地下備蓄水島実証プラントの構造図[7]

示され,その実用性が確認されている.
　この実証実験による安全性などの検証の成果を踏まえ,次に本格的な国家地下備蓄基地の建設を行うこととなった.

d. 今後の技術的課題

　現在,愛媛県波方町(現今治市),岡山県倉敷市においては,水封式 LPG 国家地下備蓄基地の建設が行われている.貯蔵空洞は石油地下備蓄空洞と同様の形状として,波方基地が幅 26 m,高さ 30 m,倉敷基地が幅 18 m,高さ 22 m の卵形形状の断面により,延長 430 m～640 m の複数本の空洞群から構成されている[2].これらの貯蔵空洞は海水面下 −150 m～−160 m のところに配置され,完成後はそれぞれ 45 万 t および 40 万 t の LPG が貯蔵される予定となっている.
　これらの両基地では,施工に際しては破砕帯や水みちなどの地質,岩盤状況の調査や透水性,地下水圧状況などの水理状況の確認および対応を行いながら,情報化施工により水封システムを確実に構築していくことが重要な課題となっている.
　また,今後は低温貯蔵方式により LPG を貯蔵することも考えられるが,この場合には,対象岩盤に関する低温下における力学的性質,熱的性質について十分

な調査を行い，設計，施工に反映させていくことが重要である．

　この低温貯蔵に関しては，近年，環境に優しいエネルギーとしてLPGと性質が類似しているDME（ジメチルエーテル，表6.4参照）が着目されてきているが，DMEは-25℃に冷却することにより液化できることから，LPGよりさらに取り扱いが容易であり，今後のDMEの普及展開によっては，これを低温で大量に貯蔵することも可能性としては十分に考えられ，期待されるところとなっている[8]．
〔宮下国一郎〕

参　考　文　献
1) 大竹健司：水封式地下岩盤貯槽方式を主力とするLPガスの国家備蓄の現状．石油技術協会誌．**66** (2), 183-193, 2001.
2) 前島俊雄：液化石油ガス地下備蓄岩盤貯槽空洞の概要．岩の力学ニュース．**71**, 1-4, 2004.
3) Skanska AB : Underground Storage for LPG. 1986.
4) 松永　烈，厨川道雄，木下直人：岩石の低温における機械的性質．日本鉱業会誌．**97** (1120), 421-436, 1981.
5) 石塚与志雄，木下直人，奥野哲夫：LPG岩盤内貯蔵空洞の熱応力に対する安定性の検討．土木学会論文集．**370**/III-5, 243-250, 1986.
6) Skanska Teknik AB : TG99-Underground Refrigerated Storage for Propane, 2001.
7) 石田　稔，宮永佳晴：LPG地下備蓄実証プラント建設工事．土木施工．**32** (9), 29-38, 1991.
8) 中川加明一郎，前田信行，米山一幸，宮下国一郎，八田敏行：DME地下低温貯蔵システムに関する解析的検討．土木学会第59回年次講演会講演概要集第III部，679-680, 2004.

6.2.4　LNG地下タンク建設技術
a.　LNGの特徴とその利用の現状

　1960（昭和35）年代後半に入ると，都市部の工場や自動車からの排出ガスによる大気汚染が深刻化して社会問題となった．その後の1973（昭和48）年の第一次オイルショックと重なって，ガス・電力会社は石油に代わるエネルギーとして，窒素酸化物NOx，硫黄酸化物SOxなどの大気汚染物質を含まないLNG（Liquefied Natural Gas：液化天然ガス）への転換を推進していった．

　LNGは，中東，東南アジア，アラスカなどの海外の産出地で得られるメタンを主成分とした天然ガスを，現地で圧縮冷却して-162℃の極低温の液体としたものである．その後，LNG専用の大型タンカーで需要地近傍のLNG受入基地まで輸送し，受入基地に一時貯蔵した後，需要に応じて天然ガスに戻され，都市ガスとして供給されたり，火力発電所に送られて発電に利用されている．

　また，LNGは石炭・石油に比べてCO_2発生量が少ないことから，地球環境に

6.2 エネルギー貯蔵技術　　213

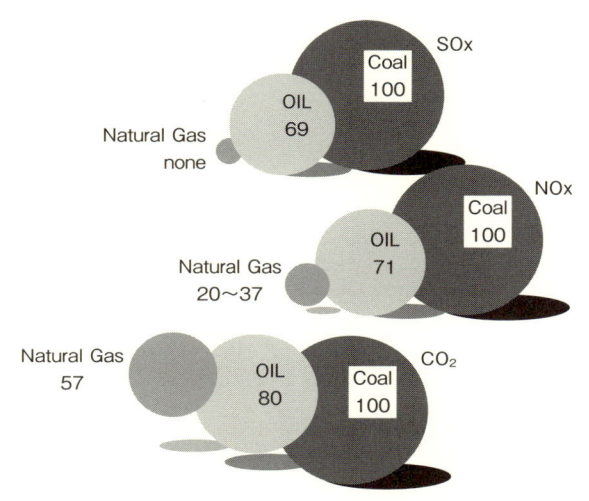

図 6.7 LNG，石油，石炭の排出ガス比較

優しいエネルギー源として現在も需要が増加し，わが国の LNG 輸入量は 2006（平成 18）年には世界の LNG 取引量の約 50％を占めるまでに至っている．

図 6.7 に LNG，石油，石炭を燃焼した際に排出されるガスの比較を示す．

b. LNG タンクの貯蔵容量の変遷

都市ガスや発電用燃料としての LNG の需要の増加に伴い，全国各地に LNG の受入基地が建設されていった．また，LNG は経済活動のみならず国民生活の基本となる一次エネルギーであることから，一定の備蓄量を確保することが要請された．

使用量，備蓄量の増加に伴い，受入基地には多くの LNG タンクが建設され，LNG タンクの容量は用地の制約や建設コストの面から巨大化し，1990（平成 2）年代には世界最大の 20 万 kL の LNG 地下タンクがわが国で建設されるに至った．

c. LNG タンクの形式比較

図 6.8 に示す通り，LNG タンクは 3 形式に大別される．

当初は，特に高度な土木技術を必要としない金属二重殻地上タンクが建設されていたが，より高い安全性の追求とタンクの巨大化に伴う敷地の有効利用の必要性から技術開発が進められ，世界に先駆けてわが国で LNG 地下タンクが開発された．

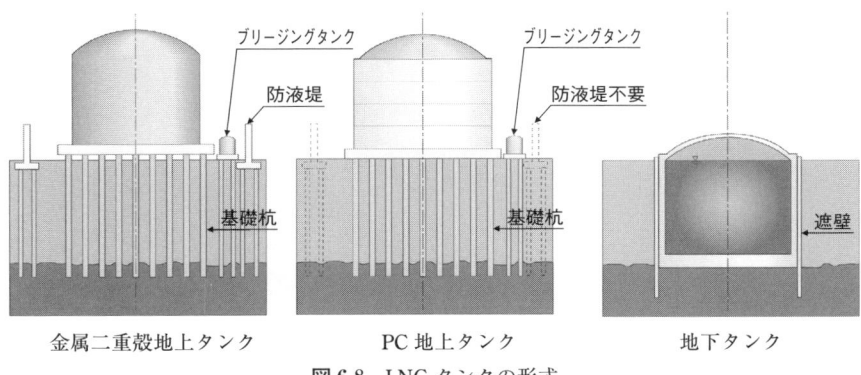

図 6.8 LNG タンクの形式

その後 PC 地上タンクが開発され，現在では敷地の有効利用の観点から注目を集めている．

各形式のタンクには表 6.6 に示すような特徴があるが，本項では土木技術の面から特に高度な技術が求められる地下タンクについて，その大型化に伴って開発された技術について述べる．

d. LNG 地下タンクの建設技術

図 6.9 に LNG 地下タンクの構造概要を示す．

LNG 地下タンクは最大のものでは直径 70 m 以上，深さ 50 m 程度の円筒形構造物である．また，図 6.10 に示すように，LNG 地下タンクの液深度の拡大は徐々に進んでいったが，これは掘削可能深さの拡大に応じて可能となったものである．

LNG 地下タンクの大容量化に伴い，必要となった建設技術は以下の通りである．

① 極低温 LNG 地下タンクの設計・解析技術
② 大深度大規模地下空間の構築技術
③ 側壁の鉄筋コンクリート施工技術

表 6.6 LNG タンクの形式比較

	金属二重殻地上タンク	PC 地上タンク	地下タンク
安全性	△	○	○
環境・景観	△	△	○
敷地の有効利用	△	○	○
経済性	○	○	○

6.2 エネルギー貯蔵技術　　　　215

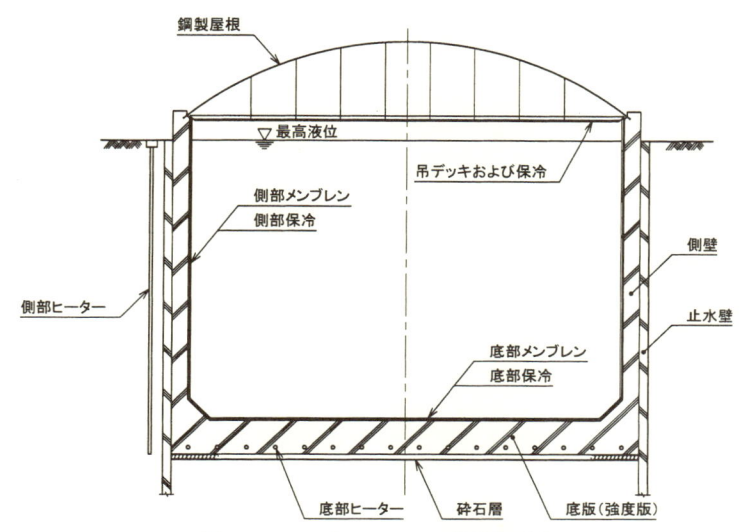

図 6.9 LNG 地下タンクの構造概要[1)]

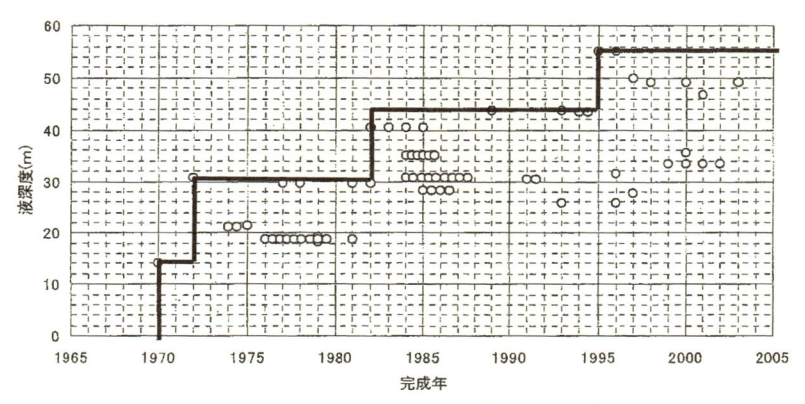

図 6.10 LNG 地下タンクの液深度の変遷[1)]

④ 底版の鉄筋コンクリート施工技術
⑤ 機械構造との複合構造物としての技術

1) 極低温 LNG 地下タンクの設計・解析技術　　LNG 地下タンクは $-162℃$ の極低温の液体を貯蔵するために，鉄筋コンクリート構造物の内面には冷熱を遮断する保冷材が設置されるが，時間の経過とともに鉄筋コンクリートの温度は低下し，1年程度後には周囲の地盤が凍結を始める．

そのために，極低温下における鉄筋コンクリートの物性を明らかにして，合理的な設計手法を確立する必要があった．また，地下タンク周囲の地盤が凍結したときの凍土の圧力，凍結速度などについても明らかにして，隣接する地下タンクへの影響を評価し，その対策を検討する必要があった．

まず，極低温下における鉄筋コンクリート構造物の熱伝導解析技術の開発が行われた．

次に，鉄筋コンクリートの極低温下における物性を解明するために，温度を変えたコンクリートおよび鉄筋の強度試験，極低温下の鉄筋の継手の試験，鉄筋コンクリート部材の物性試験などが広範囲に行われた．コンクリートは図6.11に示すように，低温になると圧縮強度は大きくなる．

これらの実験，解析から，極低温下のLNG地下タンクの設計方法が確立された．

LNG地下タンクは地価の高い所に建設されるので，少しでも土地を有効利用することが求められた．その結果，タンクを近接して建設することが求められ，タンクの周囲に発生する凍土の進行を抑制するために，タンクの底部および周辺の側部にヒーターが設置されることになった．

1980（昭和55）年代になると，鉄筋コンクリートのせん断強度の寸法効果が問題となった．寸法効果とは，断面が大きくなると相対的にコンクリートの強度が小さくなる現象のことで，圧縮強度ではすでに問題は解決されていたが，せん

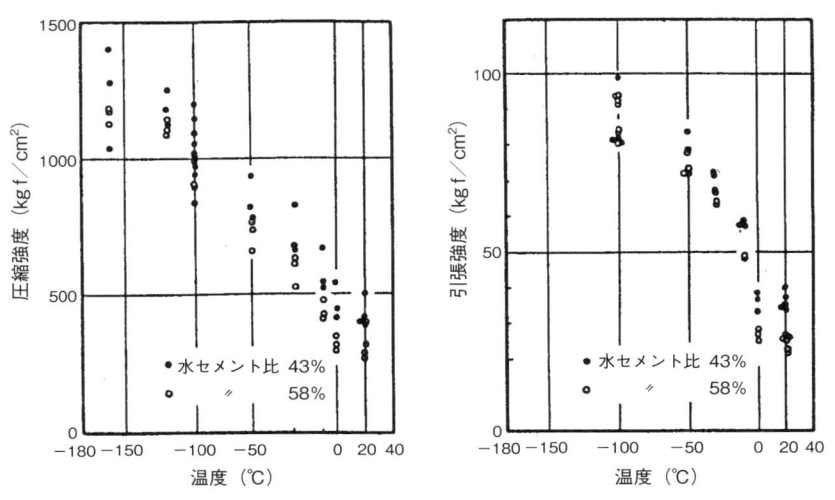

図 **6.11** コンクリート強度と温度の関係[3)]

図 6.12 大型鉄筋コンクリート梁のせん断実験の状況 [2)]

断強度については実験結果がなかった．そこで，図 6.12 に示すような大型の鉄筋コンクリート梁を構築して，せん断強度の寸法効果に関する実験を行って，その結果が設計に反映された．

2) 大深度大規模地下空間の構築技術　LNG 地下タンクが建設されるのは需要地である大都市の近傍で，LNG タンカーからの受入となるために海岸部である．従って，LNG 地下タンクの建設地の地盤条件は海浜部の埋め立て地となることが多く，軟弱地盤における大深度掘削技術として高強度地中連続壁構築技術が開発された．

そのために開発された主な技術は以下の通りである．
- 設計基準強度 51 N/mm^2 の地中連続壁用高強度高流動コンクリートの開発
- 深さ 100 m で ±5 cm の精度を確保する掘削技術の開発
- 一般部と同等の強度を有する地中連続壁の継手の開発
- 高精度掘削管理計測システム

3) 側壁の鉄筋コンクリート施工技術　初期の地下タンクの施工方法は，止水壁としての地中連続壁を施工し，その内部を掘削しながら，地中連続壁の内側に側壁コンクリートを逆巻きで地下に向かって施工するというものであった．床付けまで掘削した後，底版コンクリートを施工し，屋根を施工して完成する．その後，地中連続壁の高強度化技術の確立により，地中連続壁の内部を一気に掘削し，底版コンクリートを施工した後に，側壁を順巻きで下部から上部に向けて施工する工法が可能となり，現在では低コスト，短工期といった理由から一般的に行われるようになっている．

側壁は極低温に耐えられるように鉄筋が密に配筋されているので，鉄筋の間にもコンクリートが行き渡るように流動性の高いコンクリートが望まれた．また，

218   6. エネルギー関連技術

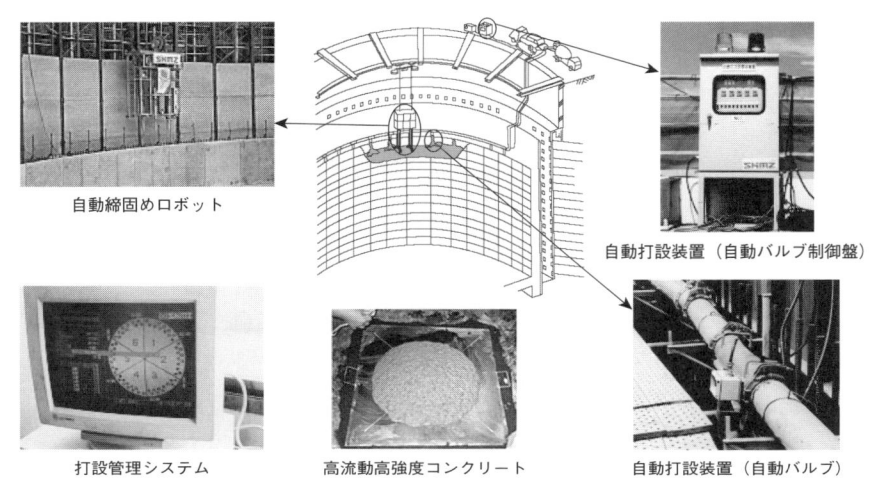

図 6.13 高流動高強度コンクリートと打設管理システム

コストダウンの要請から，コンクリートを高強度化して厚さを低減するために高流動高強度コンクリートが開発され，効率的に施工するために自動打設装置，自動締固めロボット，そしてそれらを制御する打設管理システムが開発された．側壁コンクリートの打設管理システムを図 6.13 に示す．

4) 底版の鉄筋コンクリート施工技術　LNG 地下タンクの底部には下部地盤から作用する水圧に抵抗し，かつ極低温の温度応力に抵抗するために，厚さ 10 m もの鉄筋コンクリートの底版が構築される．

この底版には D51 という太径の鉄筋が密に配筋され，数万 m^3 のコンクリートを一気に打込む技術が要求された．直径 80 m クラスの底版のコンクリートを施工するために，コンクリートの圧送管の途中にシャッターバルブを取付けて配管の閉塞を防止する技術を開発して施工した．図 6.14 に底版コンクリートの施工状況を示す．

5) 機械構造との複合構造物としての技術　LNG 地下タンクの内面には，冷熱を遮断するための保冷材と，気密・液密確保のための厚さ 2 mm のメンブレンが取付けられる．これら機械構造と土木構造である鉄筋コンクリート構造物は，複合化されて一体となって初めて所要の機能を発揮する．

従って，鉄筋コンクリート構造物には以下の技術が求められた．
- 保冷材やメンブレンを設置する上で必要となる精密な寸法精度（ミリ単位）を確保する施工技術

図 6.14 底版コンクリートの打設

- 水分に弱い保冷材の性能を損なわないため，十分な地下水処理技術と水密性を確保する技術

e. 今後の技術動向

LNG 地下タンクの設計・施工方法はほぼ確立されたと言える．京都議定書が発効し，最近は CO_2 の排出の少ない燃料に切り替える必要性が生じ，かつ，原油の値上がりによって，石油代替燃料の必要性が高まってきた．このような社会的背景から，わが国では LNG の需要が増大しており，LNG の貯蔵施設の需要も増加している．建設コストの削減が社会的に求められる中，地盤条件や立地条件によっては LNG 地下タンクに比べて建設コストの低い PC 地上タンクに注目が集まっている．PC 地上タンクの場合，容量が最大 18 万 kL に限定されているので，今後の大容量化技術の開発が求められている．

PC 地上タンク，地下タンクとも，コストダウンに関する技術の開発が続けられているが，大容量化とコストダウンや工期短縮の両立が今後の技術開発の目標となっている．

〔若 林 雅 樹〕

参 考 文 献

1) (財) エンジニアリング振興協会：平成 12 年度「LNG チェーンコスト低減最新技術の抽出と経済性へのインパクト・リスク評価に関する調査報告書」．2001.
2) 後藤貞雄：大容量 LNG 地下式貯槽の建設技術に関する研究．東京工業大学学位論文，1997.
3) 日本ガス協会：LNG 地下式貯槽指針．2002.

6.2.5 都市ガス岩盤貯蔵技術[1]

天然ガスは埋蔵量が豊富で，かつ他の化石燃料と比較して CO_2 排出量が少な

いので，地球環境の面から世界のエネルギー供給において重要な役割を果たしている．欧米では，季節間や週間などの需要変動を吸収して，パイプラインの利用効率を向上させるための大規模地下貯蔵施設が多数設けられている（枯渇ガス田，帯水層，岩塩層，廃棄坑道の利用など）．

わが国では，エネルギーの安定的な確保の観点からも天然ガスの利用拡大やパイプライン供給インフラの整備が望まれている．しかし，欧米に比べて，地質条件に恵まれないわが国においては欧米にない貯蔵方式が必要となり，その実用可能性の検討が行われている．

以下に示す貯蔵方式の主な技術は，岩盤の挙動評価と，機密構造の設計技術（変形・疲労評価）である．

a. 地下貯蔵方式の概要

欧米における大規模な地下貯蔵施設の方式を図 6.15 に示す．貯蔵方式の中で，最も多いのが枯渇したガス田に貯蔵する方式で，次いで帯水層に貯蔵する例が多い．また，岩塩層内に空洞を設けて，岩塩の気密性を利用して貯蔵する方式もかなりの数に上る．また，廃坑になった石炭坑道などに貯蔵する例も見られる．

わが国においては，帯水層や岩塩層などの地質条件に恵まれないため，岩盤貯蔵方式が有効と考えられている．岩盤貯蔵方式とは，岩盤内に空洞を掘削して，高圧でガスを貯蔵する方法であり，地下水により気密性を保持する水封方式と，空洞内面に鋼板などを設けてライニングにより気密性を保持するライニング方式がある．

b. ライニング式高圧気体貯蔵（岩盤貯蔵）の概要

ライニング方式は，水封方式より比較的浅い岩盤に立地でき，かつ，地下水条件に依存しないなどの特徴を有することから，高圧気体の貯蔵方式に有利と考え

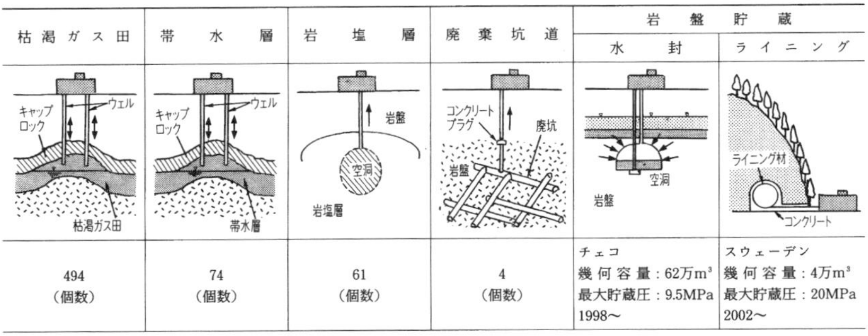

図 6.15 地下貯蔵方式の種類

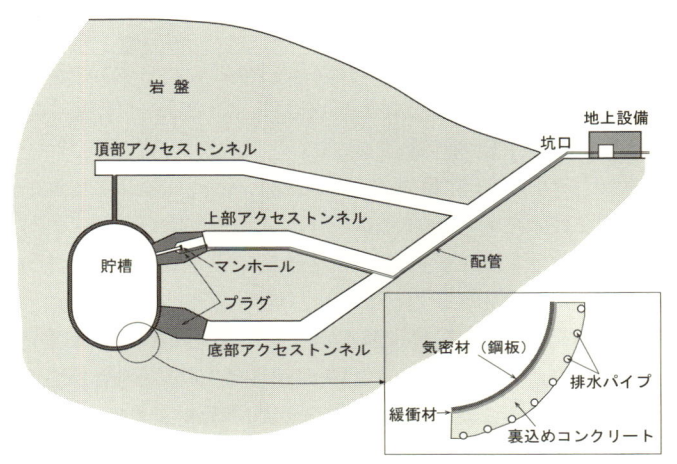

図 **6.16** 岩盤貯蔵（ライニング方式）の概念

られている．

　図 6.16 にライニング方式の岩盤貯蔵の概念を示す．また，パイプラインに併設した全体概念図を図 6.17 に示す．ライニング方式は以下のコンセプトを有し，岩盤の支持力を積極的に利用することを大きな特徴としていることから，岩盤貯

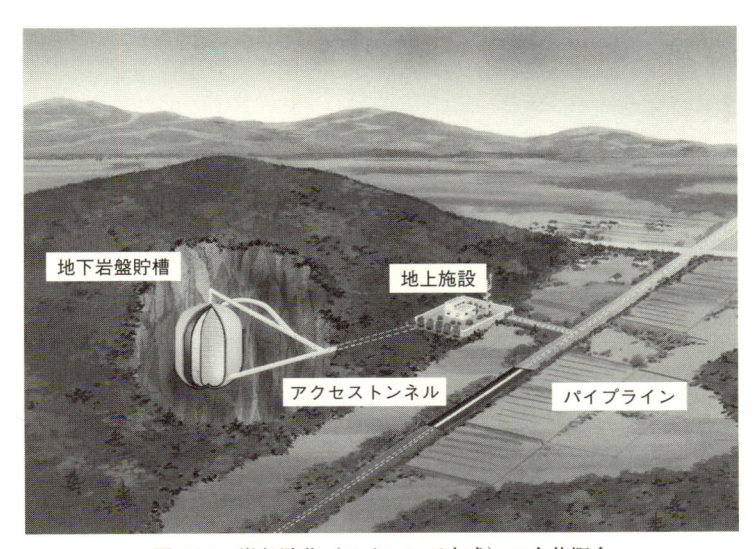

図 **6.17** 岩盤貯蔵（ライニング方式）の全体概念

蔵方式とも呼ばれる．
① 貯蔵内圧は周辺岩盤で支持する．
② 気密性は気密材（鋼板）で確保する．
③ 裏込めコンクリートは内圧を伝達する．
④ 排水パイプなどにより貯槽周辺地下水を排水し，施工中や内圧解放時に気密材に過大な外水圧を作用させない．

本方式の商用プラントは1機のみで，スウェーデンにおいて容量4万 m^3 のデモンストレーションプラントが建設され（2002（平成14）年完成），2003（平成15）年度に貯蔵試験が行われた後，商用プラントとして利用されている．

スウェーデンの実証プラントは，北欧の堅固な硬岩（変形係数 30 GN/m^2 程度）に立地されている．また，運用面では，季節間需要変動（年2～3回程度の受入・払出）を条件としており，貯蔵圧の変動回数は少ない．

一方，わが国で対象とする岩盤の変形係数は，硬岩で 10 GN/m^2，軟岩で 4 GN/m^2 程度を想定しており，北欧の岩盤に比べて脆弱である．また，運用面でも日間需要変動（年間200回程度）を想定しており，貯蔵内圧の変動回数は多い．このため，実用可能性の検討として，日本固有の条件（岩盤，運用）を考慮した検討が必要である．

c． 岩盤貯蔵の規模と適用

現在，岩盤貯蔵の実用可能性の検討が進められている貯蔵パターン，地質条件およびモデルケースを以下に示す．

1） 貯蔵パターン 既存の貯蔵施設としてはLNGタンクとガスホルダーがあり，岩盤貯蔵方式との貯蔵能力を比較すると図6.18のようである．

岩盤貯蔵は貯蔵量，払出量ともガスホルダーの能力を上回り，複数個建設すればLNGタンクに匹敵する能力を有する．

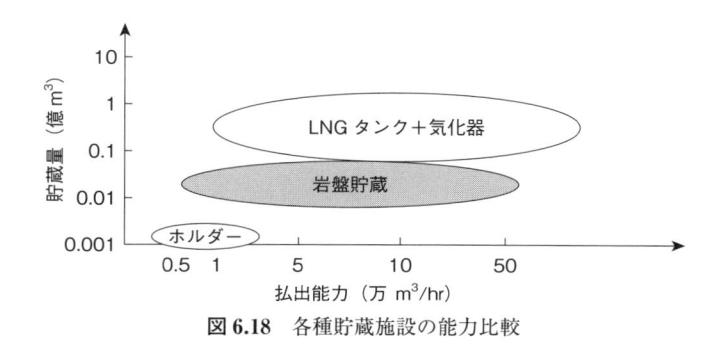

図 6.18 各種貯蔵施設の能力比較

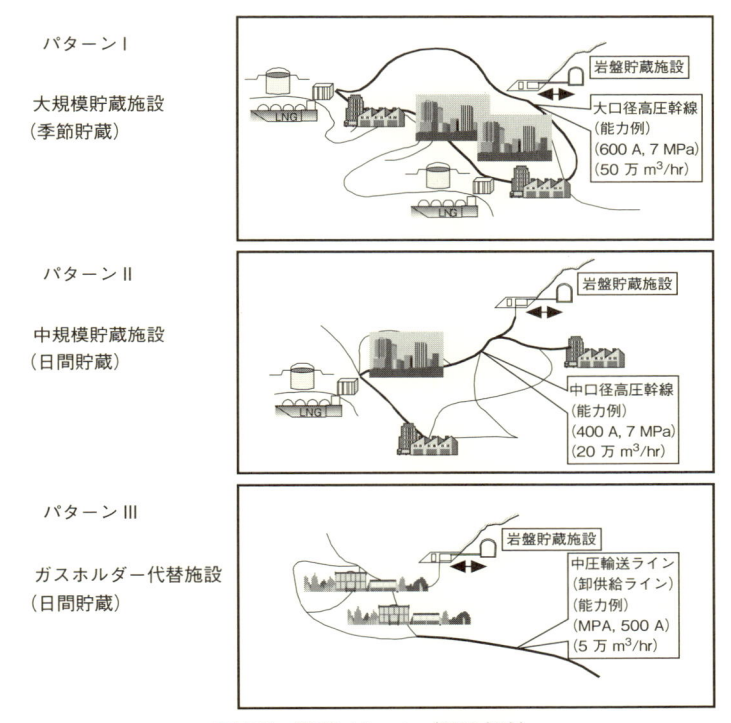

図 6.19 貯蔵パターン（運用方法）

天然ガスの貯蔵目的とパイプライン能力から岩盤貯蔵方式の適用性を想定して分類すると，図 6.19 に示す 3 パターンに類型化される．すなわち，大規模貯蔵，中規模貯蔵，ガスホルダー代替施設である．

2) 地質条件と想定されるモデルケース　上記の 3 パターンに対応する貯蔵モデルとして，最小・最大圧力，払出条件などの運用条件と貯蔵空洞容積及び地質条件から検討が行われているモデルケースを表 6.7 に示す．

タイプ A は大規模貯蔵のために花崗岩類などの比較的堅固な硬岩を立地対象とする．タイプ B は中規模貯蔵のため，広範囲な立地条件が求められる中硬岩以上の岩盤を立地対象とする．また，タイプ C, D は図 6.19 のパターン III のガスホルダー代替を対象とし，硬岩から軟岩まで幅広い立地条件を想定した場合である．

現在，上記の 4 タイプを中心に試設計が行われており，コスト試算と経済性評価などから評価すると，競合施設に対して岩盤貯蔵は経済的優位性ならびに立地

表 6.7 岩盤貯蔵タイプのモデルケース

	タイプ	ワーキングガス量 (万 m³N)	運用下限〜上限圧力 (MPa)	払出流量 (万 m³N/hr)	単基幾何容積 (万 m³)	貯槽寸法 (m) 高さ	貯槽寸法 (m) 内径	想定岩盤
大規模貯蔵	A	300	5〜20	60	2.0	41.9	28.0	硬岩(花崗岩類などの火成岩類)
中規模貯蔵	B	70	5〜12	14	1.0	33.3	22.2	中硬岩(中・古生代の堆積岩類など)
小規模貯蔵	C	40	1〜9	8	0.5	26.3	17.7	硬岩(花崗岩類などの火成岩類)
小規模貯蔵	D	25	1〜6	5	0.5	26.3	17.7	軟岩(第三紀の堆積岩類など)

条件の緩和効果が確認されている.

d. 今後の技術動向

最近の原油の値上がりに伴って,石油代替燃料として天然ガスが有望視され,国内でも天然ガスの生産が増える傾向にあり,かつ北海道に近いサハリンでも大規模な天然ガスの生産が計画され,国内のガスパイプラインも検出されている.

このような状況下では,都市ガス岩盤貯蔵は有効な方法であり,わが国でも建設されることが望まれている.今後,国内で進められている実証プラントの建設および実証試験などを通して,岩盤貯蔵技術を確立し,実用化されることが望まれる.

〔奥 野 哲 夫〕

参 考 文 献
1) 澤 一男,石塚与志雄:都市ガス岩盤貯蔵の実用可能性の調査研究.トンネルと地下,**35** (4), 31-39, 2004.

6.3 放射性廃棄物の処分技術

6.3.1 放射性廃棄物の課題と処分方法

わが国では電力の約3分の1を原子力発電でまかなっているが,放射性廃棄物の対策が現実的に検討されたのは,ここ20年ほどである.国際的にはアメリカのカーター大統領(当時)の呼びかけに応じて国際的に検討されて,1980(昭和

55）年に出版された INFCE（International Nuclear Fuel Cycle Evaluation，国際核燃料サイクル評価）レポートがきっかけとなっている．国際化時代の原子力にとって大きな課題となったのは，原子力の平和利用と核不拡散の両立という問題であった．アメリカは核不拡散政策を打ち出し，自国では再処理工場の商業化を中止し，高速増殖炉の開発計画を延期した．わが国では，動燃（動力炉・核燃料開発事業団の略称，現在は日本原子力研究開発機構）の再処理工場運転にはアメリカの同意が必要となり，事前同意を得るために日米再処理交渉が持たれ，ようやく条件付きで運転開始した．

また，1975（昭和50）年に発効した海洋投棄規制条約（ロンドン条約）において，放射性廃棄物の海洋投棄の禁止が正式に採択されて改定されたのは1993（平成5）年である．この頃から，わが国においても使用済み核燃料の再処理とともに，放射性廃棄物の安全な管理対策の必要性が考えられるようになった．

その後，原子力分野でのみ認識されていたこの技術課題が1985（昭和60）年以降，土木工学の分野でも扱われ[1]，関連する様々な分野で精力的な研究開発[2)~9)]が進展した．特に，1999（平成11）年の「わが国における高レベル放射性廃棄物地層処分の技術的信頼性—地層処分研究開発第2次取りまとめ—」[5)]により，わが国においても地層処分を事業化の段階に進めるための技術基盤が整備され，以降，2000（平成12）年6月の法律第百十七号「特定放射性廃棄物の最終処分に関する法律」の成立，2000（平成12）年10月の高レベル放射性廃棄物処分の実施主体である原子力発電環境整備機構の設立に至っている．

放射性廃棄物をどのように区分して管理するかは国によって異なっているが，わが国では，高レベル放射性廃棄物と低レベル放射性廃棄物の2種類が認知されている．さらに，低レベル放射性廃棄物は主として発生場所による区分として，原子力発電所等廃棄物，TRU核種を含む放射性廃棄物，ウラン廃棄物，RI・研究所等廃棄物の4種類の名称が使われている[*1)]．しかし，これらの分類では適用しにくい廃棄物も存在しているため，最近では，日本原子力学会標準委員会の場で放射性廃棄物の用語の検討がなされている段階である．図6.20は検討途上段階の呼称案であるが，具体的な区分に応じた処分概念が記載されていると考えられる．

また，高レベル放射性廃棄物地層処分施設の概念の一例を図6.21に示す．

本節では，主として高レベル放射性廃棄物の地層処分施設に関する技術を扱

[*1)] 原子力百科事典 ATOMICA より「わが国の放射性廃棄物の種類と区分（05-01-01-04）」．(http://www.atmin.gr.jp/atomica/)

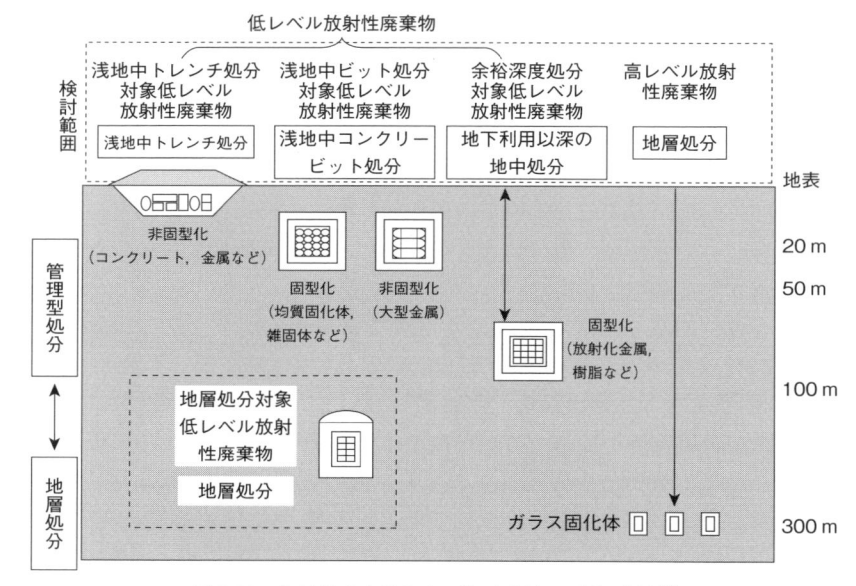

図 6.20 放射性廃棄物および処分方法の呼称（案）[10]

う．高レベル放射性廃棄物とは，発電に用いられた後，原子炉から取り出された使用済燃料から生じる廃棄物を言う．この廃棄物は，放射能レベルが高いことからこのように呼ばれる．アメリカやカナダのように，使用済みの核燃料をそのまま直接処分する場合には，使用済燃料そのものが高レベル放射性廃棄物として管理される．日本やフランスのように使用済燃料を化学的に処理（再処理）してウランやプルトニウムを分離・回収する国では，再処理した後に残された残渣（高レベル放射性廃液）を，溶融したガラスと混合してステンレス製の容器の中で固化したものが高レベル放射性廃棄物である．

わが国の高レベル放射性廃棄物の仕様と外観寸法を図 6.22 に示す．形態を直接表す用語として，ガラス固化体と呼ぶこともある．なお，法律で規定されている「特定放射性廃棄物」[12]とは，使用済燃料の再処理後に残存する物を固定化したものと規定されているので高レベル放射性廃棄物と同じである．

以下では土木工学的な観点から，未来を築く新建設技術としての放射性廃棄物処分技術について述べる．

参 考 文 献
1) 石井　卓, 櫨田吉造ほか：高レベル放射性廃棄物地層処分施設の概要とその熱的問題の検

6.3 放射性廃棄物の処分技術

図 6.21 高レベル放射性廃棄物地層処分施設の概念の一例
(深さ 300～1,000 m の地下に総延長 130～270 km の地下坑道を掘削してその中に高レベル放射性廃棄物を定置・埋設することが考えられている)

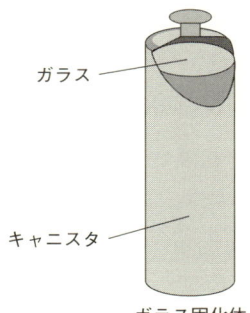

ガラス
キャニスタ
ガラス固化体

液体状の高レベル放射性廃棄物をホウケイ酸ガラスと混合し,溶融したものを,ステンレス容器(キャニスタ)に注入して固化したもの.

総重量:約 500 kg
寸　法:外径/約 40 cm
　　　　高さ/約 1.3 m

図 6.22 高レベル放射性廃棄物の仕様[11]

討.土木学会論文集,355/VI-2, 124-133, 1985.

2) 土木学会・エネルギー土木委員会編:土木技術者のための高レベル放射性廃棄物地層処分の現状と技術的課題.土木学会,1990.

3) 動力炉・核燃料開発事業団:高レベル放射性廃棄物地層処分研究開発の技術報告書(第1次取りまとめ)――平成3年度.動力炉・核燃料開発事業団,PNC TN1410 92-081, 1992.

4) 電力中央研究所・電気事業連合会：高レベル放射性廃棄物地層処分の事業化技術．電力中央研究所・電気事業連合会，1999．
5) 核燃料サイクル開発機構：わが国における高レベル放射性廃棄物地層処分の技術的信頼性——地層処分研究開発第2次取りまとめ．核燃料サイクル開発機構，JNC TN1400 99-020, 1999．
6) 土木学会原子力土木委員会地下環境部会編：概要調査地区選定時考慮すべき地質環境に関する基本的考え方．土木学会，2001．
7) 原子力発電環境整備機構：概要調査地区選定上の考慮事項の背景と技術的根拠（「概要調査地区選定上の考慮事項」の説明資料）．原子力発電環境整備機構，NUMO-TR-04-02, 2004．
8) 原子力発電環境整備機構：高レベル放射性廃棄物地層処分の技術と安全性．原子力発電環境整備機構，NUMO-TR-04-01, 2004．
9) 土木学会原子力土木委員会地下環境部会編：高レベル放射性廃棄物地層処分技術の現状とさらなる信頼性向上にむけて——土木工学に係わる技術を中心として．2004．
10) 岡本光雄：放射性廃棄物の用語・呼称の検討状況．原子力学会バックエンド部会主催，第20回バックエンド夏期セミナー資料集，2004．
11) 経済産業省資源エネルギー庁：放射性廃棄物のホームページ（http://www.enecho.meti.go.jp/rw/hlw/hlw01.html）を参考に作成
12) 特定放射性廃棄物の最終処分に関する法律（平成十二年六月七日法律第百十七号）

6.3.2 高レベル放射性廃棄物の天然バリア技術
a. 高レベル放射性廃棄物の処分方法

高レベル放射性廃棄物の処分方法として国際的に下記の数種類の方法が議論されてきたが，廃棄物を物理的に人間環境から遠ざけることによって，将来にわたって人間環境に有意な影響を与えない地下に埋設隔離するという処分方法が最も有効であるとの考えが基本になっている．

- 地下深部の地層に埋設する方法
- 宇宙空間に廃棄する方法（打ち上げ失敗リスクや経済性が課題）
- 深部海洋底に埋設処分する方法（その後の現象の不確実性やロンドン条約（海洋投棄の禁止）などが課題）
- 極地の氷床に処分する方法（経済性や南極条約（放射性廃棄物の持込禁止）の存在が課題）

先進国の原子力分野の専門家によって協議されて，OECD/NEAから発行された報告書[1]に，陸地の安定な地層への処分が現在最も優れている，との結論が述べられており，この方法がほとんどの国において選択されている．わが国においても，安定な形態に固化し，地下深部の地層中に埋設処分することが基本的な

方針として位置づけられている．

なお，高レベル放射性廃棄物に含まれる放射性核種をいくつかの元素ごとに分離し，原子炉や加速器によって長半減期核種を安定あるいは短半減期に核変換する技術（核種分離・消滅処理）も検討されているが，放射能レベルを低減できるものの地層処分の必要性を変えるものではない．また，実用化までにはさらなる技術開発が必要であり，まだ長期的な基礎研究が行われている段階である．

深部地層中に埋設処分する場合，長期間人間環境に有意な影響を与えないための対策としてバリアという設計概念が構築されている．ここでいうバリアとは，埋設処分した廃棄物から放射性核種が人間環境に漏れ出すことを抑制するための障壁として機能する部位に対して使われる言葉である．

核燃料サイクル開発機構は，1999（平成11）年に，それまでの研究開発成果を総括した取りまとめ報告書[2]の冒頭において，下記のように記述している．

「わが国の地層処分概念は，『安定な地質環境に，性能に余裕を持たせた人工バリアを含む多重バリアシステムを構築する』というものである．すなわち，諸外国と同様，天然の地質環境（天然バリア）と工学的な防護系（人工バリア）を組み合わせた多重バリアの考え方に基づいている．」

本項では天然バリアに関する技術を述べる．

b. 立地に際して配慮すべき超長期の天然現象

放射性廃棄物の安全性の一部を天然バリアと称する地層に期待しているので，立地は社会的な側面だけではなく，技術上においても重要な因子となる．廃棄物の放射能は時間の経過とともに減衰する特徴を有するが，高レベル放射性廃棄物の場合には短半減期放射性核種が減衰して崩壊熱が十分低くなるまでに数百年から1,000年，放射能が元のウラン鉱石並みまで減衰するまでに数万年程度を要する．処分後の安全性については数万年あるいは数十万年後を予測して評価することが求められる．

従来の土木構造物にはない立地条件として，地質環境と長期安定性に影響を与える可能性のある火山・火成活動（地層安定性の喪失），隆起・沈降・侵食（地表からの隔離距離の減少），気候・海水準変動（地下水条件の変化），地震・断層活動，などの天然現象について超長期の予測と影響の評価が問われることになる．

変動帯に位置するわが国の国土に処分施設を立地する場合には，特に地質環境の超長期の変動についても配慮することが求められており，原子力委員会原子力バックエンド対策専門部会が発行した報告書[3]では，下記のような総括が記述

されている.

「日本は，安定大陸に比し，地震・断層活動及び火山・火成活動の頻度が高く，所謂変動帯に位置している．天然現象の中には，地震・断層活動や火山・火成活動のように急激かつ局所的な現象と，隆起・沈降・侵食及び気候変動・海水準変動のように緩慢かつ広域的な現象があり，それぞれ地下深部の地質環境に影響を及ぼしている．前者については，場所によっては地質環境への影響は大きいものの，大きな変形を伴うような影響を及ぼす地域は比較的狭い範囲に限定されており，また過去数十万年の時間スケールで見れば，これらの現象が規則的に起こっていることから，今後数十万年程度であれば，その規則性及び継続性から，それらの影響範囲を推論することができると考えられる．他方，後者は，地下水系などに広い範囲で影響を及ぼすが，緩慢かつ広域的であるから，過去数十万年程度について，広域にわたる比較的正確な地質学的な記録が残されている．それらの記録を基に，将来についても十万年程度であれば，その及ぼす影響の性質や大きさ，また影響範囲の移動や拡大の速度などを推測することができると考えられる.」

c. 人間侵入への配慮

高レベル放射性廃棄物の処分施設は地下300mよりも深い位置に設置することが法律で定められている．また，有用な地下鉱物資源の賦存が見込まれる場所への立地は避けるように決められている．このような項目は，人間侵入（高レベル放射性廃棄物と人間環境との物理的な距離が接近すること）による悪影響に配慮した条件である．

処分施設を操業している期間およびその後のモニタリング期間（安全性を監視する期間）においては，故意による侵入や妨害活動，破壊活動を防止することはできる．しかし，いずれは施設を埋め戻して閉鎖し，管理を必要としない状態に移行しても安全性を確保できなければならない．

施設の存在を知らない第三者が地下深くに別の施設を造るために掘削する可能性について配慮する必要があるし，資源探査の目的でボーリングを実施して，処分施設に漏洩経路を新たに造ってしまう可能性についても配慮が必要である．

このような課題については，主として，立地選定の段階で対処することが現実的であるとの認識がなされて，国の規制方針が作られている．すなわち，将来の地下利用について，許容できるような深度に処分施設を設置することが考慮されているし，地下鉱物資源の将来における利用を妨げないような地域への立地が求められている．

d. 地質環境

前述のような超長期の地質変動や将来の人間の活動による影響とは別に，土木構造物としての立地条件の面でも，岩盤特性や地下水流動特性あるいは地下水水質や溶存ガスなどの因子（この分野ではこのような条件を地質環境と称している）が施設性能や経済性に与える影響は検討対象となる．

高レベル放射性廃棄物の処分施設は地下300 m よりも深い位置に設置することが法律で定められているが，軟質岩に建設する場合には，所要の深度条件を満たす上で支保設計が困難な場合があることも予想される．地下水の水質が海水に近い成分を有する場合には，人工バリアを構成する材料の長期健全性について，淡水系の地下水に比べて長期間期待できない可能性がある．また，メタンガスのように地下水に溶存した可燃性ガスが処分施設の建設時および操業時に施設内に発生することについても事前に予測できていれば，設計上の配慮ができる．

地質環境の条件による処分施設の安全性，経済性への影響は大きいので，この分野では事前調査が非常に重要である．このことから，立地に至るプロセスに合わせて地質環境調査も段階的に進めることが国によって規定されている．

e. 地下水による漏出の評価

放射性廃棄物の処分の安全性にとって最も重要なことは，地下深くに埋設された放射性廃棄物から漏出した放射性物質が施設周囲の岩盤中を流動する地下水に溶出し，その汚染された地下水が地表に移行し，さらには放射性物質を含有する地下水が直接あるいは作物・畜産物や魚介類を介して人間が摂取するという事象（地下水シナリオ）である．

このような事象について考慮することが「地下水シナリオによる処分安全性の評価」と呼ばれている課題である．この課題は，1万年オーダーの長期間にわたって放射性廃棄物からの漏出がゼロであることを担保することは基本的には不可能であるとの前提に立っている．地下水シナリオと呼ばれているこの現象は，地下水による放射性物質の人間環境への移行を想定して，その現象による人間への影響を定量的に，かつ，保守的に[*2)] 予測評価することが，処分の安全性を判定する上で最も重要なことである．

原子力分野では，定量的な安全評価をすることが求められており，個人が受け

[*2)] 保守的に（conservatively）という言葉は原子力の安全性の議論の中では頻繁に使われる．ある条件を想定して安全性を評価する際に，時間的・空間的な種々の不確実性を考慮し，安全性が損なわれる厳しい側の条件を想定して評価し，そのような場合であっても許容値以内であることを確認する姿勢を称して使う言葉である．

ると予想される最も大きな被ばく線量を算定して，安全性を判定する．安全性を評価する際に，実測した値で示すことが最も説得性があることは当然であるが，目に見えない地下水の挙動を，数kmにわたる広大な領域に対して実測値で示すことは不可能であるから，数値シミュレーションによる予測計算結果を提示することが現実的である．ただし，数値解析に用いるシミュレーションモデルの妥当性は検証されていることが求められるし，計算条件として用いる地層の水理地質構造および地層の水理特性，さらには境界条件が正しいこと（あるいは保守性を有していること）を提示できなければならない．

1) 地下水流動状況の現状把握の重要性　地下水シナリオに対する処分の安全性を予測評価する際に，地下水シミュレーションに提供する計算条件を設定することになるが，水理地質構造，水理特性値，境界条件などの計算条件は，対象となる地層における実測情報あるいは事実情報から同定された値でなければ説得力がない．従って，処分施設の立地の前に詳細な調査と試験測定が実施される．

調査試験のデータを得る上で最も有力な手段はボーリング孔を利用したデータである．ボーリングによる地質調査データとボーリング孔における区間透水試験のデータから水理地質構造と水理特性値を設定することになる．さらには，ボーリング孔を利用して地下水の水圧分布データを広域かつ3次元的な分布データとして把握することが効果的である．

地下の間隙水圧分布を効率的に実測する方法はいくつかあるが，カナダで開発されて実用化された図6.23に示すような孔内多点深度間隙水圧観測技術[4]がわが国においても活用されている．この観測技術は事前調査に効果的であるとともに，地下施設の建設時，操業時，閉鎖後の地下水状況のモニタリングにも適用できること，さらには地下水を随時サンプリングして地下水の水質や汚染状況を監視できること，必要に応じて地盤の透水性を再確認できること，などの特徴がある．わが国において，地下施設の周囲に設置したボーリング孔を活用して3次元的な地下水観測を実施した最初の例は，核燃料サイクル開発機構（現在は日本原子力研究開発機構）の東濃鉱山の立坑工事である．

2) 地下水流動評価シミュレーション　地下数百～1,000 mの地下水は，微小な速度ではあるが流動しており，やがては地表の人間環境に到達すると考えられている．もちろん，地表に湧出しない場合もあり，地下水の湧出点が海底であるならば，人間への影響は非常に小さいものとなるが，それでも魚介類を介した食物摂取を考慮する必要がある．

地下水が浸透する媒体である地層（地盤）の水理特性（透水係数）は均質分布

6.3 放射性廃棄物の処分技術

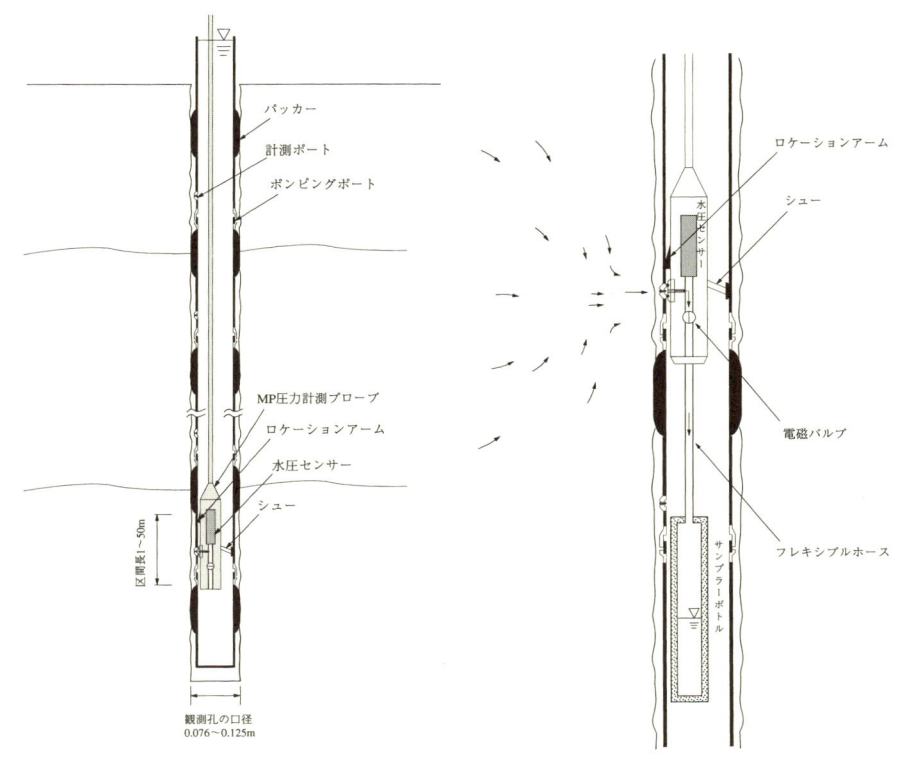

図 6.23 多段パッカー方式地下水観測装置の概念図 [4]

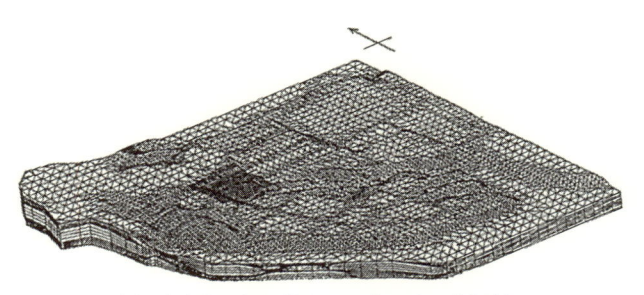

図 6.24 低レベル放射性廃棄物の埋設施設の 3 次元地下水解析のメッシュモデル例 [5]
（地表面積は約 2 km^2）

ではなく，3次元的な分布をしているので，地下水は3次元的な流れをする．従って，地下水流動の予測評価は3次元モデルによるシミュレーションが必須となる．地層の水理地質構造および各地層の水理特性を把握でき，境界条件を適切に設定できれば，地下水の流動状況を推定できる．図6.24は低レベル放射性廃棄物を対象にした地下水解析のメッシュモデルの例である[5]．

シミュレーション技術の研究開発はほぼ終了しており，商用プログラムも多いが，実際の地下水流動を予測する問題への適用技術としては改善すべき課題が残されている．第1は，実際には不均質な媒体である水理地質構造をどこまで詳細かつ正確に把握し，モデルに反映できるかという課題である．第2は，3次元メッシュモデルの作成作業の困難さである．前者はリアルさの追求という観点では永遠の課題であるが，処分施設の安全性を保守的に評価できることを目指すことが

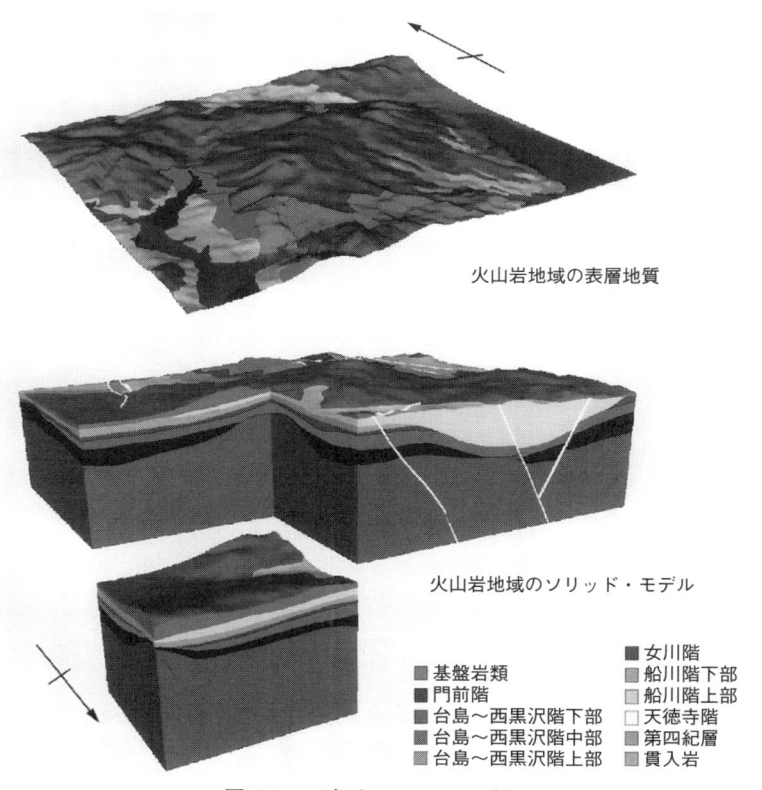

火山岩地域の表層地質

火山岩地域のソリッド・モデル

■ 基盤岩類　　　　　　　　■ 女川階
■ 門前階　　　　　　　　　■ 船川階下部
■ 台島～西黒沢階下部　　　■ 船川階上部
■ 台島～西黒沢階中部　　　□ 天徳寺階
■ 台島～西黒沢階上部　　　■ 第四紀層
　　　　　　　　　　　　　■ 貫入岩

図6.25　3次元モデリングの例

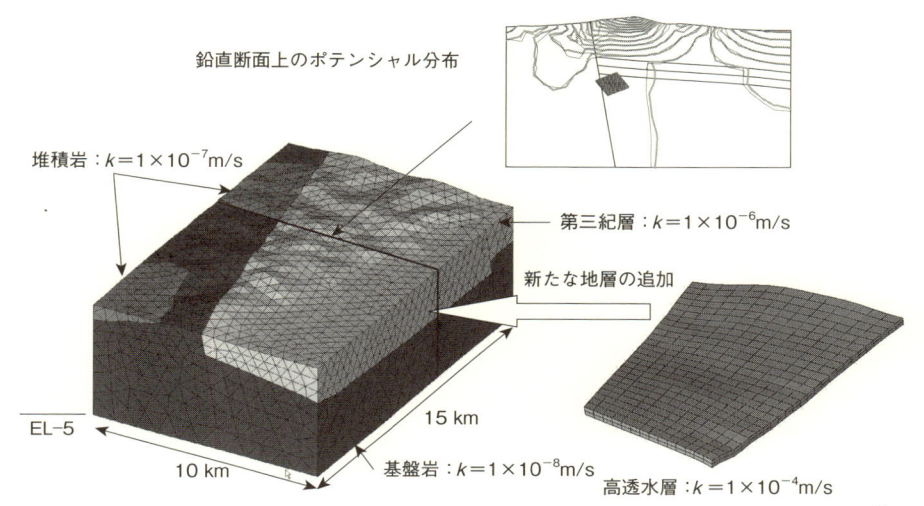

図 6.26 既存のメッシュモデルに新たに発見された高透水層を重ね合わせた解析手法の例[7]

工学的なニーズであり，安全性の判定に役立つレベルの技術になってきている．

後者の課題については，現在進歩しつつある分野である．3次元モデリング技術は航空機や自動車のような機械系の製品開発や設計の分野では開発に要する期間と費用を削減するための必須技術として，効率的な手法が整備されてきた．しかし，複雑な曲面や不連続面が頻繁に存在している不均質構造の水理地質のモデリング作業は効率化しにくい技術であった．まず，水理地質構造を3次元情報として電子データに変換する作業が必要であり，図 6.25 に示すような立体的な複雑形状の地層のモデル化が行われる．処分施設の地下水評価では地層の調査に数年以上を要することから，調査の進展に伴ってデータが追加されるごとに水理地質構造のモデルを見直して修正しなければならないため，膨大な手間と時間を要する作業となる．

櫻井[7]は3次元地下水解析のメッシュモデル作成作業を大幅に効率化できるメッシュフリー法を実用化しており，図 6.26 に示すように，地質調査によって発見された新たな高透水層を個別にメッシュモデルとして作成して，既存のモデルに重ね合わせる操作をするだけで，水理地質モデルの修正を可能とする解析手法を開発している．

参 考 文 献

1) OECD/NEA : Objectives, Concepts and Strategies for the Management of Radioactive Waste

Arising from Nuclear Power Programmes. 1977.
2) 核燃料サイクル開発機構：わが国における高レベル放射性廃棄物地層処分の技術的信頼性—地層処分研究開発第2次取りまとめ．核燃料サイクル開発機構，JNC TN1400 99-020, 1999.
3) 原子力委員会原子力バックエンド対策専門部会：高レベル放射性廃棄物の地層処分研究開発等の今後の進め方について．1997.
(http://www.enecho.meti.go.jp/rw/docs/library/rprt/rprt03-0.pdf)
4) 石井　卓，中島　均，穂刈利之ほか：多段パッカー方式地下水観測装置を用いた地盤の微小透水係数の原位置測定．FAPIG, **149**, 46-53, 1998.
5) Sasaki, T. *et al*.: Three-dimensional Analysis of Groundwater Flow in Neogene Rocks at the Rokkasho Low -Level Radioactive Waste Disposal Center, Japan. *Engineering Geology*, **49**, pp. 337-343, 1998.
6) 桜井英行ほか：汎用ソリッド・モデラを用いた深成岩地域と火山岩地域の3次元地質構造可視画像化．地質ニュース，**502**, 36-41, 1996.
7) 櫻井英行：メッシュ生成の問題に供するメッシュフリー法と不整合メッシュの応用．日本機械学会論文集A, **70**, 346-353, 2004.

6.3.3　高レベル放射性廃棄物処分施設の設計技術
a.　高レベル放射性廃棄物処分施設の概要

図 6.21 に示したように，処分施設は最終的には埋め戻すための施設であり，従来の土木地下構造物と違う主な点は，下記のようなものである．

① 総計で4万本以上の廃棄体を埋設することが考えられており，例えば1本あたり4m間隔で埋設すると仮定すると，坑道の総延長が160kmで，敷地面積が数km四方という大規模な地下施設となる．

② 地下300mよりも深い地下に埋設することが法律で決められているため，深度条件が大きい．

③ 地下水による漏出に注意を払うため，断層破砕帯のような高透水層を避けて，坑道を配置することが必要となる．

④ 地層処分システムの安全性を担保するための人工バリアを構築しやすく，かつ，性能を発揮しやすい空間を提供することが求められる．

⑤ 放射性物質を取り扱う作業を伴う操業時の安全性を確保しやすい空間を提供することが求められる．

⑥ 地下施設に廃棄体を格納して施設を埋設して閉鎖した後も，必要に応じて安全性を監視することが考えられている．

地下施設の設計を進める上で，高レベル放射性廃棄物の搬送と定置方法および

埋め戻し方法を考慮することが大切である．高レベル放射性廃棄物は表面線量率が高いので，そのまま搬送することは困難であり，遮へい機能を有する運搬装置で埋設場所まで搬送する．さらに，水平坑道あるいは水平坑道の床面に設けた縦孔に廃棄体を定置して，人工バリアで囲むようにして埋め戻す．その後，運搬と定置のために建設した坑道や立坑も埋め戻して閉鎖することになる．

b. 熱の拡散を考慮した設計レイアウト

高レベル放射性廃棄物の特徴の一つとして，最初の100～300年間は高い発熱量を有するという点がある．原子炉で反応した放射性核種の中には自然に崩壊する核分裂性のものが含まれているためであるが，発熱量は次第に減衰する．

熱が適度に地盤中に拡散するような配置間隔で埋設する必要があるため，処分施設の寸法や配置を決める際には，設計の初期の段階から伝熱解析による設計検討を行う．わが国の地層条件であれば，数 m 間隔に配置することで，図 6.27 に示すように，人工バリアへの悪影響が懸念されるような100℃を超えることはないという試算結果が得られている．

c. 坑道の支保設計

法律で 300 m よりも深い深度への設置が決められているため，坑道の安定性についても配慮が必要である．ただし，一般の人々が利用する道路トンネルとは違って，処分施設は限られた人間が立ち入るだけであり，かつ，最終的には埋め戻すことが目的の地下施設であるので，できるだけ低コストな支保設計とし，恒久的な支保構造とする必要はないという考え方もある．操業時には確実な安全性

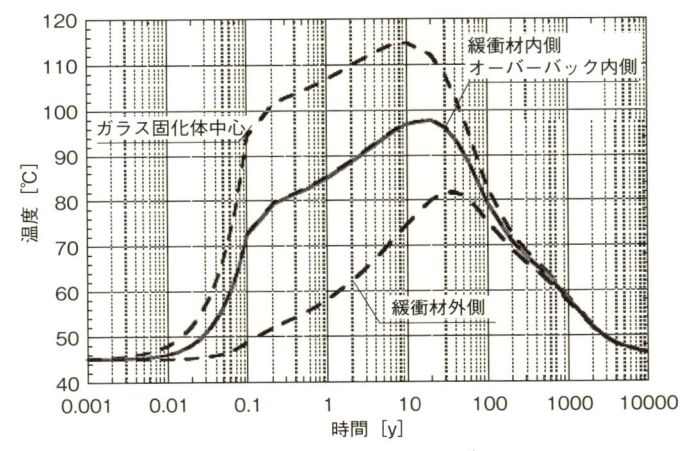

図 6.27 伝熱解析の結果の例[1]

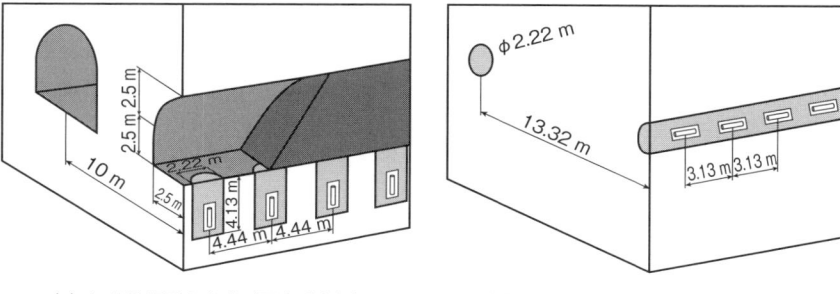

(a) 処分孔竪置き方式（硬岩系岩盤）　　(b) 処分坑道横置き方式（硬岩系岩盤）

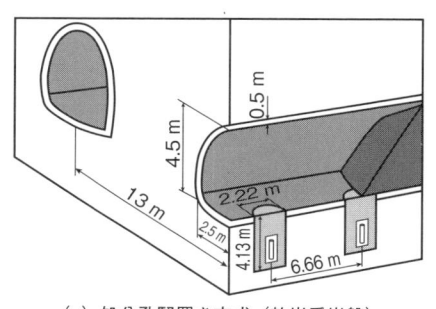

(c) 処分孔竪置き方式（軟岩系岩盤）　　(d) 処分坑道横置き方式（軟岩系岩盤）

図 6.28　処分坑道仕様と廃棄体ピッチ

確保が求められるので，支保工については設計とともに操業時の点検維持管理が重要になる．

図 6.28 は廃棄体を埋設する処分坑道の設計例である．廃棄体を水平坑道の中心部に定置する方法と坑道の床面に設けられた縦孔に定置する方法の 2 つが考えられている．

参 考 文 献

1) 核燃料サイクル開発機構：わが国における高レベル放射性廃棄物地層処分の技術的信頼性——地層処分研究開発第 2 次取りまとめ．核燃料サイクル開発機構，JNC TN1400 99-020, 1999 に凡例を加筆修正．
2) 核燃料サイクル開発機構：わが国における高レベル放射性廃棄物地層処分の技術的信頼性——地層処分研究開発第 2 次取りまとめ　分冊 2　地層処分の工学技術．JNC TN1400 99-22, 1999 を参考にして作成．

6.3.4 高レベル放射性廃棄物処分施設の人工バリアの設計技術
a. 人工バリアの機能

前述のように，高レベル放射性廃棄物の処分施設では，1万年オーダーの期間にわたって廃棄物からの放射性核種の漏出がゼロであることを担保することは基本的には不可能であるとの前提に立って，設計と安全評価が実施されている．地下水によって放射性物質が人間環境へ移行[*3]することを想定して，人間への影響を定量的かつ保守的に予測評価することが，処分の安全性を判定する上で最も重要なことであると考えられている．最終的な人間の被ばくに関する安全性は，年間の被ばく量に換算して判定される．年間の人間一人あたりの被ばく量を許容値以下に抑制するための措置としては，主に下記の効果を発揮する人工バリアを適用することが考えられている．

① 放射性核種の溶出をできるだけ遅く，微量速度に抑制する．
② 廃棄体中において放射性核種を溶かし込んで，難溶化してあるガラス固化体に地下水が直接接触する時期を一定期間阻止する．
③ 周囲からの地下水の施設内への浸透を抑制するとともに，廃棄体から地下水に溶出した放射性核種の施設外への移動を抑制する．
④ 地下水中に溶出した放射性物質が人間環境に移行するまでに長時間を要し，かつ，希釈されることによって人間による摂取量を最小にする．

上記の項目のうち，④ は天然バリア性能によって決まる．①②③については人工バリア性能によって決まるので，合理的な効果を期待できる人工的な措置を採用するべきである．注意しなければならないことは，人工バリアの機能は超長期にわたって発揮しなければ，効果的な措置とはならないという点である．

b. 人工バリアの構成

人工バリアについては図 6.29 のようなものが効果的であると考えられている．廃棄体（ガラス固化体）からの放射性核種の地下水への溶解は非常にゆっくりしたものになる（ガラスは非常に劣化しにくく，地下水に溶解する速度が微小なので，ガラスと放射性物質を混ぜて溶融した後に固化した廃棄体はバリア効果を発揮する）．

また，オーバーパックは 200 mm 近い厚さを有する金属性の容器で，1,000 年

[*3] 放射性廃棄物の処分に関する安全性の検討では，「放射性核種の移行」という言葉がよく使われる．主たる現象としては，放射性核種を含む物質が地下水に溶出し，その地下水の流動によって，人間環境に輸送されることを想定している．

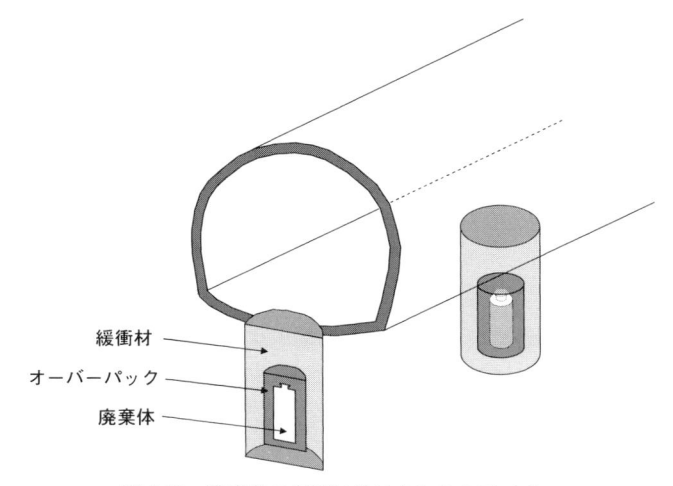

図 6.29 廃棄体の周囲に設けられる人工バリア

表 6.8 放射性核種の隔離のための緩衝材の設計要件 [1]

安全確保のための要件	機能/役割	設計上考慮すべき項目（設計要件）	内容
放射性核種の移行抑制	地下水の移動の抑制	① 低透水性を有すること	低透水性を有することにより緩衝材中の地下水の動きを遅くして，結果的に緩衝材中の物質の移動が遅くなるようにするとともに，ガラス固化体の溶解速度や核種の溶出を抑制すること
	溶解した核種の収着	② 高い収着性を有すること	ガラス固化体から放射性核種が溶解した場合，それを吸着することによって放射性核種の移動を抑制すること
	コロイドの移動の防止	③ コロイドフィルトレーション機能を有すること	放射性核種がコロイドとして移動することを妨げること
	地下水環境の変動の緩和	④ 化学的緩衝性を有すること	地下水のpHや還元性などを化学的に緩衝することにより，地下水の化学的条件を好ましいものとすること

程度は水密性を期待できるので，地下水が廃棄体に接触する時間を遅らせる効果があるとともに，発熱の影響が無視できない期間については，地下水シナリオによる漏出を想定する必要がなくなる．オーバーパックの材質としては，炭素鋼や炭素鋼にチタンや銅の被覆を施したものが候補となっている [1]．

ガラス固化体やオーバーパックといった人工バリアは土木工学的な技術の対象

6.3 放射性廃棄物の処分技術

表 6.9 人工バリアが成立するための緩衝材の設計要件 [1]

人工バリアが成立するための要件	機能／役割	設計上考慮すべき項目（設計要件）	内容
製作・施工が可能であること	施工，その他で生じた隙間などを充填できること	⑤ 自己シール性を有すること	水を含んだ際の膨潤性により，定置時の周辺岩盤との隙間や緩衝材内に生じた隙間を充填できること
	施工可能な特性を有すること	⑥ 施工可能な締固め特性を有すること	既存の技術によって所要の密度が得られるような締固め特性を有すること
		⑦ 施工可能な強度を有すること	ブロック方式による施工を想定した場合，据え付け時のハンドリングに必要な力学的特性を有すること
所要の期間人工バリアの機能に有意な影響を与えないこと	応力緩衝性を有すること	⑧ 変形能を有すること	廃棄体埋設後，オーバーパックの機能が維持される期間，緩衝材が変形能を有することにより，オーバーパックの腐食膨張や岩盤のクリープ変形を力学的に緩和できること
	オーバーパックを力学的に安定に支持できること	⑨ 力学的に安定に支持できる強度を有すること	廃棄体埋設後，オーバーパックの機能が維持される期間，オーバーパックを力学的に安定に支持でき，地震に対しても健全性を維持できる力学的特性を有すること
	ガラス固化体および緩衝材の変質の制御	⑩ 良好な熱伝導性を有すること	良好な熱伝導性を有することにより，ガラス固化体の発熱を外部に伝え，ガラス固化体の安定な形態を損なうような熱による変質を生じさせないこと 人工バリアの性能に関わる熱移動，水分移動，核種移行，応力緩和などに関する性質に有意な影響を及ぼすような緩衝材の熱的な変質が生じないこと

外であるのに対して，緩衝材はベントナイトという粘土を主材料とした人工バリアである．緩衝材中では地下水の動きがきわめて遅いため，ガラス固化体から溶出した放射性核種が地下水の流れに乗って移行する単位時間あたりの量は微小であり，主として間隙内に存在する地下水中の拡散によって移動する．さらに，緩衝材を構成する物質に収着されるので，緩衝材の外部に出ていく量はさらに抑制される．

緩衝材に求められる設計上の要件は表 6.8 のように，廃棄体から漏出する放射性物質を閉じ込める観点でまとめられている．一方，閉じ込める性能を配慮し

て，廃棄体と岩盤の間に設置する緩衝材がきちんと機能するためには，表6.9に示すような要件も求められる．これらの多面的な機能を発揮する材料となると，長時間の健全性やひび割れによる欠陥発生の心配のある人工材料では適用困難となるため，天然の粘土の中でも透水性が非常に小さく，かつ膨潤性や収着性が期待できる特殊な粘土であるベントナイトを利用することが有力な方策であることがわかってきている．

c. 今後の課題

緩衝材の材料の仕様の一例としては，重量比でベントナイトを70％，ケイ砂30％を混合して乾燥密度1,600 kg/m^{3}にしたものが考えられている．今後，その材料仕様の最適化や施工方法について種々の研究開発が進展するものと期待される．

参 考 文 献

1) 核燃料サイクル開発機構：わが国における高レベル放射性廃棄物地層処分の技術的信頼性──地層処分研究開発第2次取りまとめ 分冊2 地層処分の工学技術．核燃料サイクル開発機構，JNC TN1400 99-022, 1999.

6.3.5 施設の閉鎖技術

a. 処分施設の閉鎖の概要

処分施設は最終的には廃棄物を埋め戻すための施設である．そのため，設計段階から施設の閉鎖については入念な検討がなされる．処分の安全性に関しては，岩盤や地下水条件のような天然バリアに期待しているので，基本的には天然バリアである岩盤の性能を損なわないように坑道を埋め戻して，施設を閉鎖する．施設の操業に使った設備機器や搬送機器は事前に撤去することになる．

b. 埋め戻し材

処分施設の坑道群は廃棄物を地下に搬入するために建設するものであり，施設閉鎖時にはすべての空間を埋め戻す必要がある．処分の安全性を確保できるような岩盤を選んで処分施設を設置するので，岩盤と同等以上の難透水性を有する材料で坑道を埋め戻すことが求められる．しかも，超長期の材質劣化が生じにくい材料であることが必要であるため，ベントナイト系の材料で埋め戻すことが有力な手段である．

核燃料サイクル開発機構[1]は埋め戻し材料として，骨材85 wt％，乾燥密度1,800 kg/m^{3}のベントナイト混合材料を想定して，坑道の埋め戻し方法の例として図6.30の概念図を提示している．坑道の埋め戻し施工についての実験例は少

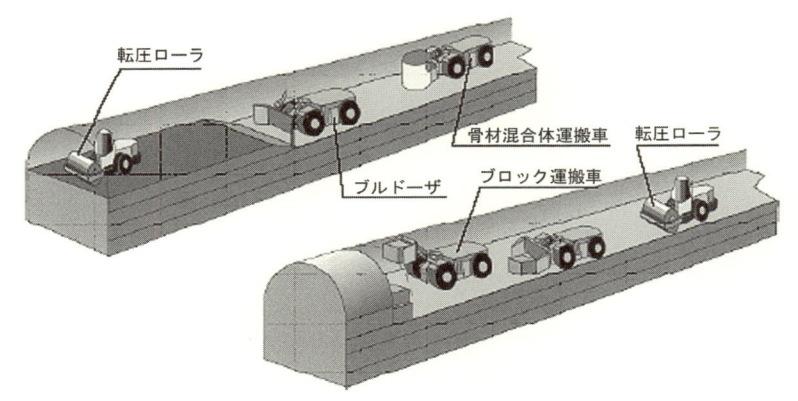

図 6.30 坑道の埋め戻し方法の概念図[1]

ない．図 6.31 および図 6.32 にローラー転圧施工による施工実験およびエアー吹付け充填の施工実験の例を示す．ローラー転圧施工で使用した材料は，コンクリート用骨材とベントナイトを重量比で 80：20 に練りまぜたものである．施工後の乾燥密度は 1,750〜1,920 kg/m³ の範囲であり，採取した供試体 23 個の透水係数の対数平均値は 2.7E-12 m/s であった．また，吹付け施工で使用した材料は，コンクリート用骨材とベントナイトを重量比で 70：30 に練りまぜたものである．吹付け充填された埋め戻し材の乾燥密度は 1,350〜1,600 kg/m³ 程度となり，採取した供試体の透水係数は 1.0E-11 m/s 以下であった．

図 6.31 ローラー転圧施工による施工実験の例

図 6.32 エアー吹付け充填の施工実験の例

c. プラグ

坑道を掘削することによって周囲の岩盤にはゆるみ域が発生する．従来のトンネル工学では，主として力学特性が劣化する領域を意識してゆるみ域という用語を使っていたが，放射性廃棄物の埋設処分施設の場合には坑道周囲岩盤の透水性が増大する領域に着目しており，掘削影響領域と称している．すなわち，坑道近傍の岩盤の透水係数が掘削による影響を受けて増大すると，坑道軸方向に沿って地下水の短絡経路が形成されることになり，地下水に溶出した放射性核種の移行を増長することが懸念されているのである．

アメリカのネバダ州における，使用済核燃料を地層処分することを目的としたユッカマウンテンプロジェクトにおいては，処分施設の設計に関する指針において，「掘削面から3m離れた位置における透水係数の変化が1桁以下」を目指すことが提案されている[2]．しかしながら，わが国における既往の計測結果によれば，空洞掘削に伴う周辺岩盤の透水係数は，掘削前と比較して変化しない場合もあれば，数百倍に増加する場合もあり[3],[4]，変化する領域の広がりに関しても様々で，既往の観測実績データだけに基づいて空洞掘削時の透水性変化領域の広がりと変化の程度を予測することは困難である．岩石供試体を室内試験して，拘束応力と透水係数との関係を事前に把握しておき，掘削による応力再配分の予測結果から，坑道周囲の岩盤の透水性の変化を予測できる手法が提案されており[5]，図6.33のように神岡鉱山の深さ1,000mに掘削された大空洞の実測結果を再現できた例がある．軟質岩への適用の実用化が期待される課題である．

坑道に沿って地下水の卓越する水みちが形成される可能性があるので，坑道の要所には遮水プラグを設置することが考えられている．図6.34は核燃料サイクル開発機構が提示しているプラグの概念図[6]である．坑道周囲岩盤の掘削影響

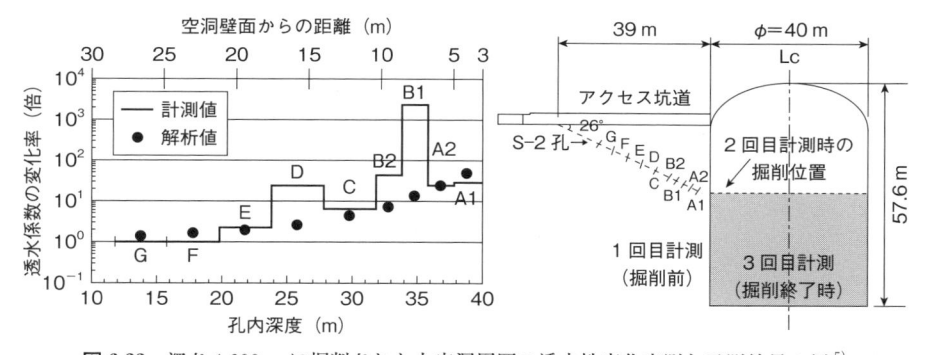

図6.33 深さ1,000mに掘削された大空洞周囲の透水性変化実測と予測結果の例[5]

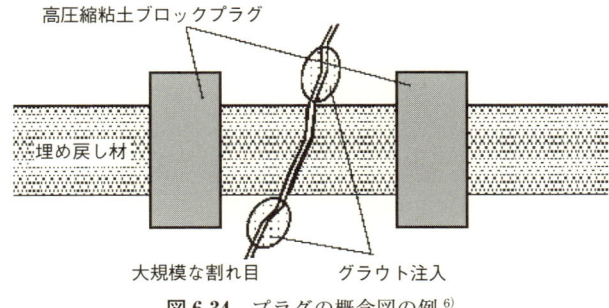

図 6.34 プラグの概念図の例 [6)]

領域を丁寧に取り除いて粘土系の難透水性材料に置き換えることが考えられている.

d. 止水グラウト

放射性廃棄物の埋設処分施設では，卓越する水みちとなる高透水部（破砕帯，岩盤割れ目など）が天然バリアの欠陥となることも懸念される．ダムでは岩盤の透水性を改善する目的でセメント系のグラウトが活用されているが，放射性廃棄物の埋設処分施設では100年を超える超長期の止水性能維持を要求されるために，適用は難しい．従来のグラウト材料を使う場合には，建設工事や施設の操業に影響するような湧水を抑制することに限定して適用することが妥当であり，超長期の遮水工法としては期待できない．

今後は，超長期の性能維持を期待できるグラウトの開発が求められており，最近ではベントナイトスラリーを岩盤の割れ目にグラウトすることで透水性を改善できることが提案されている[7),8)]．エタノールを60％含む水溶液でベントナイトをスラリー化すると高濃度のベントナイトスラリーを低粘性にすることができる

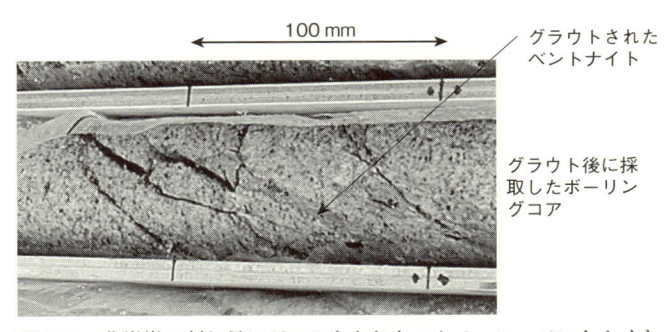

図 6.35 花崗岩の割れ目にグラウトされたエタノール・ベントナイト

ので，図 6.35 に示すように，開口幅の小さい割れ目にも高濃度のベントナイトを充填することができることが特色である．　　　　　　　　　　　　　　〔石井　卓〕

参考文献

1) 核燃料サイクル開発機構：わが国における高レベル放射性廃棄物地層処分の技術的信頼性——地層処分研究開発第 2 次取りまとめ——分冊 2　地層処分の工学技術．JNC TN1400 99-022, 1999.
2) United States Department of Energy : Site Characterization Plan, Yucca Mountain Site, Nevada Research and Development Area. Nevada, DOE/RW-0199, chapter 8, pp. 8.3.2.2-15, 1988.
3) 杉原弘造，亀村勝美，二宮康郎：堆積軟岩での発破による掘削影響の現場計測に基づく検討．土木学会論文集，**589**/III-42, 239-251, 1998.
4) Sato, T., Kikuchi, T. and Sugihara K. : In-situ experiments on an excavation disturbed zone induced by mechanical excavation in Neogene sedimentary rock at Tono mine, cetral Japan. *Engineering Geology*, **56**, 97-108, 2000.
5) 石井　卓，郷家光男ほか：仮想割れ目モデルによる空洞周辺岩盤の透水性変化予測手法．土木学会論文集，**715**/III-60, 237-250, 2002.
6) 核燃料サイクル開発機構：わが国における高レベル放射性廃棄物地層処分の技術的信頼性——地層処分研究開発第 2 次取りまとめ——総論レポート．JNC TN1400 99-020, 1999.
7) 中島　均，浅田素之ほか：エタノール／ベントナイトスラリーの岩盤亀裂注入現場実験．第 38 回地盤工学研究発表会，G-07, pp. 1181-1182, 2003.
8) Ishiii, T. and Iwasa, K. *et al.* : Experimental study on the mechanism of ethanol/bentonite slurry grouting. *Materials Research Society Symposium Proceedings*, **932**, 175-182, 2006.

6.4　新エネルギー開発技術

6.4.1　新エネルギー開発の課題と建設技術の方向性

　化石燃料に代わる次世代の新エネルギー源として，6.1.2 項で述べたように，環境負荷の低い太陽光，風力，バイオマス，メタンハイドレートなどが候補として挙げられている．太陽光発電や風力発電などの自然エネルギーを活用した発電は，発電時に CO_2 を排出しないクリーンなエネルギーであることは言うまでもないが，天然ガスや石炭など様々な炭化水素原料から製造することができる DME（ジメチルエーテル）や，深海から掘削されるメタンハイドレートは，燃焼時に有害なガスを発生せず，従来の化石燃料に比べて環境負荷の少ないエネルギー源であると言える．このように，エネルギーを生産する時に環境負荷が少ないことはもちろんであるが，そのエネルギー源の取り出しや運搬，貯蔵の段階でも環境負荷が少ないことが，新エネルギーとして重要な要素となる．

6.4 新エネルギー開発技術

これらの新エネルギーの特徴は，従来のエネルギーのように大規模で集約的なものから，小規模で分散型の方向へと進んでいる点である．つまり，資源の採取，資源の貯蔵施設，発電施設などが小規模で分散化され，従来のエネルギーとは異なって，多くの施設が設置されることになる．このため，分散した各サイトに対する解析，予測を数多く行う必要がある．例えば，風力発電の風況予測やDME 貯蔵の岩盤の予測解析技術などを多くのサイトで行う必要があるので，短時間で効率的に予測する技術の開発が望まれている．

また，これらの施設では，高圧や低温，深海などを扱うため，建設段階では，従来の建設技術をそのまま踏襲することができず，データの採取から始めて，新たな建設技術を確立しなければならないという課題がある．

本節では，新エネルギーとして風力発電，DME，メタンハイドレートに必要となる建設技術を述べる．

また，新エネルギーとは異なるが，京都議定書の発効に伴ってわが国の大きな課題である CO_2 を海底，地下に隔離する技術も，今後，重要な技術となると考えられる．

有機性廃棄物であるバイオマスから発生するバイオガスを使って発電するシステムも新エネルギーに位置付けられているが，これについては 3.3 節において述べた．

6.4.2 風力発電に関する建設技術
a. 風力発電の技術的課題

自然エネルギーを活用する機運や京都議定書による CO_2 などの温室効果ガス排出量の削減を受けて，6.1.2 項で述べたように，日本政府は 2010（平成 22）年までに 300 万 kW の風力発電を導入する計画を立てている．これを受けて風力発電所の建設が増えているものの，ヨーロッパに比べると風力発電の導入は遅れている．その理由として，既存電力との系統連結の問題が大きいが，風況の良い地点が内陸の山間部に多く，資機材の搬入や建設の点から，採算性の良い大規模な風車の導入が難しいという問題もある．

また，比較的平坦な地形での風力発電所建設の多いヨーロッパと比べると，急峻な地形の多いわが国では，より高精度な風況予測が要求される．一方，効率性から風車の大型化，ウィンドファームの大規模化が進んでおり，最大級の風車として図 6.36 に示すように 4.5 MW，ハブ高さ 120 m のものが出現している．このような風車を速く，安く建設する技術の開発が急務である．

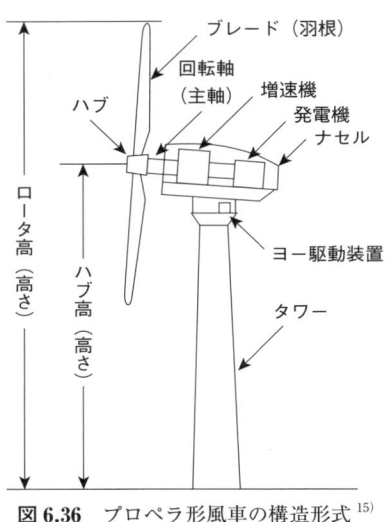

図 6.36 プロペラ形風車の構造形式 [15]

本項では，わが国で独自に開発した風況予測技術，さらに風車の建設技術について述べる．さらに，新たな風車建設地として注目を浴びている洋上での風力発電について，浮体を利用した基礎形式や洋上での風況精査技術について述べる．

b. 風況予測技術

風車の建設地の風況精査を実施することは，風力発電施設の経済性を考慮する上で最も重要なことである．風況精査とは，風況観測をし，そのデータの解析・評価を行うことである．具体的な観測方法はNEDOの風力発電導入ガイドブック[1]などに記述されているが，季節変動を考慮して最低でも1年間，候補地点近傍で風速，風向の観測を行う．得られた観測データに基づいて平均風速，風速出現率，風向出現率などを解析し，風車の稼働率や風車の設備利用率（定格出力で発電したと仮定した場合の発電量に対する実際の発電量）を求め，候補地点での風力発電導入の可能性を評価する．

図6.37に示すように，風車はカットイン風速（図の例では4 m/s）より発電を開始し，風車を停止するカットオフ風速（図の例では25 m/s）まで発電を行うが，発電量は風速に大きく依存する．このため平均風速だけではなく，各風速の出現確率が重要な統計量となる．風速の評価に10%の誤差があると，発電量は簡便的に風速の3乗に比例するため，発電量の評価に30%の誤差が生じる．このため，風速評価の精度が重要となる．

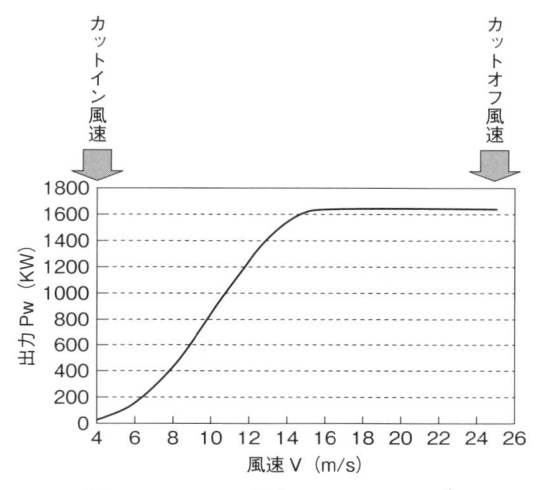

図 6.37　1.65 kW 風車のパワーカーブ[1]

しかし，観測に基づく風速評価だけでは必ずしも十分な精度が得られるとは限らない．これは，観測地点と風車の設置位置が一般に一致しないためである．また，複数の風車を建設するウィンドファームでは，広い範囲に風車を建設するため，1ヵ所の観測ですべての建設地点の風速評価を行わねばならない．

また，最近は，風車の大型化が進んでおり，風車のハブ高さが 60 m を超えるものも多くあり，NEDO[1] で推奨されている計測高さ 20 m よりもかなり高くなっている．風速は，一般に地表面付近で小さく，上空に行くに従って大きくなる傾向がある．ただし，風速の増加は，地形や地表面の状況に大きく依存し，上空の風速を簡単に予測することはできない．このような問題を解決するために，風況シミュレーション技術が注目を集めている．

現在，ヨーロッパを中心に WAsP[2] を使用した風況シミュレーションが広く行われている．このシミュレーションソフトはデンマークで開発されたもので，建設候補地周辺の標高分布，地表利用データ，風況観測データを入力するだけで，任意の地点における風況評価をパソコンで行うことができる．さらに，複数の風車を建てるウィンドファーム全体の風況精査も可能である．WAsP は Jackson & Hunt[3] によって提案された線形モデルで風速場をシミュレーションし，その結果を風況観測データの統計値と組み合わせることで，シミュレーションした領域内の任意地点の風況精査を行っている．WAsP は扱いが容易で処理速度が優れている一方，線形モデルの適用できない地形の傾斜勾配の大きな所で

は，予測精度が悪くなると言われている[4]．

　急峻な地形の所に比較的風況の良い地点の多いわが国では，WAsPでは十分な予測精度が得られないことから，それに代わる独自のシミュレーション技術が提案されてきた．MASCOT[5]は，流れ場に対して非線形モデル（k-εモデル）を用いたシミュレーションを行う手法で，図6.38に示すように，地形の傾斜勾配の大きな場所でも高精度に予測することが可能である．このモデルで高精度な予測を行える一方，12方位，あるいは16方位に対してシミュレーションを実施する必要がある場合など，計算負荷がWAsPに比べて大きいので，処理速度の大きなPCクラスタなどを用いる必要がある．崖地などの急峻な地形に対しては，

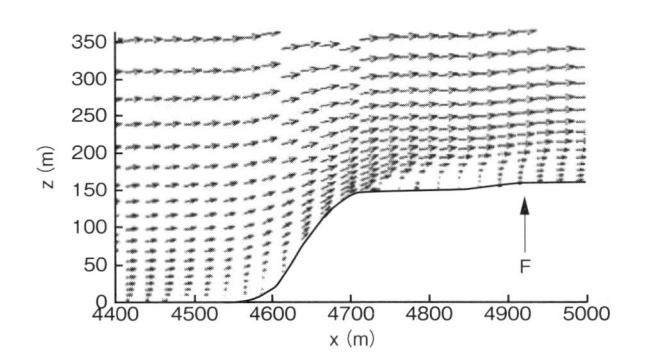

(a) 急峻な崖地での風速分布

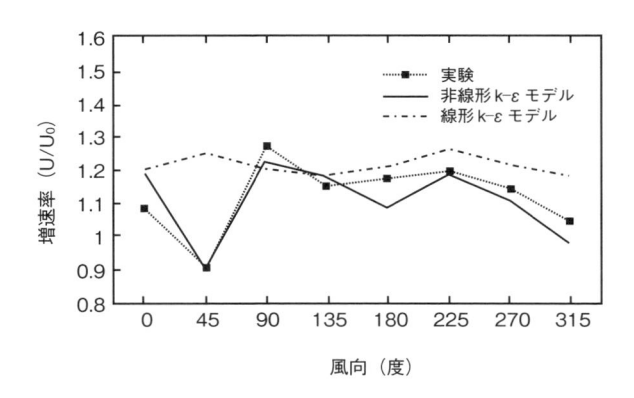

(b) 風向別の平均風速

図 6.38　非線形モデル（k-εモデル）による風況予測[5]

より高精度な予測が可能な非定常乱流解析モデル LES (Large Eddy Simulation) を使った手法[6]がある. この手法は, さらに大規模な計算機を用意する必要があることから, 特に精度を要求する地形の一部方位についてのみ用いることが現実的である.

WAsP は観測データに基づいたシミュレーション結果と組み合わせて風況精査をする方法であるが, さらに進んで, 観測データがない所でも風況を精査する手法が提案されている. いずれも数百 km から数十 km の広域のシミュレーションを気象モデルによって行い, ネスティング手法によって徐々に対象とする候補地近辺の狭い範囲のシミュレーションを行う[7]~[9]. この方法によって, 観測データのない地点でも, 過去の気象データ (例えば, 気象庁の GPV (Grid Point Value) データ) を用いれば, 風況の統計に必要な年数分の風速場が再現される. ネスティングの最終段階では, 局所的な地形の影響を高精度に再現するために, k-ε モデルや LES などの非線形モデルが採用されている. これらの手法は, 非常に大規模な計算機を必要とするが, 気象モデルによる広域シミュレーション結果は, 内包する他の地点の風況精査にも再利用することができるので, 省力化も可能である.

c. 風車の建設技術

風車の建設は基礎と複数に分割されたタワーやブレード, さらにナセル (発電機, 増速機, ブレーキなどが収納されている部分) の設置に分けられる. 基礎は, 地盤に応じて杭基礎と直接基礎を使い分ける. タワーの基部ならびに基礎は台風などによる最大風速に基づいて設計される. タワーは, ほとんどが鋼製で, ブレードなどとともに現地に搬入され, クレーンで揚重している. ただし, これらのタワーは主にヨーロッパのメーカ製であり, 日本の台風などによる大きな風荷重に耐えられる設計になっていないものも多い. 特に, 初期に導入された風車で, 台風によって倒壊したものがある. これらは, 基礎の設計が不十分だったものもあるが, タワーが座屈しているケースも見られる.

その一方で, 日本のメーカが耐風設計を行った鋼製タワーも製造しているが, 工場で製作したプレキャストコンクリート部材を現場でクレーンなどを使って組み立てる方法も提案されている. タワーをコンクリート構造とすることで, 局部的な座屈や疲労問題が解決され, コンクリート基礎構造との力学的な連続性, 一体性が確保される. また, 高い剛性によってタワーの変形や振動も軽減される. さらに, 鋼製では必要となる防錆塗装などのメンテナンスの必要がほとんどなくなるというメリットがある. プレキャスト化によって高品質・高耐久性の部材を

図 6.39　ウィンドリフト工法による風車の建設 [10]

製作することが可能となるので，架設後期の工期短縮が図れる．

　風車が大型化するのに伴い，山間部や離島では揚重する大型クレーン車両の確保やそれらの大型重機を搬入するのが困難な場合がある．このような場合，図6.39に示すウィンドリフト工法 [10] が有効である．この工法では，まず，ナセルやブレード，塔体などのブロックを搬入した後，小型のクレーンで立て起こしを行い，その周囲に設置したクライミング装置によって塔体ブロックなどを順次組み上げていく工法である．この工法を用いることで，大型のクレーンが不要となるほか，機械化施工による省力化に伴うコスト削減，強風時の施工による工期短縮が図れる．この工法は，天塩風力発電所の建設で実際に使われた実績がある．

d.　洋上風力発電に関わる技術

　風力発電は，当初，内陸部の風況の良い場所から始まったが，そのような場所は山間部に多く，風車の大型化や環境上の問題から内陸部では有望な場所が限られてきた．その一方，世界有数の海岸線の長さを有するわが国では，安定した良好な風が得られ，障害の少ない港湾，沿岸域の利用が今後の発展のためには不可欠となっている．ヨーロッパ，特に北欧では，すでに陸上から洋上へと移行しており，大規模なウィンドファームが洋上に建設されている．

　洋上風力発電のメリットとして以下のことが挙げられる．地形によって乱されない安定した強い風が吹くこと，内陸部では難しいコストパフォーマンスの良い大型風車（2 MW 以上）の設置，運搬が可能であるということ，用地取得などがなく，施設の建設，大型船による撤去が容易であること，また，騒音などの環境に関する問題が比較的少ないこと，などである [11]．

一方，課題としては，漁業権の問題や保守点検のコスト，防錆対策といった問題があるが，一番の課題は，陸上に比べて建設コストが高いことである．ウィンドファーム建設のあらゆる費用を入れたコスト試算では，水深によって異なるものの，陸上より25～100％高くなる[12),13)]．しかし，陸上に比べると，安定した強風が吹くために設備の利用率は高く，採算を取ることも十分可能である．ただし，そのためには，比較的水深の大きな所でも低コストで建設する技術や，風況精査の精度を高める必要がある．

日本の沿岸の特徴として，岸から離れるとすぐに水深が深くなる．このため，北欧で見られるような着底式の基礎では建設コストが高くなる．そこで，浮体式の風力発電の構想が様々な所から出されている．浮体の構造形式としては，船型やポンツーン型，セミサブ型といったものがある．ポンツーン型は基礎部が浮体となっているもので，比較的波の動揺を受けやすい．それに対して，図6.40に示すように，セミサブ型は上部構造をコラムなどの浮体要素群によって支えているため，ポンツーン型よりも波に強い．さらに，耐波性能の良いスパー型浮体による風力発電も提案されている．

陸上と同様の手順で洋上でも風況精査を行う必要がある．しかし，洋上の風況観測は陸上の5倍以上の費用がかかると言われている．また，洋上では，北欧で見られるように，広範囲に大規模なウィンドファームを建設することが考えられているため，1ヵ所の風況観測では不十分である．そこで，陸上での風況予測技術として述べた気象モデルを用いた手法を洋上に応用することが考えられる．日

図6.40 セミサブ型の基礎形式[13)]

本近海も含めた洋上での気象データは，気象庁の GPV データにあり，気象モデルにより洋上の風速の統計データを算出することができる[9]．この手法によって，銚子沖の水深 200 m 以下の海域で浮体式の大規模なウィンドファームを想定した場合でも，基礎構造物の償却年数を 50 年とすることで，事業化基準の売電単価 11.5 円/kWh を確保できる[13]．

このように風況精査の精度が重要視される中で，気象モデルによる洋上での予測精度は未だ十分とは言えない．気象庁 GPV データは気象管署などの陸上の観測データに依存しているため，観測データの少ない洋上では精度が低い．また，気象モデルでは波の影響を考慮していないため，海面の状態の影響を受けやすい風力発電では高い予測精度が期待できない．そこで，波浪解析と気象モデルによる解析を連成する方法が提案されている．この方法を用いることで気象モデルの精度が高くなるとともに，洋上風力施設が受ける波力も予測でき，疲労の問題に展開することも可能である．

〔野澤剛二郎〕

参 考 文 献

1) 新エネルギー・産業技術総合開発機構：風力発電導入ガイドブック．2000．
2) Mortensen, N. G., Landberg, L., Troen I. and Petersen E. L. : Wind Atlas Analysis and Application Program (WAsP), Riso National Laboratory, Denmark, 1993.
3) Jackson, P. S. and Hunt, J. C. R. : Turbulent wind flow over a low hill. *Quart. J. Roy. Meteorol. Soc.*, **101**, 929-955, 1975.
4) Matsuzaka, T., Tsuchiya K. and Tanaka, N. : Wind resource estimation of Tappi Wind Park, Proc. European Wind Energy Conference, 1997.
5) 石原　孟，日比一喜：急峻な地形を越える乱流場の数値予測．日本風工学会誌，**83**, 175-188, 2000.
6) 内田孝紀，藤井　斉，大屋裕二：ネストグリッドを用いた複雑地形上の風況予測シミュレーション．日本風工学会誌，**92**, 135-144, 2002.
7) 林　宏典：局所風況予測モデル LAWEPS の開発と検証．第三回風力エネルギー利用総合セミナーテキスト，pp. 71-78, 2003.
8) 福田　寿：ここまで来た風況シミュレーション――風況マップ作成からマイクロサイティングまで．第三回風力エネルギー利用総合セミナーテキスト，pp. 36-41, 2003.
9) 山口　敦，佐々木庸平，石原　孟，藤野陽三：気象モデルと地理情報システムを利用した洋上風力賦存量の評価　その 1　気象シミュレーションによる風況精査．日本風工学会誌，**99**, 115-116, 2004.
10) 巴技研ホームページ（http://www.tomoegiken.co.jp/）
11) （財）沿岸開発技術研究センター：洋上風力発電の技術マニュアル――基礎工法に重点をおいて，2001．
12) 荒川忠一，飯田　誠：洋上ウィンドファームの検討例――その 2　日本の洋上風力開発に向けて．第 24 回風力エネルギー利用シンポジウム，pp. 47-51, 2002.

13) 佐々木庸平, 山口　敦, 石原　孟, 藤野陽三：気象モデルと地理情報システムを利用した洋上風力賦存量の評価　その2　技術的, 社会的条件を考慮した発電可能量の評価. 日本風工学会誌, **99**, 115-116, 2004.

6.4.3　DMEに必要な建設技術
a.　DMEの特徴

　現在, 世界のエネルギー市場において, 中国, インドなど急速に発展することが予想されるので, 今後5～10年の間にアジア地域におけるエネルギー需要が大幅に増加することが予測される. 一方, わが国はエネルギー供給の多くを中東諸国からの輸入に依存しており, エネルギーの安定的確保の観点から供給源の多様化が求められている. また, エネルギー消費に伴うCO_2の発生など, 環境面での問題も大きな課題となっている.

　このような状況の中, 近年, 特に注目を集めている燃料の一つに, DME (ジメチルエーテル：Dimethl ether) が挙げられる. DMEは, 図6.41に示すようにメタン基2個が酸素原子を介して結合したエーテル化合物であり, 常温常圧下ではガス状で, 加圧または冷却することにより液化する. DMEの主な物性の他燃料との比較は表6.4に示した[1]. LNG (メタン), LPG (プロパン) などの液化ガスと比較すると発熱量は低いが, 沸点が高いために液化が容易で, 運搬や貯蔵などの面でも優れている. また, 硫黄分を含まず, 燃焼時にすすを発生しないことから, クリーンな分散型燃料としての可能性を有している[2].

　DMEは, 天然ガス, 石炭などの様々な炭化水素原料から製造することができる. 天然ガスの場合は, LNG生産は埋蔵量, 生産量の規模が大きい大型ガス田以外では採算性の面で適用が難しいが, DMEは比較的に規模の小さなガス田からでも経済的な生産が可能とされている[3]. 今後, DMEの導入が進めば, 現状では利用されていない中小ガス田の商業化が可能となり, 天然ガスの普及促進につながるとともに, アジアやオーストラリアに多数存在する中小ガス田の活用により, エネルギー源の多様化, 脱中東化が図れる. 2003 (平成15) 年に経済産業省が報告した「エネルギー基本計画」[4]の中で, DMEは「ガス体エネルギーの開発, 導入及び利用を促進させる上で重要な新燃料」と位置付けられている.

　図6.42に, DMEの将来の流通システムのイメージを示す. DMEの用途については, 発電利用, 自動車燃料, 家庭用・業務用燃料としての利用などが検討さ

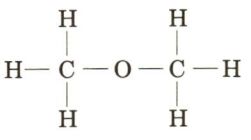

図6.41　DMEの分子構造

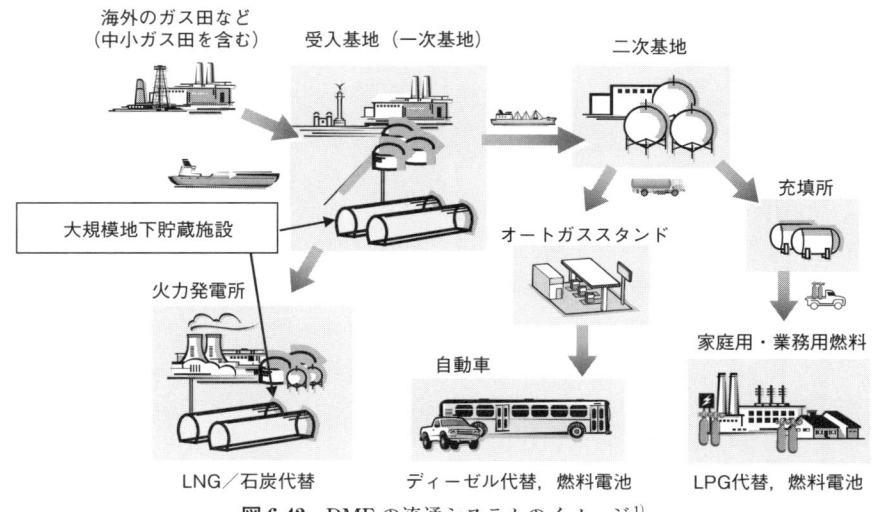

図 6.42　DME の流通システムのイメージ[1]

れている．貯蔵などのインフラとしては，当面は既存の LPG 施設を転用することが考えられているが，将来の DME の広範な普及を考えた場合，新たな，またより規模の大きな貯蔵施設などの必要性が高まることが予想される．DME は加圧または低温にすることによって容易に液化することができ，これを貯蔵するには，いずれかの方法で液化し，貯蔵することになる．大容量の貯蔵という観点では，地表部の改変が少なく，環境影響の少ない地下貯蔵方式が地上方式に比べて利点が多いと考えられている．

このような背景のもと，(財) エンジニアリング振興協会は，2003 (平成 15) 年度より「DME の低温貯蔵供給機械システムに関する調査研究」を実施し，地下岩盤空洞を利用した DME の低温貯蔵システムの成立性に関する検討を行っている[1],[5]．以下に検討されているシステムの概要を示し，類似の低温貯蔵施設の海外事例，関連する建設技術について概説する．

b. DME 低温貯蔵システムの概要

DME 低温貯蔵システムの概念図を図 6.43 に示す．このシステムでは，地下の岩盤中に掘削した空洞を貯槽とし，内部に低温液化状態 (−25℃) の DME が貯蔵される．貯槽周辺の岩盤は氷点下まで冷却され，岩盤き裂中の地下水が凍結してき裂を閉塞することにより貯蔵される DME の漏えいが防止され，貯槽の気密性・液密性が確保される．このため，貯槽壁面に気密材などの設置は不要であ

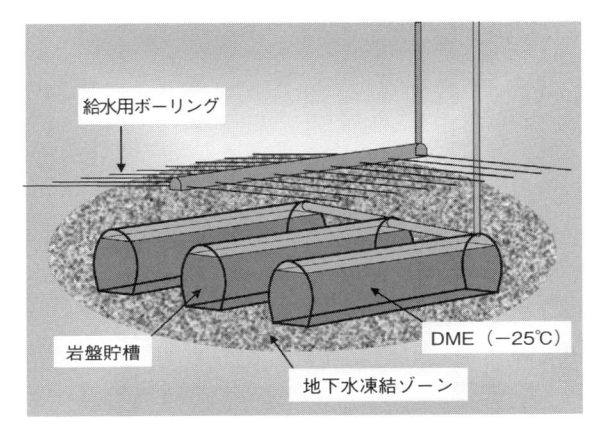

図 6.43 DME の低温貯蔵システム[1]

り，吹付けコンクリートなどの簡易な支保のみとすることができることにより，経済的に貯槽を建設することが可能となる．

貯槽上部には給水用のボーリング孔を配置し，施工中・稼働時に岩盤へ水を供給することにより，貯槽近傍の岩盤が不飽和になることを防止する．また，稼働時に給水用ボーリング内に常温の水を循環させることにより，地表付近の温度低下を抑制し，植生などに悪影響が生じることを防ぐことができる．

このほかに，地上設備として DME の受払い設備や，流入熱により発生する気化ガス（BOG）を処理するための再液化設備などが必要となる．

類似の貯蔵施設としては，石油，LPG の地下貯蔵に用いられている水封方式貯蔵があるが，水封方式では地下水圧によって貯槽の気密性を確保するために一般に設置深度が大きくなるのに対し，低温貯蔵では貯蔵圧が大気圧に近いために大きな設置深度は必要としない．また，地下水が凍結して貯蔵流体の漏出を防ぐため，より安全性の高い貯蔵方式と考えられる．

地上の鋼製二重殻タンクと比較した地下低温貯蔵システムの利点を以下に述べる．

① 施設周辺の地上施設が少なく，安全性，土地の有効利用，環境・景観の保全などの面で優れている．
② 運転開始当初は空洞への侵入熱が多いために気化ガス（BOG）が大量に発生するが，岩盤が冷却された後は BOG 発生量が大幅に減少する．また，気温・日照による影響を受けない．

③ 地下貯槽部は原則としてメンテナンスフリーであり，施設の維持管理が容易である．
④ 耐震性が高く，地震の影響を受けにくい．
⑤ 台風などの気象条件や，火災・爆発・テロなどの人災の影響を受けにくい．
⑥ 凍結ゾーンの形成によって貯槽には高い気密性が確保されており，また，地下深部に建設されているため，万一漏洩が発生した場合でも地表へガスが漏出する心配が少ない．

また，(財) エンジニアリング振興協会の検討では，建設地の条件によっては，地下低温貯蔵システムの方が地上タンクよりも建設費が安価になることが報告されている[5]．

c. 海外の類似施設の事例

無覆工の岩盤空洞を利用した低温地下貯蔵施設としては，LPG を対象とした貯蔵施設がスウェーデン (Stenungsund, Karlshamn, Lyseki)，ノルウェー (Glomfjord, Sture) に建設されている．

このほかに，岩盤空洞壁面にメンブレン，断熱材および覆工コンクリートで構成される構造体を構築して，内部に LNG を貯蔵する低温地下貯蔵施設も検討されており，韓国の大田市に実証プラントが建設され，2004（平成 16）年に試験運転が実施されている．

d. 低温貯蔵システムに関する建設技術

将来，DME 低温貯蔵施設を建設する場合，設計，施工，維持管理において，特に重要となる建設関連技術を以下に述べる．

1) 低温下の岩盤物性の調査技術　　DME 低温貯蔵施設では，貯蔵空洞近傍の岩盤は貯蔵温度 (-25℃) 付近まで冷却される．施設の設計では，貯槽の安定性・気密性の評価や貯槽への入熱量の予測のため，このような低温環境下における岩盤の力学特性，熱特性を調査する必要がある．

また，冷却に伴って貯槽近傍の地下水は凍結するため，その影響を考慮した岩盤の凍結膨張特性を把握することも重要となる．

このような低温下での物性については，岩石のコアを用いた室内試験を実施した例はあるが，岩盤を対象とした原位置試験の実績はなく，その調査・試験方法の検討は今後の課題と考えられる．

2) 低温下での貯蔵空洞の安定性・気密性の予測評価技術　　DME 低温貯蔵施設で想定される地下貯槽の設計フローを図 6.44 に示す．設計では，空洞規模，岩盤物性，施工方法などの設計条件に基づき，掘削時・運転時の貯槽の構造安定

6.4 新エネルギー開発技術

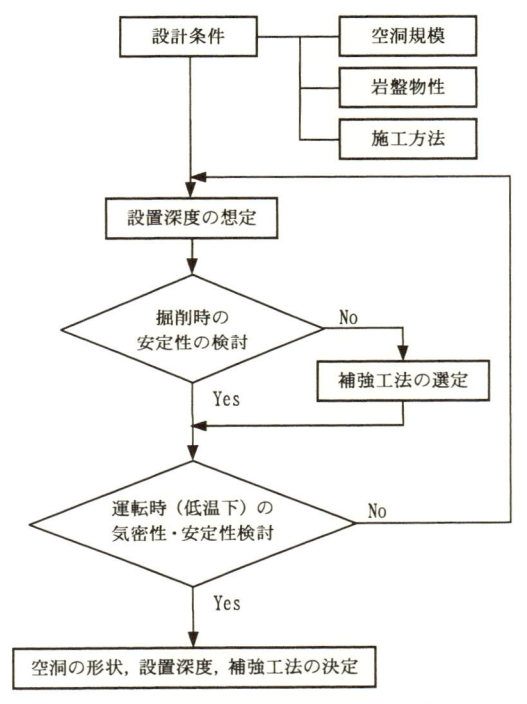

```
        ┌──────┐    ┌──────┐
        │設計条件├────┤空洞規模│
        └──┬───┘    ├──────┤
           │        │岩盤物性│
           │        ├──────┤
           │        │施工方法│
           │        └──────┘
           ▼
    ┌──────────┐
    │設置深度の想定│◄─────────────┐
    └──┬───────┘              │
       ▼                        │
    ◇掘削時の◇   No    ┌──────────┐
    ◇安定性の検討◇─────►│補強工法の選定│
       │Yes            └──────────┘
       ▼
    ◇運転時(低温下)の◇  No
    ◇気密性・安定性検討◇──────────┘
       │Yes
       ▼
    ┌─────────────────────┐
    │空洞の形状,設置深度,補強工法の決定│
    └─────────────────────┘
```

図 6.44 低温貯蔵施設の設計フロー案

性や凍結ゾーンの形成状況を正しく予測し,適切な設置深度,空洞形状などを定める必要がある.従って,貯槽の安定性・気密性を評価するための予測解析技術が特に重要となる.

低温下における岩盤の挙動は,図 6.45 に示すような熱-地下水-力学の連成的な現象に支配される.図中に太字で示した項目は,地下水の凍結に起因する現象であり,低温貯蔵施設の設計において特に留意すべき点と考えられる.低温を含む熱環境下での岩盤の予測解析技術については,現在,精力的に研究が進められており,低温貯蔵施設への適用が期待される.

3) **低温下におけるプラグ設計技術**　貯槽と作業トンネルの接続部,配管立坑の底部などに設置されるコンクリートプラグについては,運転時に-25℃付近まで冷却されることにより,内部に熱応力が発生する.

また,コンクリートと岩盤の熱膨張特性の相違により,周辺岩盤との境界面に引張応力やせん断応力が作用することが考えられる.このような状況下で,プラ

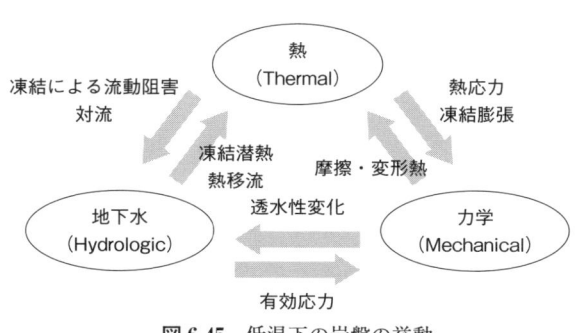

図 6.45 低温下の岩盤の挙動

グの構造安定性およびプラグ周囲の気密性を確保するための設計技術が重要と考えられる．

4) 支保部材の劣化防止技術　空洞壁面に施工されるロックボルト，吹付けコンクリートは，運転時に直接 DME に接触して冷却される．貯槽の長期的な安定性を確保するために，DME との直接接触および低温環境下における支保部材の劣化対策が必要である．

5) 地下水位低下防止対策技術　DME 低温貯蔵施設では，貯槽周囲の地下水が凍結して岩盤中のき裂を閉塞することによって貯槽の気密性が確保される．貯槽の気密性を良好に保つためには，施工時・運転時を通じて貯槽近傍に不飽和領域を作らないことが肝要であり，施工中の地下水位低下防止対策が重要である．

具体的には，適切な施工管理を行うとともに，地下水位を常時モニタリングし，必要に応じて水位低下防止のための補助工法（断層破砕帯などのグラウトなど）を実施する必要がある．

6) 運転時のモニタリング技術　施設の運転時には，貯槽周囲の気密性が健全に保たれていることを監視するために，貯槽周辺の凍結ゾーンの状況を適切にモニタリングするための技術（計測，データ処理，評価）が重要となる．また，万一漏えいが発生した場合を想定した安全対策技術なども重要と考えられる．

以上の建設技術のほかに，プレクーリング時・運転時のオペレーション方法，貯蔵される DME の品質管理方法，周辺環境への影響評価など，施設の運転に関わる技術も重要である．

6.2.3 項に示したように，現在，LPG の地下岩盤貯蔵基地が今治市（愛媛県）・

倉敷市（岡山県）に建設中であり，ここで採用された技術がDMEの地下貯蔵施設の建設にも応用できる．　　　　　　　　　　　　　　　　　　　〔米山一幸〕

参 考 文 献
1) （財）エンジニアリング振興協会：平成15年度DMEの低温貯蔵供給機械システムに関する調査研究．2004．
2) 資源エネルギー庁ほか：「DME検討会」報告書．2003．
3) 増子芳範：胎動するDME事業化計画．高圧ガス，**39**(5)，2002．
4) 資源エネルギー庁：エネルギー基本計画について．2003．
5) （財）エンジニアリング振興協会：平成16年度DMEの低温貯蔵供給機械システムに関する調査研究．2005．

6.4.4　メタンハイドレート開発に必要な建設技術
a.　メタンハイドレートの物性と分布

日本の周辺海域にもメタンハイドレートが広く分布していることから，石油・天然ガスに代わる次世代資源としてメタンハイドレートに期待が集まっている．南海トラフを中心とした日本周辺海域に存在するメタンハイドレートの賦存量は，日本の現在の天然ガス消費量の100年分に相当すると推定されている[1]．

メタンハイドレートは，低温・高圧の条件下で，水分子が水素結合によって作る格子状のケージの中にメタン分子が取り込まれた水和物である．その結晶構造モデルを図6.46に示す．メタンのほか，エタンやプロパンなどの炭化水素，硫化水素，炭酸ガス，空気などがハイドレートを作る物質として知られている．メタンハイドレートは，見かけ上シャーベット状の氷に類似しており，密度や硬さも氷に近い．氷と異なる大きな特徴は，低温・高圧の環境条件下でのみ安定に存

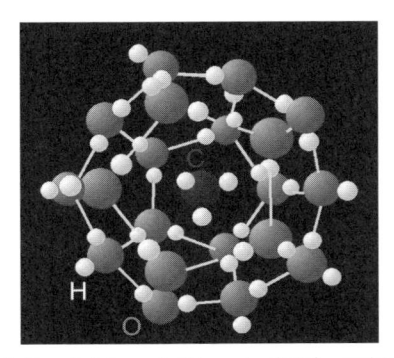

図6.46　メタンハイドレート（I型）の結晶構造

図6.47　燃える水：人工メタンハイドレート

在し，常温・常圧下ではメタンと水に分解してしまうことであり，図6.47に示すように，火をつけると燃焼することから「燃える氷」と形容されている．メタンハイドレートは，標準状態の換算で，その体積の約170倍のメタンガスを含んでおり，きわめて効率的で，安定なメタン貯蔵庫と言われている．

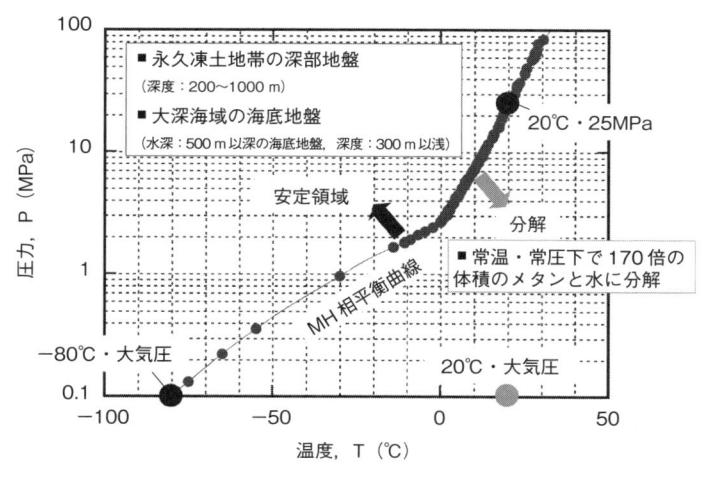

既往の研究[2]で得られているメタンハイドレートの相平衡条件を図6.48に示した．各プロットはメタンハイドレートが生成される境界を示したもので，プロットの左上側がメタンハイドレートの安定領域である．メタンハイドレートが存在するためには，例えば，常温で25 MPa以上，大気圧下では−80℃以下の条件が必要となる．

自然界においても，図の温度・圧力条件を満たす永久凍土地帯の深部地盤や大深海域の海底地盤内で天然のメタンハイドレートが存在している．図6.49は海域におけるメタンハイドレートの安定境界を示したものである．海域では，水深約500 m以深でこの温度・圧力条件に達するが，海底地盤の地温が深度とともに上昇するため，メタンハイドレートの生成条件が満たされる下限深度がある．この深度は地温勾配に依存するが，水深1,000 mに海底面がある場合，海底面下200〜300 mである．

反射法地震探査で求めたメタンハイドレート層の下位にあるメタンの遊離ガス層の存在（BSR：Bottom Simulating Reflector）から，メタンハイドレートの分布が推定されている．日本周辺海域においても，メタンハイドレートの分布域の

図6.48 メタンハイドレートの相平衡条件

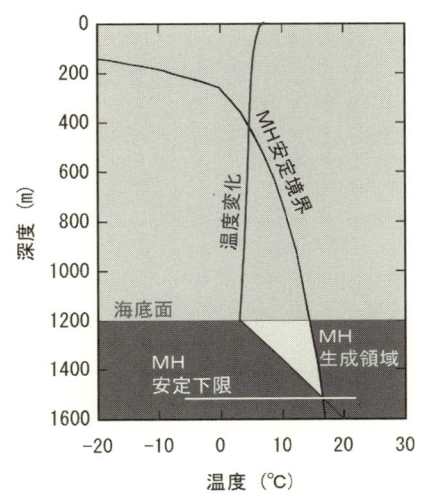

図 6.49 海域におけるメタンハイドレートの安定境界

調査が行われ，図 6.50 に示すように，いくつかの海域でその分布が確認されている．その中でも，四国沖から東海沖に至る南海トラフや九州東方沖に広い分布域が存在している．

b. メタンハイドレート開発の取組みと技術課題

日本近海に存在する，この膨大なメタンハイドレートを資源として有効利用するために，2001（平成 3）年，経済産業省は「我が国におけるメタンハイドレート開発計画」を策定した．これは，3 フェーズ，16 年にわたる長期開発計画であり，その実現のために，「メタンハイドレート資源開発（MH21）研究コンソーシアム」が組織され，賦存域や賦存量を特定する探査技術，安全かつ経済的に産出する生産技術，およびメタンハイドレート開発が海底環境へ与える影響を事前に予測・評価する技術に関する研究開発が進められている．

メタンハイドレートが存在するのは大水深海域の海底下浅層部の軟弱地盤中である．例えば，南海トラフでは水深 1,000〜2,000 m に海底面があり，図 6.51 に示すように海底面下 200〜300 m にメタンハイドレートが存在する．

地盤中にあるメタンハイドレートからメタンを生産する手法としては，① 熱刺激，② 減圧，③ インヒビター（分解促進剤）注入によって，メタンハイドレートの相平衡状態を変化させて分解させる方法について研究開発が進められている．

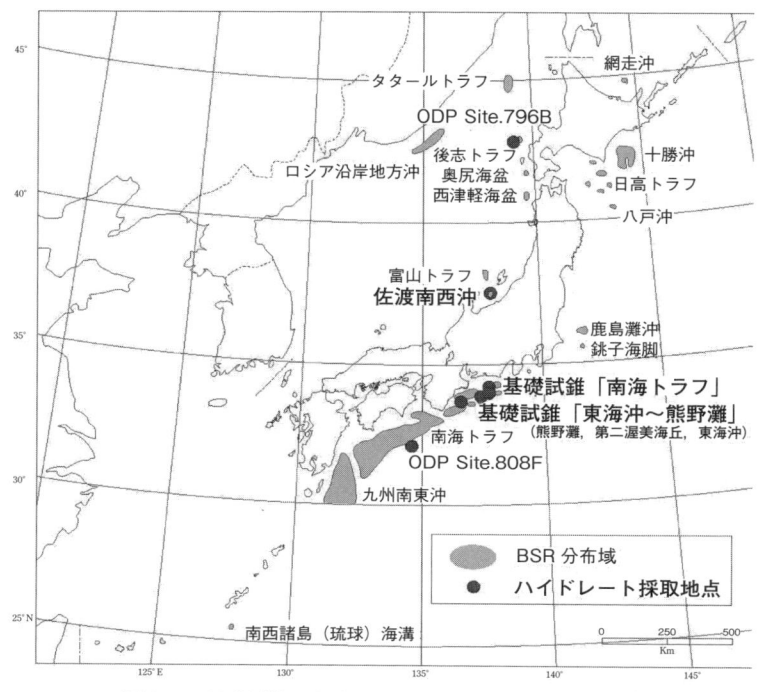

図 6.50 日本近海におけるメタンハイドレートの分布 [3)]

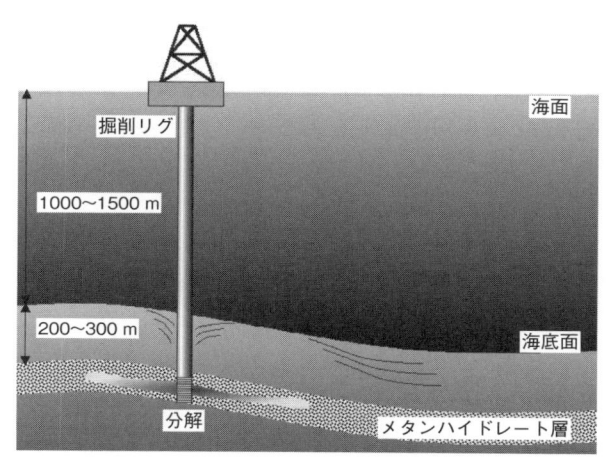

図 6.51 メタンハイドレート開発のイメージ

また，いずれの場合も，地盤中に存在する固体のメタンハイドレートが水とメタンに置き換わることから，骨格構造の変化や間隙圧の変化に起因した大規模な地盤変形やメタンガスの漏洩が生じる可能性が懸念されており，そのモニタリング技術，予測技術に関する研究開発も行われている．

なお，2004（平成16）年には，東海沖〜熊野灘の南海トラフにおいて大規模な基礎試錐が行われ，水深700〜2,000 mの海底地盤からメタンハイドレートを含む堆積層の試料が採取され，その物性試験，解析が現在実施されているところである．

c. 今後必要とされる建設技術

生産したメタンガスの貯蔵・輸送については，経済産業省の「我が国におけるメタンハイドレート開発計画」では取り上げられてはいないが，−162℃の極低温で貯蔵されるLNGに比べて，メタンハイドレートはその自己保存効果によって，常圧下，−20℃程度の条件でLNGの約27％に相当するガスを含有できるため，経済的な観点から，再ハイドレート化してメタンガスを貯蔵する方法に期待が持たれている．

貯蔵施設の設計においては，このメタンハイドレートの自己保存効果を定量的に把握する必要があり，メタンハイドレートの結晶構造や温度・圧力などの環境条件が与える影響，長期的安定性などの検討課題が考えられる．

ハイドレートの貯蔵施設の建設技術については，前処理，ハイドレート生成，貯蔵，輸送，再ガス化の各プロセスに必要な開発課題が検討されている段階であるが，LNGの貯蔵・輸送で蓄積された事例を参考にして技術開発が進められるであろう．

また，既存のLNG地下タンクの転用，新たなハイドレート貯蔵タンクの建設，岩盤貯蔵などの方法が考えられ，現在，その実用化に向けた取り組みが急がれている．

d. 今後の方向性

メタンハイドレートが存在するのは，大水深海域の海底下浅層部の堆積層中であり，従来の建設技術では対象としていなかった領域である．また，地盤中のメタンハイドレートの性状やその力学的性質についても未解明な課題が多く，その研究開発もまさに端緒についたばかりである．

上記したほかにも，このような大水深域での地盤変形のモニタリング，地すべり対策技術，地盤改良技術，地震時安定性評価，メタンガス生産井の設計・解析技術など，様々な方面からの研究開発が必要とされている．

また，フェーズ2における日本近海での海洋産出試験が進めば，また新たな課題にも遭遇することになろう．日本が世界に先駆けて行っているメタンハイドレート資源開発に関し，様々な観点から建設技術者の英知が結集されることを期待したい．

〔西 尾 伸 也〕

参 考 文 献

1) 佐藤幹夫，前川竜男，奥田義久：天然ガスハイドレートのメタン量と資源量の推定．地質学雑誌, **102** (11), 959-971, 1996.
2) Sloan, E. D. Jr. : *Clathrate hydrate of Natural gases*. (2nd edition), Marcel Dekker, Inc., 1997.
3) 佐藤幹夫：メタンハイドレートの分布とメタン量及び資源量（講座 ガスハイドレート(IV)）．日本エネルギー学会誌, **80** (11), 1064-1074, 2001.

7
将来の建設技術の展望

7.1 未来を築く新建設技術の必要性

　第二次世界大戦後，わが国は驚異的な経済復興を遂げ，アメリカと並ぶ経済大国にまで成長した．バブル時代を経て，現在は安定成長期に入って，公共事業が圧縮される中で，本書では今後必要とされる社会インフラとその建設に必要とされる建設技術について論じた．

　一方，海外に目を転じて見ると，BRICs（ブラジル，ロシア，インド，中国）などの国々が経済発展を遂げて，わが国の経済はこれらの国との共存なくして成立しなくなってきた．特に，中国との貿易額はアメリカに匹敵するまでに大きくなった．また，韓国，台湾，シンガポール，マレーシア，タイなどのアジア諸国も成長を続けている．製造業の中でも液晶・半導体ビジネスの国際競争は熾烈で，研究開発，製造ラインへの投資なくして生き残れない状況である．また，自動車関連も生産ラインを多角化し，アジアではタイ，中国などに重点を置いて投資している．アジア諸国では，このように製造業の建設投資が活発であるので，それに伴って国内の社会インフラの整備にも投資を行っている．つまり，アジア諸国における新規の社会インフラ整備の市場が増大してきている．

　このように，国際的に建設市場を見ると，国内における新設市場は，都市再生関連インフラ，生活関連インフラ，新エネルギー関連施設，PFIなど民間資本を活用する公共施設などが主で，リニューアル市場が大きく，交通インフラ，既存のエネルギー関連インフラ，災害対策インフラなどが主になると予想される．アジアでは，新設市場として，交通インフラ，生活関連インフラ，エネルギー関連インフラなどが増大する．

　国内市場に関しては，第1章でも述べたように，技術提案がますます重視されるので，社会インフラの初期の建設費とともに，CO_2の排出など環境にも配慮して，ライフサイクルでのコストを低減する建設技術が求められる．従って，従来

のハードな建設技術のみでなく，社会インフラの運営，ファイナンスまで考慮しなければ，発注者のニーズに応える提案はできない．

リニューアル市場においては，生きたインフラを，住民環境，自然環境に配慮しながら，いかにして取替えるか，という活線施工に関する技術が重要となる．この場合も，取替えに伴う休止期間などの運営を考慮したコスト，次に取替えるまでのコストなどを総合的に考慮する必要がある．この市場でも，従来のハードな建設技術プラスアルファが求められる．

海外のアジア市場では，新設であるため，ハードな建設技術が重要であるが，国内公共事業で一般的であった設計施工分離でなく，ターンキーで発注されることが多いので，設計，運営まで含んだエンジニアリング能力が要求される．

このように，国内，海外の市場ともに，今後は，従来のハードな建設技術のみでなく，社会インフラの設計エンジニアリング技術，運営に関するノウハウ，ファイナンス能力，環境に関する技術などが必要とされる．

本書では，第1章でも示したように，従来のハードな土木技術を超えた異分野の技術を活用した技術を示し，完成した技術のみでなく，現在実証中の技術まで含めたので，未来を築く国内外の建設市場に役に立つ新建設技術を示すことができたと信じている．

7.2　新建設技術の展開

本書に示した新建設技術は，いずれも社会ニーズの要求に合致した技術で，これらがないと未来の社会インフラは成立しないと信じている．第1章で今後の社会を総括したが，少子高齢化，環境重視，安定経済成長の未来社会において，国民が安心安全な生活をするために必要な社会インフラを造るために本書で述べた新建設技術が必要である．現在，開発中の技術が完成すれば，建設コストを低減でき，国民に必要とされる社会インフラをタイムリーに建設することが可能となる．

本書で示したような社会インフラは国民に真に必要なもので，それを新建設技術で建設する現場を社会に見せれば，無駄な公共投資などという批判をかわすことができ，かつ，若い世代の土木技術者にも夢を与えることができると信じている．

技術は必ずしも普遍的なものばかりではないので，地域，環境，自然条件などによって修正して使っていただくことが望ましい．特に，海外においては，国

情，自然条件，宗教などが異なるので，その国に合った技術に修正して使う必要がある．

時間が経てば本書で述べた新建設技術の必要性が変わる恐れがあるので，常に，社会ニーズを考慮しながら技術をブラッシュアップしていく必要もある．それらは，次世代を担う若手土木技術者に委ねたい．

本書で述べた新建設技術はできる限り正確に，公平な視点で執筆したが，適用範囲などで問題があれば，是非，読者のご批判を歓迎したい． 〔**奥村忠彦**〕

索引

欧文

AFRコンクリート 20
ASフォーム工法 72

BOG 257
BOTDR 183

CAES 198
CFRP 29, 130
CO_2削減 3

DME 212, 255
DME低温貯蔵システム 256

ES-J工法 13

HEP工法 47

JES工法 46
JES & HEP工法 46

LES 251
LNG 212
LNG地下タンク 214
LPG 206
　　──の国家地下備蓄 197

MASCOT 250

NATM 16, 203

PC地上タンク 214
pF測定装置 93
PFI方式 5, 10
PSアンカー 203

PSA方式 82

RABT 20
RCD工法 141, 151

SR-J工法 16

TBM 27, 109

UFO工法 44

WAsP 249

あ行

愛・地球博 102
阿蘇山噴火 155
アーチ式コンクリートダム 151
圧力波 131
アラスカ地震 185
アルカリ骨材反応 65
安全区画 24
アンダーパス方式 47

硫黄酸化細菌 65
維持管理点検 182
井戸枯れ 51
イニシャルコスト 60
イヌワシ 148
インド洋大津波 3

ウィンドファーム 247
ウィンドリフト工法 252
ウォータースクリーン 22
浮き上がり防止工法 115
有珠山噴火 156

埋め戻し材 242
裏込めコンクリート 222
雲仙普賢岳噴火 156

液状化 51, 171
液状化対策 185
液状化免震工法 188
エタノール製造技術 86
エタノール発酵 85
エネルギー関連技術 7
エネルギー貯蔵 4, 196
塩害 65
遠隔操作機付き建設機械 164
鉛直動水勾配 201

オイルショック 192
大型ブルドーザ 151
屋上緑化技術 89
オーバーパック 239

か行

開削工法 12
海水揚水発電所 198
海底火山噴火 176
海底地すべり 176
ガイドウェイ 128
核燃料サイクル 194
火災 136
火砕流 157
火山 136, 154
火山砂防 161
火山性堆積物 165
火山性微動 156
火山ハザードマップ 160
火山噴火予知連絡会 160
過剰間隙水圧 186

下垂型壁面緑化　98
仮設導流堤　166
家畜排せつ物法　74
カットイン風速　248
カットオフ風速　248
雷　136
ガラス固化体　240
簡易計算法　60
環境アセスメント　139
環境影響評価（法）　51, 139
関西国際空港２期工事　105
関東地震　167
関東大震災　167
岩盤地下水挙動　204

気化ガス　257
菊間実証プラント　199
北九州空港　105
基盤造成型壁面緑化　98
急速施工技術　107
旧耐震設計法　94
旧法タンク　188
供給処理インフラ　63
共同溝　12
京都議定書　3
緊急火山情報　157
緊急地震速報　173
金属二重殻地上タンク　213

クマタカ　143
クレセント工法　15
黒部第４ダム　151

軽量コンクリート　45
下水道施設　65
ケーソン基礎　171
ケーブルクレーン　140
限界地下水位　201
原子力発電所　193
建設投資額　4
建設無線　165

鋼アーチ支保工　110
鋼管・コンクリート複合構造　112
高橋脚橋梁　111

高強度高流動コンクリート　217
高強度コンクリート構造　112
高強度地中連続壁構築技術　217
高強度吹付けコンクリート　109
高減衰ゴムダンパー　36
洪水　136
洪水対策技術　137
鋼製エレメント　46
高精度掘削管理計測システム　217
構造ヘルスモニタリングシステム　182
高速道路　106
交通インフラ　6, 105
交通インフラ技術　7
杭頭剛接合　190
孔内多点深度間隙水圧観測技術　232
光波測距儀　204
高反射性舗装技術　89, 104
鋼板巻立て工法　33
神戸空港　105
合流　12
高流動コンクリート　47
高レベル放射性廃棄物　194, 228, 236
固化工法　186
極低温　215
国土保全技術　7
国連世界防災会議　178
固体高分子形燃料電池　82
骨材製造用プラント　140
コンクリート運搬用設備　140
コンクリート製造プラント　140
コンクリートダム　140
コンクリートバケット　146
コンクリートポンプ　141
コンクリートライニング　203
コンシステンシー　151
コンバージェンスメジャー　204
コンポスト化技術　82

さ　行

最大常用圧力　201
山岳トンネル　107
産業廃棄物　165
3次元圧縮性流体解析　133
3次元地下水解析　235

ジオテキスタイル　118
資源循環型社会　63
自昇式型枠足場システム　112
地震　136
地震振動　170
地震対策技術　167
地震被害調査　182
地震防災対策強化地域　134
止水グラウト　245
地すべり　136
自然エネルギー　6, 247
自然水封方式　199
シートライニング工法　72
地盤改良工法　114
地盤沈下　51
シミュレーション　23
締固め工法　151, 186
ジメチルエーテル　212, 255
社会インフラ　1
遮熱性舗装技術　104
集水・涵養施設　55
重油専焼火力発電所　196
重力式コンクリートダム　150
省エネルギー　63
常温高圧貯蔵方式　207
消化液　82
上下水道　6
詳細構造物点検　182
常時観測対象火山　156
上水道施設　64
初期構造物点検　182
植栽基盤　91
食品リサイクル法　74
自律的運転制御　165
シールドトンネル工法　12
シールドマシン　15
新エネルギー　6, 246
信玄堤　137

索　引

人工軽量土壌　91
人工地盤　27
人工水封方式　199
人工ゼオライト　166
新交通　106
新交通システム　27
人工バリア　229, 239
浸水域　176
親水性護岸　138
じん性杭　190
じん性設計　171
じん性補強　32
新耐震設計法　94
振動ローラ　151

水封貯蔵　200
水幕式火災防災システム　22
水力発電所　196
数値解析手法　60
スチールファイバー　110
スパイラルカラム　113
スーパー堤防　138
スプリンクラー　22
スムーズブラスティング工法　204
スリップフォーム工法　113
寸法効果　216

生活環境施設　63
青函トンネル　132
制震構造　35
積層ゴム　30
石炭火力発電所　196
石油代替エネルギー　197
石油地下備蓄　198
石油備蓄法　197
セグメント　15
設計震度　170
ゼロエミッション　3
せん断補強　33

ソイルセメント壁　57
相平衡条件　262
側方流動　107
側方流動抑止工法　117
ソリトン分裂　177

た　行

耐火コンクリート　20
台形CSGダム工法　153
耐震設計　179
大深度掘削技術　217
大深度地下　12
大深度地下使用法　13, 25
耐震補強技術　29, 32
大断面化　107
大断面拡幅工法　16
第二東名・名神高速道路　106
台風　136
鷹生ダム　148
濁水処理プラント　140
竜巻　136
ダム建設　139
ダムの合理化施工技術　152
ダム用コンクリート運搬技術　145
淡水地下揚水発電　198
弾性波トモグラフィー　205
ダンプトラック　141

地下街　12
地下河川　24
地下空洞構築技術　193
地下水　49
地下水位変動量　53
地下水シナリオ　231
地下水低下工法　186
地下水動水勾配　54
地下水流動　51
地下水流動阻害　49
地下水流動評価シミュレーション　234
地下水流動保全技術　48
地下石油備蓄基地　200
地下ダム　61
地下タンク　4
地下駐車場　12
地下鉄　12
地下道路　114
地下発電所　203
置換工法　186
地球温暖化　3

地球環境保全　2
地上ガイドウェイ　127
地上式タンク　4
中央新幹線　127, 133
中空式コンクリートダム　151
中小断面水道管渠　67
中性化　65
中部国際空港　105
超高強度コンクリート　21
超電動磁気浮上式鉄道　127
超電動磁石　127
超臨界水　84

通信インフラ　6
通水施設　55
津波　136
　——のシミュレーション　176
津波警報システム　175
津波遡上高さ　176
津波予測技術　174
吊り免振工法　30

庭園・菜園型防水層　95
低温常圧貯蔵方式　209
低周波地震　134
ディープウェル代替工法　57
底面灌水式植栽基盤　91
低レベル放射性廃棄物　194
鉄筋コンクリート巻立て補強　32
鉄道高架下　29
天然バリア　229
電力負荷平準化　197

土圧シールド工法　26
東海地震　134
東京外郭環状道路　27
東京湾アクアライン　21
凍結ゾーン　209
動的設計法　179
凍土　18
登はん型壁面緑化　97
都営地下鉄大江戸線　24
十勝沖地震　41
都市ガス岩盤貯蔵技術　219
都市環境インフラ　63

都市再生 10
都市再生技術 7
都市内地下施設 11
土砂災害 136
土石流 136
トータルステーション 204
鳥取県西部地震 186
土留め壁 57
舎人線 106
土木系インフラ壁面緑化 99
ドライミスト噴霧技術 101
トンネル 15, 131

な 行

内空変位計測 204
内陸直下型地震 179
ナセル 251
雪崩 136
ナビエ-ストークス方程式 177
南海トラフ 265
軟弱地盤 106, 114

新潟県中越地震 29
新潟県地震 169
人間侵入 230

熱水貯蔵システム 198
ねばり強さ 179

濃尾地震 167

は 行

バイオガス 77
バイオマス 75
廃棄物処理施設 6
パイプインパイプ工法 69
パイプルーフ 17
場所打ちコンクリート 130
発破工法 109
波動方程式 176
反射法地震探査 262
阪神・淡路大震災 27, 32, 170, 179
磐梯山噴火 156

非液状化層 116

非開削工法 46
微気圧波 131
被災度 182
比抵抗トモグラフィー 205
非定常乱流解析モデル LES 251
ヒートアイランド現象 88
ヒートアイランド対策 6
避難シミュレーション 160
ヒューマノイドロボット 165
雹 136
兵庫県南部地震 170

ファイバーメッシュ 204
風況観測 248
風況シミュレーション 249
風力発電 6, 247
風力発電導入ガイドブック 248
吹付けコンクリート 109
吹付けモルタル工法 34
複合地盤改良工法 182
浮上案内コイル 127
浮上原理 127
覆工コンクリート 12
物流インフラ 6
不同沈下量 188
フープテンション 121
不飽和化 187
プラグ 244
プラズマ加工機 68
プラズマモール工法 67
古タイヤ 107, 118
プレキャスト型枠 113
プレクーリング 260
プレストレス 123
ブレード 251
プレート境界 154
ブロック打設 141
噴火 136, 154
噴火処理技術 163
噴火対策技術 161
噴火予測技術 158
噴火予知 155
分岐 12

分布型光ファイバーセンサ 183

平面的緑化 90
壁内井戸工法 57
壁面緑化技術 97
ベルトコンベア 141

放射性廃棄物 224
防食対策 65
防振ゴム 30
泡雪崩 136
北陸新幹線・峰山トンネル 110
保水性舗装技術 103

ま 行

マグマ 159
曲げ補強 32

宮城県沖地震 32, 169
三宅島噴火 156

無人化施工 164

メタンハイドレート 195, 271
メタン発酵技術 80
メッシュフリー法 235
メッシュ補強光硬化型樹脂シート工法 70
免震工法 38

猛禽類 140
燃える氷 262
木質系バイオマス 85
木質系廃棄物 63
モニタリング 145

や 行

夜間照明 142
山梨リニア実験線 128

有機性廃棄物 63, 74
有限要素法 60
遊水地 138
ゆるみ域 244

溶岩流　159
洋上風力発電　252
揚水発電　197
4R活動　143

ら 行

ライジングタワー　141, 146
ライニング方式　221
ライフサイクルコスト　5
ランニングコスト　60
ランプ　15

リアルタイム地震防災システム　173
リサイクル施設　63
立体交差建設技術　42
立体交差事業　44
立体的緑化　90
リニア中央新幹線　27
リニアモーターカー　129
硫化水素腐食　65
緑化パネル式植栽基盤　91

ルーフシールド　16

レベル1地震動　179
レベル2地震動　179
レヤ打設工法　141

ロックボルト　109

わ 行

ワンダーサーカス電力館　102

編集者略歴

奥村忠彦
おく むら ただ ひこ

1945年　滋賀県に生まれる
1972年　東京大学大学院工学系研究科修士課程修了
　　　　清水建設（株）技術研究所副所長を経て
現　在　（財）エンジニアリング振興協会
　　　　地下開発利用研究センター研究理事
　　　　工学博士

土木工学選書
社会インフラ新建設技術　　　　　　　　　定価はカバーに表示

2008年4月30日　初版第1刷

編集者　奥　村　忠　彦
発行者　朝　倉　邦　造
発行所　株式会社　朝　倉　書　店
　　　　東京都新宿区新小川町6-29
　　　　郵便番号　162-8707
　　　　電　話　03(3260)0141
　　　　ＦＡＸ　03(3260)0180
　　　　http://www.asakura.co.jp

〈検印省略〉

Ⓒ 2008〈無断複写・転載を禁ず〉　　　　シナノ・渡辺製本

ISBN 978-4-254-26531-6　C 3351　　　Printed in Japan

東工大 池田駿介・名大 林　良嗣・京大 嘉門雅史・
東大 磯部雅彦・東工大 川島一彦編

新領域 土木工学ハンドブック

26143-1 C3051　　　　　B 5 判 1120頁 本体38000円

〔内容〕総論（土木工学概論，歴史的視点，土木および技術者の役割）／土木工学を取り巻くシステム（自然・生態，社会・経済，土地空間，社会基盤，地球環境）／社会基盤整備の技術（設計論，高度防災，高機能材料，高度建設技術，維持管理・更新，アメニティ，交通政策・技術，新空間利用，調査・解析）／環境保全・創造（地球・地域環境，環境評価・政策，環境創造，省エネ・省資源技術）／建設プロジェクト（プロジェクト評価・実施，建設マネジメント，アカウンタビリティ，グローバル化）

京大 嘉門雅史・東工大 日下部治・岡山大 西垣　誠編

地盤環境工学ハンドブック

26152-3 C3051　　　　　B 5 判 568頁 本体23000円

「安全」「防災」がこれからの時代のキーワードである。本書は前半で基礎的知識を説明したあと，緑地・生態系・景観・耐震・耐振・道路・インフラ・水環境・土壌汚染・液状化・廃棄物など，地盤と環境との関連を体系的に解説。〔内容〕地盤を巡る環境問題／地球環境の保全／地盤の基礎知識／地盤情報の調査／地下空間環境の活用／地盤環境災害／建設工事に伴う地盤環境問題／地盤の汚染と対策／建設発生土と廃棄物／廃棄物の最終処分と埋め立て地盤／水域の地盤環境／付録

杉本光隆・河邑　眞・佐藤勝久・土居正信・
豊田浩史・吉村優治著
ニューテック・シリーズ

土　の　力　学

26491-3 C3351　　　　　A 5 判 192頁 本体2800円

力学的背景を明確にして体系的な理解を重視した初学者向け教科書。演習問題付き。〔内容〕土の基本的性質／地盤内の応力と力学問題（土の力学の基礎知識）／土中の水とその流れ／圧密／土のせん断特性／土圧／支持力／斜面の安定／地盤改良

京大 岡二三生著

土　質　力　学

26144-8 C3051　　　　　A 5 判 320頁 本体5200円

地盤材料である砂・粘土・軟岩などの力学特性を取り扱う地盤工学の基礎分野が土質力学である。本書は基礎的な部分も丁寧に解説し，新分野としての計算地盤工学や環境地盤工学までも体系的に展開した学部学生・院生に最適な教科書である

西村友良・杉井俊夫・佐藤研一・小林康昭・
規矩大義・須網功二著

基礎から学ぶ土質工学

26153-0 C3051　　　　　A 5 判 192頁 本体3000円

基礎からわかりやすく解説した教科書。JABEE審査対応。演習問題・解答付。〔内容〕地形と土性／基本的性質／透水／地盤内応力分布／圧密／せん断強さ／締固め／土圧／支持力／斜面安定／動的性質／軟弱地盤と地盤改良／土壌汚染と浄化

巻上安爾・土屋　敬・鈴木徳行・井上　治著

土　木　施　工　法

26134-9 C3051　　　　　A 5 判 192頁 本体3800円

大学，短大，工業高等専門学校の土木工学科の学生を対象とした教科書。図表を多く取り入れ，簡潔にまとめた。〔内容〕総説／土工／軟弱地盤工／基礎工／擁壁工／橋台・橋脚工／コンクリート工／岩石工／トンネル工／施工計画と施工管理

日本橋梁建設協会編

新版 日本の橋 （CD-ROM付）
―鉄・鋼橋のあゆみ―

26146-2 C3051　　　　　A 4 変判 224頁 本体14000円

カラー写真で綴る橋梁技術史。旧版「日本の橋（増訂版）」を現代の橋以降のみでなく全面的に大幅な改訂を加えた。〔内容〕古い木の橋・石の橋／明治の橋／大正の橋／昭和前期の橋／現代の橋／これからの橋／ビッグ10・年表・橋の分類／他

東大 西村幸夫編著

まちづくり学
―アイディアから実現までのプロセス―

26632-0 C3052　　　　　B 5 判 128頁 本体2900円

単なる概念・事例の紹介ではなく，住民の視点に立ったモデルやプロセスを提示。〔内容〕まちづくりとは何か／枠組みと技法／まちづくり諸活動／まちづくり支援／公平性と透明性／行政・住民・専門家／マネジメント技法／サポートシステム

上記価格（税別）は 2008 年 3 月現在